图书在版编目（CIP）数据

乡村振兴与村庄规划：吉林探索 / 张立，李继军主编．-- 上海：同济大学出版社，2024.3
（理想空间；94）
ISBN 978-7-5765-0786-7

Ⅰ．①乡… Ⅱ．①张… ②李… Ⅲ．①乡村规划－研究－中国 Ⅳ．①TU982.29

中国国家版本馆 CIP 数据核字（2023）第 018417 号

理想空间
2024-03(94)

主办单位　上海同济城市规划设计研究院有限公司
地　　址　上海市杨浦区中山北二路 1111 号同济规划大厦 1408 室
网　　址　http://www.tjupdi.com
邮　　编　200092

出版发行　同济大学出版社
经　　销　全国各地新华书店
策划制作　《理想空间》编辑部
印　　刷　上海颛辉印刷厂有限公司
开　　本　635mm x 1000mm　1/8
印　　张　16
字　　数　320 000
印　　数　1-1 500
版　　次　2024 年 3 月第 1 版
印　　次　2024 年 3 月第 1 次印刷
书　　号　ISBN 978-7-5765-0786-7
定　　价　55.00 元

购书请扫描二维码

本书使用图片均由文章作者提供。

编者按

2017年党的十九大报告首次提出实施乡村振兴战略。

2019年5月《中共中央 国务院关于建立国土空间规划体系并监督实施的若干意见》发布，明确指出“在城镇开发边界外的乡村地区，以一个或几个行政村为单元，由乡镇政府组织编制‘多规合一’的实用性村庄规划，作为详细规划，报上一级政府审批”。

随后，《自然资源部办公厅关于加强村庄规划促进乡村振兴的通知》进一步明确：①“村庄规划是法定规划，是国土空间规划体系中乡村地区的详细规划，是开展国土空间开发保护活动、实施国土空间用途管制、核发乡村建设项目规划许可、进行各项建设等的法定依据”。②“暂时没有条件编制村庄规划的，应在县、乡镇国土空间规划中明确村庄国土空间用途管制规则和建设管控要求，作为实施国土空间用途管制、核发乡村建设项目规划许可的依据”。③“根据村庄定位和国土空间开发保护的实际需要，编制能用、管用、好用的实用性村庄规划。要抓住主要问题，聚焦重点，内容深度详略得当，不贪大求全。对于重点发展或需要进行较多开发建设、修复整治的村庄，编制实用的综合性规划。对于不进行开发建设或只进行简单的人居环境整治的村庄，可只规定国土空间用途管制规则、建设管控和人居环境整治要求作为村庄规划。对于综合性的村庄规划，可以分步编制，分步报批，先编制近期急需的人居环境整治等内容，后期逐步补充完善。对于紧邻城镇开发边界的村庄，可与城镇开发边界内的城镇建设用地统一编制详细规划。各地可结合实际，合理划分村庄类型，探索符合地方实际的规划方法”。

2020年12月，《自然资源部办公厅关于进一步做好村庄规划工作的意见》再次明确“不单独编制村庄规划的，可依据县、乡镇级国土空间规划的相关要求，进行用地审批和核发乡村建设规划许可证”，并提出“在不突破约束性指标和管控底线的前提下，鼓励各地探索村庄规划动态维护机制”。

2021年《中共中央 国务院关于全面推进乡村振兴加快农业农村现代化的意见》（中央一号文件）要求“加快推进村庄规划工作”。

2022年《中共中央 国务院关于做好2022年全面推进乡村振兴重点工作的意见》（中央一号文件）再次要求“加快推进有条件有需求的村庄编制村庄规划”。

2023年《中共中央 国务院关于做好2023年全面推进乡村振兴重点工作的意见》（中央一号文件）再次提出“加强村庄规划建设”。

村庄规划已经成为国家实施乡村振兴战略的重要支撑。吉林省作为我国北方省份，承担了国家粮食主产区的重要职能，其在落实国家乡村振兴战略过程中，探索了多种形式的村庄规划编制与管理，对全国同类型地区有很强的示范意义。因此，在吉林省自然资源厅的大力支持下，组织了本期专刊。

上期封面：

CONTENTS
目录

专家访谈

编制方法前沿探索篇

镇村发展及规划策略篇

地区村庄规划编制探索

分类型村庄规划编制探索

同济风采

Expert Interview

Frontier Exploration of Compilation Methods

Town and Village Development and Planning Strategies

Exploration of Regional Village Planning Compilation

Exploration on Compilation of Village Planning by Type

Tongji Style

专家访谈
Expert Interview

《理想空间》乡村专刊 专家访谈

Ideal Space Rural Special Issue Expert Interview

[文章编号]　2024-94-A-004

董永红

吉林省自然资源厅国土空间规划处处长

采访人：能简单介绍下国土空间规划改革背景下的村庄规划吗？当前，村庄规划编制工作的主要任务是什么？

董永红：2019年5月，中共中央、国务院印发《关于建立国土空间规划体系并监督实施的若干意见》，明确将主体功能区规划、土地利用规划、城乡规划等空间规划融合为统一的国土空间规划，实现“多规合一”。吉林省委省政府把握国土空间规划的重要意义，深刻认识做好国土空间规划是推动高质量发展的重要支撑，在全国率先制定印发《关于建立全省国土空间规划体系并监督实施的意见》，在国家“五级三类”空间规划体系下，构建全省“四级三类”规划体系和监督实施机制。按照国土空间规划体系要求，在城镇开发边界外的乡村地区，以一个或几个行政村为单元，由乡镇政府组织编制“多规合一”的实用性村庄规划。同期，自然资源部办公厅印发《关于加强村庄规划促进乡村振兴的通知》，进一步明确村庄规划是乡村地区的详细规划，是开展国土空间开发保护活动、实施国土空间用途管制、核发乡村建设项目规划许可、进行各项建设等的法定依据。

当前，村庄规划编制仍处于起步阶段，主要任务是通盘考虑村域内土地利用、产业发展、居民点布局、人居环境整治、生态保护和历史文化传承等多方面因素，确定空间用途及开发利用限制条件，对山水林田湖草等国土空间要素统一进行分区分类，有效管制村域内国土空间保护与利用。大体可以总结为“八项统筹、一项明确”，即统筹村庄发展目标、统筹生态保护修复、统筹耕地和永久基本农田保护、统筹历史文化传承与保护、统筹基础设施和基本公共服务设施布局、统筹产业发展空间、统筹居民点布局、统筹村庄安全和防灾减灾，明确规划近期实施项目。

采访人：从自然资源主管部门职能角度，您认为促进乡村振兴的关键在于什么？村庄规划能够发挥哪些作用？

董永红：乡村振兴是一项需要全社会共同参与的系统性工程，自然资源领域可以从国土空间规划、自然资源要素保障、生态保护修复、人才支持和增减挂钩等方面夯实乡村振兴发展基础，保障乡村振兴战略实施。关键在于充分挖掘乡村发展潜力，最大限度地发挥优势资源作用，统筹城乡融合发展，从根本上解决城乡发展不协调、乡村发展不充分、农民生活质量不高等问题。

村庄规划作为国土空间规划体系中直接服务乡村振兴的详细规划，需发挥好以下作用：一是顶层设计。乡村振兴，规划先行，没有顶层设计，无论是土地利用还是村庄建设，都无从谈起。顶层设计既包括战略定位、产业定位、“品牌”定位，也包括发展阶段、历史文化、人才机制、组织机制等内容。只有明确了顶层设计，才能研究空间布局、功能分区等问题。二是实用性。村庄规划要按需编制、分类推进，简明实用、注重实施，要“能用、好用、管用”，要突出问题导向，自上而下与自下而上结合，解决乡村发展的实际问题。三是体现村民意愿。规划能不能用、好不好用、管不管用，需通过实施来检验。要发挥村民主体作用，让村民、村“三委”看得懂规划、信得过规划、了解村庄未来具体建设方案，才能更好落实规划各项要求，真正参与到规划实施过程。具体来讲，就是要对规划编制成果进行简化，简单明晰地显示村庄未来定位是什么、村里未来有什么场所和功能、对应建设项目需在什么时间段实施、项目大概预算和具体位置等内容。

采访人：您能说说吉林省乡村的特点吗？吉林省的乡村规划管理应该注意哪些问题？

董永红：吉林省有9300个行政村，根据第七次全国人口普查数据，全省乡村人口总数为899.44万人（占全省在册人口37.36%）。农村居民点在空间分布上呈现“大分散+小集聚”形态，主要体现为：中部地区居民点沿哈大交通线、长（春）吉（林）交通线、长（春）辽（源）交通线、辽（源）梅（河口）交通线，以及城市周边集聚；东部地区居民点沿河谷、盆地、交通沿线以及城镇周边集聚；西部地区居民点围绕城市、县城周边，沿着河流水域以及耕作条件较好区域集聚。现阶段，吉林省乡村地区的人地关系处于不协调、不均衡状态，人口持续减少，村庄建设用地及宅基地却有所增加，建设用地年均增长率低于人口年均递减率，中部地区长春市、吉林市最为突出。

基于以上特征，乡村规划管理应注重以下方面：一是落实规划纵向传导。国土空间规划体系下，村庄规划更加注重村庄发展的分级谋划与纵向传导，体现上位规划的约束传导作用。二是统筹谋划发展布局。村庄规划不应局限于本村行政边界，应与周边村庄统筹联动，系统梳理相关部门的涉农政策与项目，协同谋划产业发展，实现基础设施和公共服务设施区域共享。三是妥善处理保护与发展的关系。吉林省作为国家粮仓，有大量以种植业为主的农业村，此类村庄多数耕地面积占比达90%以上，且多为稳定耕地，永久基本农田保护范围大，包围在村屯周边，极少有缓冲空间。村庄规划编制时，应注重解决保护与发展的难题，在确保国家粮食安全、生态安全的前提下，充分挖掘村庄存量建设用地潜力，保障村庄发展。

采访人：您认为村庄规划应该解决哪些问题？包括哪些内容？

董永红：实用性村庄规划应从单一的人居环境改善扩充到村庄全域空间重构和环境治理，从最初的只关注农业发展问题转向对三产融合路径的探索，破解乡村发展面临的问题。具体包括：一是人口与规模问题。从我省实际情况看，大量村庄持续衰落，人口不断减少，老龄化、空心村情况严重，新的实用性村庄规划要摒弃简单的自然增长率、机械增长率等人口预测方式，要比较近年发展趋势，根据经济社会的发展情况对村庄未来做出准确判断，科学合理、实事求是预测人口。二是产业发展定位问题。经济是制约农村发展的瓶颈之一，单纯依靠农业生产收入，无法实现乡村振兴。农村产业的发展，要因人而异、因地而异、因条件而异，实现土地的基本价值。在村庄规划中要合理谋划乡村区域资源，避免产业定位“失误”，才能真正做到吸引人流、产业，增加农村产业附加值。三是公共设施配置问题。在发展乡村的思路上，我们要明确的是，当前大部分村庄尤其是衰落型村庄，首要任务不是将村庄做大做强，而是要通过挖掘乡村的内部发展潜力，避免村庄无休止衰落。本轮村庄规划应改变传统思路，贯彻高质量发展内涵，以提高村民生活质量、提升乡村环境品质为主，树立减量发展理念，控制建设用地无序增长，为村庄未来发展留有“无限风景”。四是风貌特色问题。要充分考虑保护特色资源、传承历史文脉，深入挖掘村庄历史文化、民族特色等特色资源，合理引导、科学管控，有效指导村庄健康发展，共同构筑“望得见山、看得见水、记得住乡愁”的美丽村庄。同时，在村庄规划编制实践中，还要因村施策，依据村庄特色，明确村庄类型，确定规划需求。

采访人：我们知道“保护好黑土地”是习近平总书记交给吉林省的重要任务，在村庄规划中如何体现？

董永红：2020年7月，习近平总书记在吉林考察时强调，采取有效措施切实把黑土地这个“耕地中的大熊猫”保护好、利用好，使之永远造福人民。吉林省黑土区耕地面积9811万亩，其中典型黑土区耕地面积7202万亩，覆盖了26个产粮大县，贡献了全省80%以上粮食产量，战略作用重大。村庄规划编制时，要系统考虑区域自然本底条件和经济社会发展阶段，根据黑土地类型与乡村发展的制约因素，因地制宜、分类施策，制定差异化保护与发展策略，确定不同类型区黑土地保护与乡村振兴的协同路径与共赢模式。具体分为以下四类：一是对集聚提升类村庄，推动土地流转与规模经营。采用秸秆还田免耕、土壤多源增碳等保护技术措施，建设高标准农田，发展绿色有机农业，推动农村三次产业融合发展，促进农业提质增效和农民增收。二是对城郊融合型村庄，提升黑土地景观文化与休闲功能。大力发展休闲观光农业和乡村旅游，推进农村农文旅产业融合发展。三是对特色保护型村庄，保持传统土地经营方式。因地制宜采取土壤改良、培肥地力、水土保持、防风固沙等措施，重点加强黑土地保护；发展特色生态农业，突显乡村生态价值，实现以黑土地保护促进乡村振兴发展。四是对搬迁撤并型村庄，着力推进农村建设用地复垦。建设集中连片高标准基本农田，推进土地规模经营，大力发展现代农业。

采访人：吉林省的乡镇普遍是农业型集镇，您如何看待村庄规划和乡镇规划的关系？

董永红：农业型集镇在编制国土空间规划时，应在乡镇单元规划编制时强化对乡村地区的统筹，切实建立全域全要素管控的思维逻辑，加强对田、水、路、林、村等乡村要素的思考，并注重对村庄体系的考虑。农业型集镇周边有条件、有建设需求的村庄，可单独编制村庄规划，尽快实现规划管控全覆盖；暂时没有建设需求、以农业种植为主的村庄，可不单独编制村庄规划，在乡镇国土空间规划中规定国土空间用途管制规则、建设管控和人居环境整治要求，保证乡村建设有规可依。

采访人：您认为县级规划在管控和引导镇村发展和建设中的作用是什么？

董永红：县域是城乡融合发展的重要切入点，在国土空间规划体系下，县级国土空间规划应统筹城乡发展，综合考虑人口、区位和发展趋势，引导农村产业在县域范围内统筹布局，科学管控和引导镇村发展建设。要在县级国土空间规划中安排不少于10%的建设用地指标用于保障乡村振兴，合理安排村庄建设用地规模、结构和布局及配套公共服务设施、基础设施，有效保障农村产业融合发展用地需要。村庄规划应落实上位规划对村庄的发展定位和目标，布局在村庄内的相关产业项目原则上应集中在村庄建设边界内，村庄建设边界外安排少量建设用地用于配套设施建设的，应实行比例和面积控制，不占用永久基本农田和生态保护红线，不突破国土空间规划建设用地指标等约束条件。

采访人：国土空间规划很快就要实现全覆盖，您对后续的监督实施有哪些思考？

董永红：初步考虑将从实施监管、绩效考核、责任追究、数据库建设四个方面，构建监管和考核机制。一是创新监管理念和手段，实行规划全周期管理，构建国土空间规划实施“互联网+监管”体系，建立国土空间规划“一张图”实施监督系统，严格执法监管。加强规划实施监测评估预警，按照“一年一体检、五年一评估”要求开展城市体检评估，提出改进规划管理意见。将国土空间规划执行情况纳入自然资源执法督察内容，加强内部监督、层级监督、效能监督、专项监督，并拓展社会监督渠道，维护规划的严肃性和权威性。二是建立绩效考核机制，层层落实国土空间用途管制责任，将国土空间规划实施考核结果作为对各级党委、政府及其部门绩效考核的重要内容。三是明确规划实施要党政同责，对各类违法违规行为应严肃追究责任。四是强化各级各类国土空间规划数据库建设，制定数据库标准和数据质检、汇交、更新等规范，逐级汇交、动态更新，为规划实施监测、资源环境承载能力预警和用途管制等提供数据支撑。

采访人：如何在制度建设层面保障村庄规划的有效实施？

董永红：一方面，以“管制”和“留白”引导用地布局。在管制规则上，按照上位规划的管控要求，结合村庄发展的目标和定位，确定农业和建设空间，明确农业、建设（村庄建设边界）、生态空间界限，制定资源要素准入和转用规则，完善村级监测制度。在规划“留白”上，结合上位规划落位需要，根据产业发展、宅基地、设施配套、生态保护等需求，确定村庄未来用地需求，通过划定“定空间，不定用途”“定空间、不定时序”和“定指标、不定空间”三类留白（不超过村庄建设用地总面积的5%），实现规划“留白”。在用地布局上，落实上位国土空间总体规划确定的耕地保有量、永久基本农田面积、林地保有量、建设用地总规模等强制性指标要求，根据人口增长与流动规律、村庄分类及村庄产业发展等合理安排全域各类用地的规模和比例，细化与功能结构相匹配的用途结构优化方向。另一方面，围绕农村集体产权改革盘活集体闲置资产。全面深化农村集体产权改革制度，盘活集体闲置资产。对村域内集体资产进行清查，摸清资产数量及开发价值，支持村集体统一开发或村集体与专业旅游公司共同开发的管理运作模式，结合出租、入股等多种资产流转方式，切实改善村民收入。推广发展休闲农业和乡村旅游，盘活利用闲置废弃资产，实现资源资产化。

采访人：您对东北地区实用性村庄规划编制的其他建议？

董永红：一是按需编制，分类推进。坚持有序推进、务实规划，以县（市、区）村庄分类布局为依据，提出差异化规划引导策略，分类开展实用性村庄规划编制，实现有条件、有需求的村庄应编尽编，避免脱离实际追求村庄规划全覆盖。二是因地制宜，突出特色。把握乡村发展特征，突出自然生态本底，深入挖掘和保护乡村自然山水环境、历史文化资源，传承和彰显特有乡土文化，展现东北特色农业景观、建筑风貌，防止乡村建设“千村一面”。三是尊重民意，群策群力。顺应村民生产、生活习惯，充分征求村民意愿，回应村民诉求，强化村民主体和村“三委”主导，建立全流程、多渠道的公众参与机制，群策群力，共同做好规划编制工作。

齐 际

吉林省改善农村人居环境指导中心主任

采访人：吉林省全面推进乡村振兴需要补齐哪些短板？

齐际：习近平总书记强调，“从中华民族伟大复兴战略全局看，民族要复兴，乡村必振兴”。《中华人民共和国国民经济和社会发展第十四个五年规划和2035年远景目标纲要》提出“坚持农业农村优先发展全面推进乡村振兴”专题篇章，明确“全面实施乡村振兴战略，强化以工补农、以城带乡，推动形成工农互促、城乡互补、协调发展、共同繁荣的新型工农城乡关系，加快农业农村现代化”。结合我们日常工作和调研，从全面推进乡村振兴的目标要求来看，我省农房建设品质、基础设施效能、环境宜居程度与先进地区比，还存在一些差距，区域发展不平衡问题仍然明显，尤其是农村人口不断流失，村庄空心化的问题日趋严重，都是制约全省乡村振兴全面推进的短板。具体表现在：

农房建设品质不高。当前，吉林省农房建设仍以农民自主建设为主，此类住房无论是平面功能、立面形象，还是整体院落布局，只停留在相互模仿和低水平复制阶段，农房建设水平有待提升。此外，农房功能配置也不尽完善，据调查，农房中有独立厨房的占59.95%、可日常热水淋浴的占21.74%、有冲水式厕所的仅占16.62%，无法完全满足现代生活方式。

基础设施效能不高。集中体现在农村污水治理上，以梨树县为例，县域内能对污水进行处理的自然村占23.03%，有村级独立污水处理设施的自然村仅占0.3%，通过进一步调查发现，其污水处理设施在运行率偏低，为61.5%，一部分设施已建成但始终没有发挥应有的作用。

区域发展不平衡问题仍然明显。党的十八大以来，我省建制镇建设发展取得明显进展，特别是一些城市周边的中心镇发展迅速，有力推动了新型城镇化，促进了城乡融合发展。但受经济水平、自然条件、资源禀赋以及政策等因素影响，多数建制镇还存在着综合承载能力不强、产业聚集能力较弱、基础设施配套不完善、公共服务能力不足、组织机构不健全等问题，上述问题如得不到解决，很难实现城乡互补、协调发展、共同繁荣，更别说实现乡村振兴了。

采访人：十九届五中全会提出实施乡村建设行动，加快补齐农村基础设施短板。请问，吉林省乡村建设行动有哪些重点，建设思路有哪些？

齐际：十九届五中全会后，中央农办就乡村建设的重点任务进行了明确：乡村建设的一个基本目标是改善农村生产生活条件，重点是保障基本功能，解决突出问题。农房作为乡村建设最主要、最基本的要素之一，是农民群众最关心、最直接、最现实利益的重要体现。我省围绕农房建设品质不高等问题，成立了由分管副省长担任组长的农房质量安全提升专项工作组，印发了《关于加快农房和农村建设现代化的实施方案》，提出加快我省农房和村庄建设现代化“5强化、7提升”的整体思路，即强化村庄规划、强化建筑风貌、强化建造水平、强化村庄建设、强化传统村落，提升农房品质、提升村庄清洁、提升供水保障、提升污水治理、提升垃圾治理、提升服务设施、提升农村交通。根据农村实际和农民现代化生活需要，推进供水入农房和水冲厕所入室，因地制宜推广绿色、节能农房建设，不断提升农房品质和建筑风貌，进而带动农村基础设施和公共服务设施建设，改善村容村貌，整体提升农房和村庄建设现代化水平。

采访人：解决目前区域发展不充分不平衡的问题，您有什么好的建议？如何解决村庄空心化的问题？

齐际：建制镇上联城市，下接农村，是县域经济的重要支撑和关键载体，是实施乡村振兴战略的有力引擎，在落实乡村振兴战略中具有不可替代的承上启下的地位和作用。我省建制镇人口占全省总人口1/3以上，是重要的经济增长点，加大对建制镇的投入，发挥投资撬动和固定资产对经济增长的作用十分明显，对加快发展建制镇镇域经济意义重大，是破解目前区域发展不充分不平衡的问题的有力抓手。为更好解决此问题，省委省政府印发了《关于开展示范镇建设助推乡村振兴的实施方案》，遴选省市县三级示范镇120个以上，全面开展以增强产业支撑能力、补齐基础设施短板、治理镇村人居环境、强化基层治理能力、提升公共服务品质为主要内容的乡村振兴示范镇建设。

在城镇化的过程中，农村的“空心化”一定程度上在所难免，解决农村空心化应以解决人口空心化为核心，以解决农村科技空心化、农村工作社会服务空心化和资源空心化为突破口逐步推进，关键还是要让农村变得更加现代化。我们可以将群众最关心的农房建设作为切入点，以“让农民享受城里人生活品质，让城里人留得住、住得下”为标准，开展试点建设，有序推进农房和村庄现代化，逐步探索解决农村空心化问题的方法。

王阔迪

八里庙村驻村工作组第一书记

采访人：目前驻村工作组在村庄规划和乡村振兴方面都进行了哪些工作？

王阔迪：驻村工作组进驻八里庙村以来，始终坚持以习近平新时代中国特色社会主义思想为指导，深入贯彻党的十九大精神，落实习近平总书记视察吉林重要讲话重要指示精神，按照省委省政府工作要求，脚踏实地开展工作，经过一年多的努力和摸索，形成了“1+1+3+N”的乡村振兴工作模式。

第一个“1”是党建引领。加快构建党建引领基层治理的基层组织体系、治理体系和服务体系，夯实基层基础，打造新时代基层治理新格局，努力把八里庙村党支部建设成为领导基层治理的坚强战斗堡垒。强化党组织领导把关作用，坚持党支部建设与全面推进乡村振兴同谋划、同部署，树立一切工作到支部的鲜明导向。突出抓好新时代吉林党支部标准体系（BTX）建设，按照“五化工作法”抓好落实，推动党支部建设标准化、规范化，发挥好党的基层组织作为党的肌体的“神经末梢”作用。积极组织开展“学党史、感党恩、听党话、跟党走”主题教育、庆祝建党100周年、“永远跟党走，奋进新时代”理论宣讲、“向军人致敬，向军旗敬礼”等系列活动。

第二个“1”是规划先行。驻村之初，工作主要聚焦在摸清现状、掌握实情、解决难题、做好实事上，也逐渐发现村里设施配套不太健全、村容村貌不够有序、建设活动缺乏总体谋划等问题，主要还是缺乏规划进行统一的引导和管控。在省自然资源厅的指导下，上海同济城市规划设计研究院在广泛调研了村民意愿、征求村委会及合作社意见基础上，为我村编制了村庄规划，提出农村生产、生活和生态空间科学布局的方案，为乡村振兴提供了美好蓝图和实施抓手，驻村工作组将认真组织规划实施，保障粮食安全和农村人居环境美丽。

“3”是三产融合。产业发展是乡村振兴的根本所在，驻村工作组深入谋划产业项目，形成第一、第二、第三产业融合发展的产业体系。第一产业主要发展种植业和养殖业，与吉林省佰强科技有限责任公司合作，成立梨树县青蓝农业科技有限责任公司，村集体占股10%；建设智慧设施农业园区，包括40栋智能温室暖棚以及相应的配套设施；成立八里庙村肉牛养殖合作社，带动发展八里庙村肉牛养殖。第二产业主要利用部分存量建设用地建设食品加工厂，发展食品加工业。第三产业重点发展乡村旅游业，依托现状小学建设养老中心和游客服务中心，结合种植业融合打造采摘项目。

“N”是多个民生着力点。农业高质高效、乡村宜居宜业、农民富裕富足是乡村振兴工作的重要目标，提升民生水平作为关键着力点，需下大力气抓好各项相关工作。目前，八里庙村已实施农村危房改造、粪污中型处理中心建设、村庄道路修缮、便民公交设置等一系列民生项目，村民生活环境得到有效改善，生活质量不断提高。下一步，将主要通过产业植入、合作社带动等方式，增加村民收入，提高获得感和幸福感。

采访人：刚才您提到规划先行，作为奋战在乡村振兴一线的第一书记，您认为村庄规划应该如何助力乡村振兴？

王阔迪：结合驻村工作实践和这次村庄规划编制工作，我认为村庄规划是乡村振兴的基础工作和重要引领，要想更好推进乡村振兴战略，就必须编好实用、好用、管用的村庄规划。我谈几点我的看法。

一是村庄规划要切实解决乡村振兴中的现实问题。八里庙村在乡村振兴过程中突出问题有这么几个：第一个，土地集约化不够，目前村庄居民点分散，农民耕作半径小，机械化程度还不够高，一定程度上影响了合作社的合作经营；第二个，土地指标不够，主要是建设用地指标不够，很多项目受到指标的约束不好落地；第三个，居住、种植、养殖、生态保护等功能区域空间配置不协调，也造成很多项目不好布局；第四个，就是农村的人居环境和公共服务短板问题，村里面人居环境尚需较大改善，城乡协调的公共服务体系还需进一步建立；最后一个就是资金问题，乡村振兴都缺资金，通过规划能不能充分优化各类空间资源，创造一定的资金收入，比如集体经营性建设用地入市、建设用地增减挂钩等，保障乡村振兴。这些问题，如果村庄规划能进行统筹考虑，并提出解决办法，那就是我认为好的村庄规划。

二是要简洁适用，体现农村特色。村庄规划体现的是农村、农业、农民的发展诉求，执行者是村民，首先要让村民弄懂规划是什么、有什么要求、需要（他们）做什么，让他们知道规划的重要性，让他们有获得感、认同感、参与感，这样才能更好地执行规划，让规划成果成为村民共同遵守的“村规民约”。要想让村民看懂规划，就要体现农村特色，不能做成城市规划的“乡村版”，在技术的表达手法和成果形式上，我觉得都应该是具有“乡村味儿”的，比如我看规划中的容积率、建筑密度什么的，我不太懂，是不是应该直接告诉村民能盖几层、多大面积。再比如，文本的语言应该尽量使用乡土白话，总而言之就是规划别追求完美和高大上，应该要接地气。

三是为实现“五大振兴”提供空间支持，并着重考虑可实施性，为近期工作提供保障。据我的理解，村庄规划也不是“万能的”，也不是所有问题都期待村庄规划解决，在我个人理解中，村庄规划的主要作用是为“五大振兴”提供空间支撑。比如说产业振兴就需要规划来谋划合理的区域；生态振兴就需要规划布局好生态空间，做到严格控制，不允许任何占用；文化振兴就需要规划划定文化设施的布局位置，补齐文化设施短板。提供支撑的同时，更重要的是做好近远期的时序安排，重在近期，兼顾远期，比如目前规划提出整合分散的居民点以释放建设空间，那么在近期实施比较困难的情况下，如何寻找其他途径破解，这也成为乡村振兴驻村工作组当前的难题。

采访人：刚才您提到了土地指标不够和功能布局不协调的问题，包括建设用地整理的近远期问题，这些都是村庄规划的核心内容，看来也是支撑八里庙村乡村振兴工作的重要方面，请您就这些内容再展开详细说说。

王阔迪：八里庙村是位于吉林省中部黑土区的一个村庄，也是习近平总书记视察吉林省梨树县时到过的村庄，总书记关于保护黑土地和保障粮食安全的殷殷嘱托是我们工作的基调。根据国土“三调”，目前八里庙村82%的土地为耕地，60%土地为基本农田，7.4%的居住用地基本全部被村民宅基地占用，在乡村振兴谋划产业发展的时候，我们最大的困难是粮食安全背景下土地资源紧约束的问题，新谋划的一些产业项目无法落地实施，一定程度上制约着乡村振兴工作。此外，按照省委省政府“秸秆变肉”战略部署，八里庙村秸秆资源丰富，我们也谋划了养殖小区项目，但是按照环保要求，不能距离村庄居民点太近，由于目前八里庙村各居民点布局较为分散，导致很难找到一块符合环保要求的土地，这就是我说的布局不合理的问题。再者，目前的农田网格对实施更大半径的规模化种植也有一定的阻碍，这都需要村庄规划对其进行布局的调整。

为解决建设用地指标问题，我们目前采取的措施有三个方面，一是充分挖潜存量建设用地资源，利用废弃村小学建设养老服务中心和游客服务中心等；二是充分利用好县级层面为乡村振兴预留的10%建设用地指标，但这需要在规划中统筹考虑，找到合适的落位地块；三就是利用村庄居民点用地集中整理，腾退建设用地指标，但这项工作相对比较漫长，这也就是我说的近远期相结合的问题，解决建设用地指标制约迫在眉睫，近期要利用好前两种方式，远期通过第三种方式解决，在规划中就需要对近远期安排做好过渡期的管制安排，不能按照最后一张规划图近远期一起实施，这个好像在你们规划术语里面叫什么“终极蓝图”，需要打破这种方式。

采访人：前面您结合八里庙乡村振兴工作对村庄规划谈了很好的意见和建议，针对八里庙村现实问题，尤其是建设用地指标问题，您是否考虑过与周边村庄共同谋划、共同布局，一起谋划“产业振兴”，也请您最后再谈谈其他乡村振兴的想法。

王阔迪：您提到的与周边村庄共同谋划、共同布局，一起谋划“产业振兴”的问题，现在还没有考虑，但我觉得这是一个很好的工作方向，能进一步开拓思路，从更高层面统筹周边村庄土地资源，破解当前村庄发展在空间和时间上面临的一些障碍。对八里庙村土地空间不能支撑的一些项目，可通过协商在周边合适的村庄进行落位，项目收益由多个村集体分成，实现八里庙村集体经济发展和村民收入提升。比如，目前我们谋划的养殖小区、粪便资源化利用、河道生态修复等项目，都可以探索通过空间上的统筹来破解落位和发展障碍，形成以八里庙村为中心的片区共建共享、共同发展致富新模式，推动更多设施规模化建设，解决盈亏问题。

最后，关于乡村振兴的其他想法，我认为可以从组织创新、智库搭建、人才培养等方面，整体提升八里庙村的乡村治理能力和发展能力。可以引导村里探索建立理事会制度，在村两委的领导下，发挥乡贤能人、乡村工匠的积极作用，成立乡村产业理事会、建设理事会等专业议事机构，协助村两委共同开展乡村治理。还可以通过第一书记联络，整合农科院、设计院等农业、旅游、规划、建设领域的专家，形成村内决策的智库，定期组织专家进行授课培训，提升村委的决策能力和村民的技术水平。近期就可以在乡村建设方面对接设计院，为村民提供农房设计方案，指导乡村工匠和村民开展农房改造提升。以上这些方面如果能做好，将为“五大振兴”中的“人才振兴”提供八里庙的样板。我就说这些。

李继军

上海同济城市规划设计研究院有限公司总工程师，教授级高级工程师

采访人：党的十九大以来，全国各地大力推进乡村振兴战略。请您介绍一下，在实施乡村振兴战略中，应该从哪些方面进行考虑？

李继军：乡村振兴的总体要求是“产业兴旺、生态宜居、乡风文明、治理有效、生活富裕”，其中，产业兴旺是重点，生态宜居是关键，将对乡村空间结构、布局、品质以及格局产生深刻影响和实质需求。因此首先一定要推动乡村产业高质量发展，只有乡村产业兴旺起来，才能带动资金、技术、人才等更多流向农村，农民增收门路才能打开，农村才有活力、有人气。其次要以村庄建设为重点，聚焦乡村建设重点目标任务，找准工作切入点，补短板、强弱项，完善村庄基础和公共服务设施建设，加大村庄人居环境整治，提升村庄特色风貌和住房品质，全面改善农村人居环境。此外，另一个重要的点就是扎实推进乡村治理现代化助力乡村振兴，从人力、物力、财力、政策等方面全面强化服务基层群众的能力建设，建立县、乡、村三级“互联网+政务服务”公共信息化服务平台，为实施乡村振兴战略提供坚实基础和有力保障。

采访人：建设宜居宜业和美乡村是农业强国的应有之义，在全面贯彻落实党的二十大精神的开局之年，应该如何有序推进宜居宜业和美乡村建设？

李继军：建设宜居宜业和美乡村，必须紧紧围绕逐步使农村基本具备现代生活条件这个目标，既要物质环境改善，又要建设精神内核。

从物质环境上看，要继续把公共基础设施建设的重点放在农村，集中力量抓好普惠性、基础性、兜底性民生建设。推进农村人居环境整治提升，持续加强农村道路、供水、能源、住房安全等基础设施建设。推动基本公共服务资源下沉，重点加快养老、教育、医疗等方面的公共服务设施建设。

从精神文明层面上看，要着力塑造人心和善、和睦安宁的乡村精神风貌，用好传统治理资源和现代治理手段，提升乡村治理效能。要创新农村精神文明建设的抓手、平台和载体，深入推进农村移风易俗，塑造乡村文明新风尚。

采访人：乡村振兴作为新时代“三农”工作的总抓手，中央顶层设计已经完备，战略实施已经启动，迫切需要科学规划。编制这一轮村庄规划我们需要注意什么？

李继军：乡村振兴要坚持规划先行，谋定而后动。好的规划是高质量发展的前提，是高标准建设的基础。应坚持以“村庄规划”为先导，明确任务书、路线图、时间表，做到先绘蓝图再建设，一张蓝图干到底。首先要让农民成为规划编制的主角、设计的主体、实施的主力。要弘扬农村工匠精神，下足绣花功夫，精益求精、精雕细琢，使村庄规划的美好蓝图实用、管用、好用。其次要坚持规划的实施性和持续性，要赋予科学规划的法律效力，长期持续推进，充分发挥乡村规划在乡村自治、法治、德治中的积极作用，把顶层设计与任务落实结合起来，使村庄规划蓝图变为生动实践、美好现实。

采访人：在乡村振兴背景下，国土空间体系中的村庄规划的编制理念是什么？

李继军：新时期的国土空间规划，需要强化“全域”的理念，村庄规划绝不是农用地、农村建设用地和生态修复的简单叠加，而是把山水林田湖草作为一个生命共同体，充分考虑各类要素之间的关联性及其内在规律，实施全域规划、整体设计、综合整治，形成田水路林村井然有序，自然景观、农田景观、村落景观融为一体的乡村空间格局，进而实现生态效益、经济效益和社会效益的综合最大化。

采访人：村庄规划的编制路径应该怎么选择？

李继军：第一应突出目标导向。村庄规划编制应以建设形成集约高效、宜居适度、山清水秀的村庄空间格局为目标导向，形成生产、生活、生态相协调的空间格局，促进乡村振兴和城乡融合发展。第二应以人为中心，尤其要保障和增进广大农民的土地权益，重视传统农耕文化的传承与保护，发展人地和谐的生态产业模式。第三是要强化空间治理，村庄规划中应注重统一行使用途管制，从传统空间规划向空间治理转型是完善空间治理体系和提升空间治理能力的必要手段。

采访人：村庄规划的空间模式有哪些？

李继军：村庄规划可以探索多功能多尺度空间组合模式，如，从推进重要农产品生产保护区、粮食生产功能区的角度考虑，可以基本农田集中区为单元组织实施，形成现代农业产业基地；从维护生态系统稳定性和增强生态系统功能角度，可以生态功能区、小流域等为单元组织实施；从推进城乡融合发展的角度出发，可以城市近郊区、具备向城市转型条件的村庄为主，实施城乡一体化的综合整治，促进基础设施互联互通、公共服务共建共享，承接城市功能外溢，实现城乡产业融合发展，在形态上保留乡村风貌，在治理上体现城市水平。

采访人：村庄规划的传导机制应该是什么？

李继军：要明确乡镇国土空间规划、村庄规划和专项规划（全域土地综合整治）的纵—横传导方式，应发挥村庄规划对整体布局的控制性作用，强化规划的层级、功能、差异控制传导，实现村庄规划的总体目标在空间维度、时间维度和功能维度上的精准实施。

采访人：村庄规划还有其他哪些机制需要完善？

李继军：首先，可以在创新政策激励机制方面做出完善，比如，借鉴城市国有土地使用权有偿有限期使用制度，创新农村土地使用制度，或构建粮食主产区发展补偿机制，或尝试征收生态服务有偿使用费或生态税等。

其次，需要对村庄规划的技术标准和实施程序进行完善，可基于已有技术标准和规范要求，明确适用情况，指导当前开展技术设计，涉及政策性强的问题，需要明确操作程序与内容要求，涉及重点监测和评价指标的问题，更需要明确的技术标准。

王伟

吉林省吉规城市建筑设计有限责任公司所长、副总

采访人：请您从规划编制的角度谈谈国土空间规划体系中的村庄规划与过去的村庄规划有何不同？

王伟：《中共中央 国务院关于建立国土空间规划体系并监督实施的若干意见》中，明确村庄规划定位为国土空间规划体系中乡村地区的详细规划，与过去的村庄规划相比，有了新的变化。下面，我结合工作实践谈几点认识。

一是所处的城镇化阶段不同。当前，城镇化进入“下半场”，城乡人口流动速度减缓，吉林省乡村人口逐渐趋向稳定并呈现老龄化特征，在此形势下，村庄规划需考虑闲置宅基地、闲置村小学等存量用地的处置，以及适老化公共服务设施的配置等新要求。二是统筹的发展空间不同。国土空间规划体系中的村庄规划作为乡村振兴战略实施的空间抓手，要求为产业振兴、文化振兴、生态振兴、人才振兴和组织振兴提供空间保障，尤其要保障粮食安全，保障第一、第二、第三产业融合发展的空间。三是村庄规划定位不同。区别于过去的村庄规划，国土空间规划体系中的村庄规划定位为“多规合一”的规划和“详细规划”，“多规合一”要求整合村庄建设规划、村庄整治规划、村庄土地规划等各类涉及村庄国土空间保护开发的空间型规划，面向全域国土空间的全要素规划和布局，除了注重村庄居民点的建设规划外，更注重全区域农业、生态与城镇各类空间的统筹安排；“详细规划”要求村庄规划具有开展国土空间开发保护活动、实施国土空间用途管制、核发乡村建设项目规划许可、进行各项建设等的法定依据作用。四是规划实施的要求不同。国土空间规划体系中的村庄规划要求规划不能再以城市的思维谋划乡村，坐在办公室描绘乡村，而是要深入乡村开展调研，严格落实乡镇层面规划要求，要开门编规划，能有效落地实施，成为好用管用的实施性规划。

采访人：请您结合编制实践，谈谈实用性村庄规划的“实用性”应如何体现？

王伟：过去十多年，我们一直处于城镇化的快速发展期，规划师的精力更多用在了城市向外拓展和新城新区的规划设计，通常也以城市化改造的思维来设计村庄，未对村庄规划进行深入研究。当前，国家要求编制实用性村庄规划，我认为应重点关注以下几个方面。

一是脚踏实地调研。“基础不牢、地动山摇”，调研详细认真是做好实用性村庄规划的必要基础条件，调研重点包括：基于“三调”或变更调查成果对比核定每个地类图斑的准确性，对建设空间每个地类细化调查，掌握土地权属情况，调查村民意愿，入户踏查村民住宅及院落功能布局，了解地域气候风土民俗特征等。二是尊重村民意愿。村民是村庄规划的直接参与者和执行者，在规划编制前要讲明原委、充分动员，编制期间要动员全程参与、充分决策，编制后要宣传宣讲、推动落实，让村民真正成为规划编制的主导者、决策者和规划实施的行动者、监督者。三是差异化成果表达。实用性村庄规划成果要符合政府及行业管理部门的要求，更要满足村民的使用需求，规划师作为技术语言表达者，要做到管理版成果空间精准、技术准确、表达规范，村民版成果文字通俗、图纸简易、表达直观，要让村民看得懂、能执行、能监督。四是翔实的地理信息的支持。“三调”数据采用优于1m分辨率的卫星遥感影像制作调查底图，并在此底图上进行绘制，精度已经较“二调”有了明显提升，如果有更高精度的地形图（1：500或1：1000）作为地理信息数据支持，则更能达到详细规划的技术深度，更好地指导乡村建设。五是覆盖全域全要素的用途管制。“以管定编”是国土空间规划体系的核心思想之一，怎么管就怎么编，编为管服务，因此，面向全域国土空间的用途管制成为规划实施的核心抓手。村庄规划作为“五级三类”规划体系的“最末端”，要做到应管尽管、精准落位；村域尺度上落实细化、准确定位上位规划确定的各类控制线，根据自然地理、村规民俗、政策约束等明确各类空间管制规则；村庄尺度上要对宅基地、公共设施、道路系统、房屋布局等作出详细安排。

采访人：请您谈谈在编制村庄规划时如何体现吉林特色？

王伟：编制具有吉林特色的村庄规划，是我们省级规划编制单位的责任，也是省内每一位规划师的责任。吉林省地处长白山腹地向松嫩平原和科尔沁沙地的过渡地带，是国家粮食主产区、老工业基地、生态资源大省，自然、地理、历史、风貌、风俗、建筑等地域特色鲜明。具体到村庄规划编制时，应体现以下特色。

一是边境地区特色。吉林省边境线全长1400多公里，兴边富民类村庄百余个，这些村庄均分布在东部长白山区，且多有少数民族聚居，生态资源丰富、民族风情浓郁，但部分村庄面临人口流失情况，规划应着力于产业用地供给和一二三产融合培育，着力于各类设施建设和旅游资源开发，吸引人口集聚和流动，强化风貌管控，体现民族特色，补齐边境地区设施短板。二是东部生态地区特色。东部长白山区分布着大量山地生态型村庄和一些特色保护类村庄，生态环境和村庄人居环境较好，林下种植产业特色鲜明，但建设用地紧张、村屯居民点分散、设施建设难以集中规模布局，规划应着力于体现长白山生态保护、特色资源开发等生态价值实现的空间支持，着力于矿产开发等形成的存量用地整理，着力于乡村旅游土地供给方式方面的探索等。三是中部农业地区特色。我省中部的农业地区，地处东北肥沃的黑土平原区，耕地保护任务重，农业生产优势明显，村庄布局相对集中，分布密集，建设空间紧约束，规划应着力于强化农业空间优化整理，提升农业生产能力和耕地保护力度；着力于优化村庄建设用地布局，节约集约利用土地，腾出更多农业生产空间；可采用周边多村联编的方式，实现多村统筹利用国土空间，解决单个村庄“无地可用”，以及某些设施难以布局的困境。四是草原湿地地区特色。我省西部的农牧交错盐碱地区的村庄，其人均建设用地面积大，养殖业优势明显，耕地挖潜空间大，但生态环境相对脆弱，规划应以村域国土综合整治为核心抓手，实施建设用地整理、农用地整理挖潜，整合优化养殖业用地，保护西部湿地资源，支撑乡村旅游用地空间。

采访人：张立

镇村规划一体化编制实践探索
——以吉林省万宝镇为例

Exploration on the Practice of Township - Village Joint Planning
—A Case Study of Wanbao Town, Jilin Province

张 立 谭 添 王丽娟 高玉展
Zhang Li Tan Tian Wang Lijuan Gao Yuzhan

[摘 要] 基于吉林省试点工作，结合白城市万宝镇一体化编制乡镇总规、镇区详细规划和村庄规划的实践探索，从规划策略、成果内容、表达深度等方面介绍了镇村联编的技术路径，阐述了镇村联编“编什么、怎么编”的问题，保证基于三调用地精度可以形成简明且具有操作性的规划成果，达到规划编制组织合理、高效统筹、逻辑清晰、经济适用的综合目标。

[关键词] 镇村联编；国土空间规划；村庄规划；乡镇规划

[Abstract] Based on the pilot project in Jilin Province, this paper combines the practical exploration of the joint preparation of township master plan, township detailed plan and village plan in Wanbao Town, Baicheng City, introduces the technical path of the joint preparation of township-village in terms of planning strategy, content of results, and depth of expression, and elaborates on the issues of "what and how to prepare" for joint township-village planning. It ensures that a concise and operational planning result can be produced based on the precision of the third national land survey results, achieving the comprehensive goal of a well-organised, efficient, logical and economical planning process.

[Keywords] township - village joint planning; territorial planning; village planning; township planning

[文章编号] 2024-94-P-010

一、镇村规划一体化编制背景

2019年中共中央、国务院发布《关于建立国土空间规划体系并监督实施的若干意见》，强调“对所有国土空间分区分类实施用途管制”。至此，全域全要素的空间管控成为国土空间规划体系的重要内容。在“多规合一”的要求下，规划内容涉及的领域更广，内容更全面，总体规划和详细规划的管控对象和传导内容从过去以城镇建成区为重点转向包含乡村地区在内的全域国土。随着市、县级国土空间规划逐步编制完成，乡级国土空间规划和村庄规划的编制任务开始变得紧迫，各地因地制宜开展了相关试点工作。为了切实推进镇、村两级规划编制任务，吉林省从本省省情出发，以解决镇、村两级规划内容重复且村庄规划内容普遍冗杂的问题，同时缩短规划编制周期、节约规划编制成本、提高规划编制效率为目标，在全省范围内选取了10个代表性乡镇，开展了镇村联编试点工作。对镇村联编可行性和必要性的论证主要考虑了以下三个方面。

首先，镇村联编便于组织编制。主体上，乡镇政府是组织编制乡镇级国土空间规划和村庄规划的法定责任主体，村庄没有组织编制村庄规划的法定权限，村庄层级也几乎没有调配资源的权力。内容上，乡镇级规划需要承接和优化上位规划的相关内容并向村庄规划进行传导，这些内容正是村庄规划的重要组成部分。空间尺度上，涉及产业发展、自然资源管控、生态环境修复和土地整治等内容时，仅以村庄为单位编制详细规划难以实现规划协同；在县级层面统筹村庄规划则空间尺度过大，如果县级规划只对村庄进行布点，则难以实现村庄规划应有的详细规划深度。因此，乡镇是统筹乡村地区规划的最佳层级。

其次，镇村联编成果拨冗去繁。目前乡镇级规划和村庄规划之间，以及两者内部都存在权责交叉、内容重复的问题。对比吉林省已出台的《吉林省乡（镇）级国土空间总体规划编制技术指南（试行）》（以下简称《吉林省乡镇指南》）和《吉林省村庄规划编制技术指南（试行）》（以下简称《吉林省村庄指南》），即可发现乡镇和村庄两级规划的内容高度重叠，尤其是乡镇传导至村庄的全域全要素管控内容。同时，乡镇政府驻地规划的编制内容基本可以达到粗线条的控规管控要求。村庄规划方面，在项目时效性约束下，地方往往会选择编制不同类型的规划解决近期问题，导致村庄规划架空、乡村规划体系混乱。镇村联编有助于减少重复工作，防止规划内容重叠冗余，建立逻辑清晰的规划成果体系。

最后，镇村联编符合吉林省的镇村实际。截至2021年底，吉林省建制镇共426个，乡153个，行政村庄9316个。从发展上看，吉林省镇村地区主要以农业生产和生态保育为主，仅2个全国经济千强镇，乡镇发展动力相对薄弱，人口外流趋势明显，绝大多数镇村处于相对稳定，甚至收缩的发展状态，即绝大多数镇村主要任务是落实并遵守底线管控内容。在此背景下，通过镇村联编统筹镇域、镇区和村庄规划更具实用性，可待有建设需求时再编制地块详细规划或实用性村庄规划进行落实。同时，镇村联编更具经济性，与乡镇总规、镇区控规、各村村庄规划独立编制相比，一体化编制将节约近70%的编制经费，避免财政和编制资源浪费，且可以达到规划管控全覆盖的要求（而非追求村庄规划的机械性全覆盖）。

二、万宝镇镇村联动的规划策略

1.案例概况

万宝镇地处吉林省和内蒙古自治区交界处，是县级洮南市域内第二大镇，也是周边三乡四镇的经济中心。镇域面积199km^2，下辖3个社区、17个行政村。区位上虽然万宝镇位于吉蒙交界，与内蒙古联系紧密，但对外通道单一，主要依托东西向县道。产业发展方面，万宝镇曾经有省际煤矿万宝煤矿，一时兴盛，但近年来受煤矿整合和煤炭开采难度加大影响，矿井逐步关闭，支柱产业衰退。目前全镇产业发展动力不足，农牧业现代化有所发展但总体滞后，镇内人口收缩现象严重，2020年万宝镇常住人口1.8万人，较2010年减少了58.33%。劳动力大量流失的同时，国有资产闲置，空间利用效率低下。

《洮南市国土空间总体规划（2021—2035）》（过程稿）将万宝镇定位为“洮南市副中心、工贸型城镇，北部片区综合服务中心、区域性商贸物流中心，北部特色农业发展区、西部生态绿色屏障”。为了真正承担

1.上位规划划定万宝镇镇区城镇开发边界图
2.本次规划划定万宝镇镇区规划范围图
3.万宝镇镇域生产力布局规划图

"洮南市副中心"定位，万宝镇亟须解决人口流失、产业发展缺乏动力等问题。而从实地调研情况看，万宝镇的规划编制需求不高，政府财力和行政能力不足，具有我国衰退型乡镇的普遍特征。所以规划编制要考虑到当地政府的执行能力，以及当地技术人才欠缺的客观现实，更加注重规划策略和成果的可操作性。

2.区域联动的产业选择

基于万宝镇两省交界的区位条件和支柱产业衰落的发展背景，规划策略上提出对接区域、聚力资源、谋划新产业。在产业的选择上，首先对洮南市、白城市、内蒙古兴安盟的乌兰浩特市、科尔沁右翼前旗、突泉县等周边县市的产业发展重点和市场规模进行了研究和测算。在大圈层范围中找出可以依托的市场条件，识别产业链缺口；在小圈层范围衡量万宝镇对周边三乡四镇的服务职能，最终确定了以农牧、粮贸产业为主导，培育新能源配套产业基地，延伸拓展旅游休闲产业，适度发展民生产业的产业发展方向。

3.镇村一体的生产力空间布局

基于产业发展方向选择，谋划城乡一体、镇村联合的生产力布局，系统布局一、二、三产业项目点。首先，打造种养一体化产业格局，通过划分种养分区、合理谋划布局种植养殖基地、农肥加工基地，培育种植—养殖—农废加工循环农业。其次，做强粮贸、畜牧交易，整合已有畜牧交易市场、屠宰场，落实杂粮交易市场，同时结合新能源制造业和民生产业的发展，布局综合商贸市场。最后依托敖牛山风灵谷市级旅游重点项目，利用矿区火车轨道等工业遗产发展旅游业，促进农旅融合。

4.充分利用各类闲置资源

万宝煤矿的关停直接导致万宝镇大量国有资产闲置，包括原有职工宿舍区和工矿用地。同时，万宝镇地处敖牛山脚，有一定比例的其他草地等未利用地。这些潜在的资源是万宝镇重要的后发优势。规划通过国土综合整治收储闲置用地指标，支持近期建设项目所需的设施农用地、产业建设用地需求。有一定规模的工矿用地规划为新能源产业、民生产业基地，形成集中的产业发展板块，培育新的产业发展动力，吸引人口回流就业。闲置的国有职工宿舍规划作为职工公寓，或结合发展需要变为产业用地。其他草地等未利用地可结合实际情况，提升生态功能，或补给农业和新能源产业用地需求。

三、万宝镇镇村联编的技术路径

本次镇村联编包括"两个一体化"，分别是乡镇总规和镇区单元详细规划一体化编制、乡镇规划与村庄规划一体化编制。对于乡镇规划而言，小城镇镇区与城市的城区存在差异，乡镇规划不宜照搬城区城市规划成果要求。与城市集中建设区相比，乡镇集中建设区的建成面积较小、发展状态稳定、地块出让需求少，进一步细化总规中乡镇政府驻地规划的管控要求，形成镇区单元详规，即可实现对镇区大部分地块更新整治的建设管控，并作为编制城镇开发边界内地块实施性详细规划的指导依据。鉴于村庄规划内容过于综合，同时包含管控、发展、建设和设计，且精度要求跨度大，应认识到"乡村规划是一个体系"，在没有明确规划需求和项目安排时，村庄规划的主要职责应是完成"县—乡（镇）—村"的传导任务，实现全域全要素的空间管控。这些内容在镇级规划中即可确定，少数因图纸精度或需与专项规划衔接而无法完成的内容，可结合不同部门专项规划，进一步编制针对某一领域或者区域的实用性村庄规划。

1.成果内容及表达深度

本次镇村联编的镇域规划部分依据《吉林省乡镇指南》进行编制，其中现状分析与问题识别、规划定位与目标、总体格局与结构、自然资源保护与利用、镇村布局与产业、历史文化与景观风貌、支撑保障体系、国土综合整治和生态修复八个部分与指南要求一致，本次规划增加镇区单元详细规划内容，在完成镇总规要求的乡镇驻地规划的情况下，进一步对单元街坊或地块进行建设管控。村庄规划部分依据《吉林省村庄指南》规定的必选内容进行编制。

（1）镇村联编中的镇区详细规划

《吉林省乡镇指南》中乡镇政府驻地层面的规

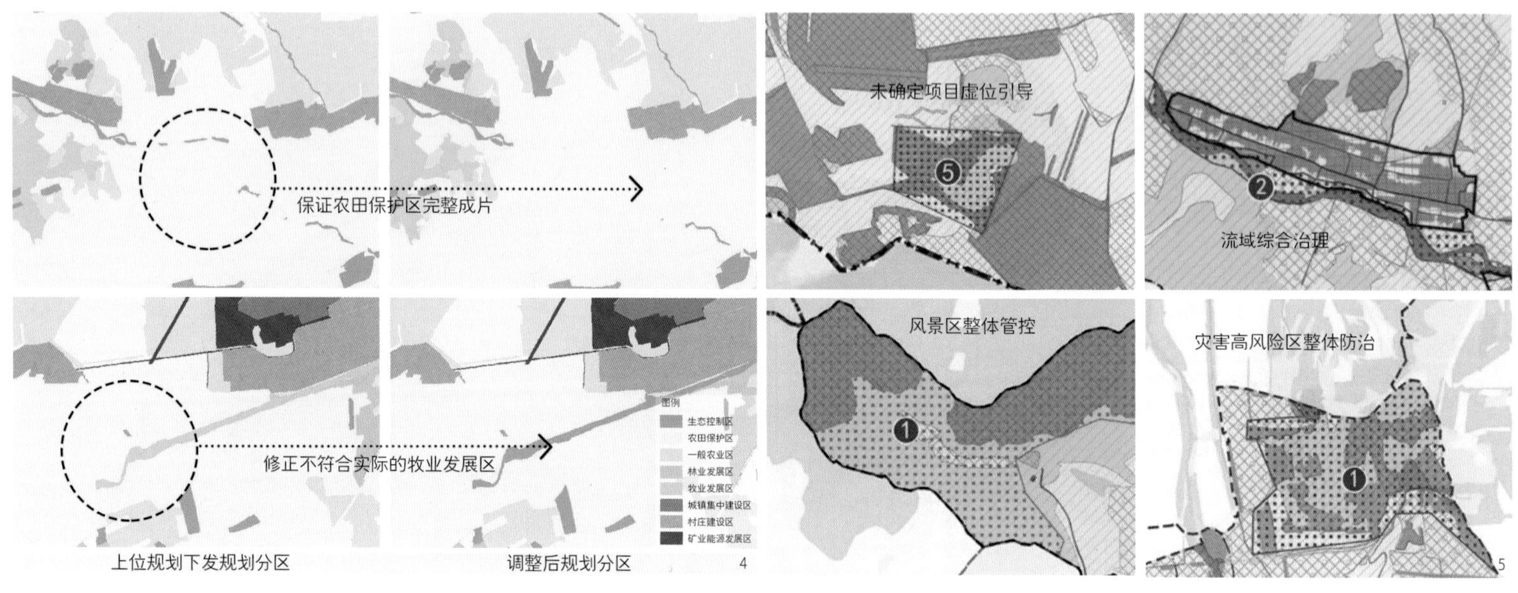

4.规划分区修正对比图　5.特殊管控区示意图

划内容包括用地布局、社区生活圈构建、空间形态与风貌管控、历史文化保护、住房建设、道路交通、公用设施、综合防灾和五线管控，基本可以达到粗线条的控规管控要求。镇区单元详细规划只需结合权属、卫片等资料进一步修正用地边界、主要道路网等内容，并提出开发建设的管控要求，如空间形态规划要求划定开发强度和高度分区，明确分区的容积率、建筑密度、建筑高度等开发强度管控要求。受基础底图的精度限制，镇区单元详细规划中的地块边界仅为划示，如地块有开发出让需求，需进一步测绘地形图，地块实际规模和边界以测绘为准，进而编制地块出让图则，并按相关程序审批，指导用地开发建设。

（2）镇村联编中的村庄规划

国土空间规划的每个空间层次都包含乡村的内容，不同空间层次的乡村规划内容层层递进。县、乡（镇）、村三级规划的编制内容分为国土空间格局与结构、自然资源保护和利用、产业发展、历史文化与景观风貌、国土综合整治与生态修复和支撑保障体系六大板块。这些内容传导到村庄层级，在编制的可操作性上分为两类：第一类是在以三调为底图的精度上可以编制的内容，村庄规划只需落实上位规划要求，结合实际情况进行优化调整即可。第二类是村庄规划目前无法完成的内容，包括①受1：10000精度限制无法编制的，例如宅基地边界划定、道路断面设计，如需编制应进行地形图测绘后制定实施方案；②因目前暂无建设需求无需编制的，如产业用地布局；③需要根据专项规划编制情况实时调整的，如土地综合整治、基础设施建设。对于建设需求小、人口外流严重的村庄而言，主要任务是遵守底线管控，即完成第一类规划内容，第二类内容中的产业用地落位、综合整治、基础设施建设等内容可以通过虚位管控或结合专项规划落定的形式解决。

2.解决实际问题：修正边界和分区

（1）镇区规划边界的划定

由于上位规划下发的城镇开发边界扣除了镇区内的多条道路、零散的民居庭院和农林用地，所以城镇开发边界较为破碎。如果按照《中共中央 国务院关于建立国土空间规划体系并监督实施的若干意见》，在城镇开发边界内划定详细规划单元、城镇开发边界外制定实用性村庄规划编制单元（单个或多个），将导致镇区不完整、单元详细规划边界破碎、镇村管辖混乱等问题。由此提出，在尽量不突破原有城镇开发边界的基础上，结合实际建成情况、地籍权属、生态休闲功能完整性等确定镇区规划范围，规划范围内编制单元详细规划图则，镇区范围外编制村庄规划图则。该边界仅用于规划编制，不影响城镇开发边界范围及其管理要求。若涉及“镇区规划范围内、开发边界外”的地块建设、开发，占用非建设用地的，须按照程序要求，落实耕地占补平衡、进出平衡等政策，满足“详细规划+规划许可”的条件后方可进行建设开发。

（2）村庄规划分区的修正

《吉林省乡镇指南》中明确镇级规划可以“合理优化全域规划分区边界”，通过镇村联编可以解决上位传导的规划分区内容不准确，与村庄规划管控要求相矛盾的问题。目前县级规划传导下来的规划分区依据用地性质划分，将三调的各类草地合并划为牧业发展区、各类林地合并划为林业发展区，导致分区零散不连片情况明显，不符合规划分区体现主导功能、整体统筹的需求，难以指导村庄规划管理。本次规划在镇级规划中完成全域规划分区优化调整，如通过聚合分析提高分区完整性，将永农斑块间的田垄、细小一般耕地、林地等纳入农田保护区或一般农业区，推动高标准农田成片建设；将规模过小、形状狭长、难以承载牧业发展的牧业发展区纳入一般农业区或生态控制区，进一步传导至村庄。

3.应对实际需求：设置新分类指引

（1）镇区规划新增地块分类引导

为了便于理解规划成果，镇区规划进一步将地块分为“现状”“综合整治”及“规划新建”三类。镇区内建成质量较好，功能比较稳定的地块在规划图则中标注为“现状”，规划不改变其用地性质和建设规模；镇区建筑质量或环境质量较差，亟须整治提升的地块，划为“综合整治”类，并提出用地性质及开发容量等建设要求；新增的建设地块在图则中标注为“规划新建”，这类地块的用地性质和规划指标经研究确定，在后续开发中需进一步结合更高精度的测绘明确其四至边界坐标等，根据实际需要可以再行编制地块出让图则。

（2）村庄规划新增特殊管控区

为了表达近期内无法确定的、跨越村级行政边界的用地落实及空间管控要求，规划提出“特殊管控区”概念，一方面实现发展引导，对尚未确定的项目进行虚位管控，划定大致范围，引导优先在管控区内进行建设；另一方面划定跨越村界的山脉、河流岸线等自然要素管控区，推进生态环境改善的同时，避免村庄建设破坏景观风貌。例如“千万头肉牛工程”项目选址区、放牛山景观管控区、太平河流域综合治理区等。

洮南市万宝镇国土空间规划（2021-2035年） 万宝镇镇区DY-01单元规划图则

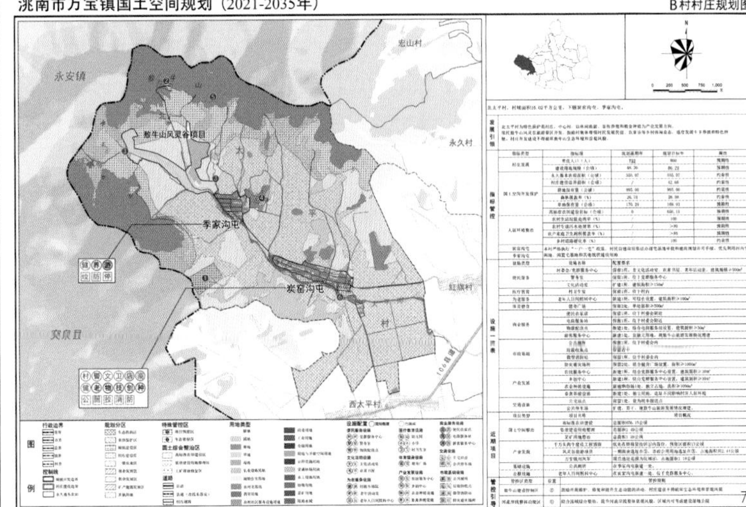

6.镇区单元规划图则（过程稿） 7.村庄规划图则（过程稿）

4.成果表达形式

万宝镇国土空间规划成果包括了镇域总规、镇区详规和村庄规划，其中镇区详规和村庄规划采取图则形式，通过图面要素+图则表格表达规划内容。

（1）镇区单元规划图则形式

考虑到镇区建设量较少以及规划编制时新增建设项目等尚难以明确等因素，镇区详细规划采取单元层次的粗线条详细规划编制，内容包括地块编号、地块界限、用地性质、主要道路以及主要设施布点的要求。图例包括三种要素：①线要素，表达开发边界、镇区范围、五线管控，本次规划新增了公共服务设施控制线和生态廊道控制线；②面要素，表达用地类型，将用地布局方案表达至用地二三类；③点要素，用于区分设施表达，包括现状和规划的公共服务设施、道路交通设施以及市政公用设施。

图则表格上，“地块控制指标一览表”部分提出容积率、建筑限高、绿地率、设施配建等指标要求，进行地块开发管控，省略了控制性详细规划中道路及主要设施线坐标、地块出入口、配建车位等内容的要求。将镇区地块划分为“现状”“综合整治”“规划新建”三个类别。对重点地块的功能布局、主要设施配置及风貌管控要求等内容提出了更精细化的要求。在“备注”中，补充说明了差异化的管控引导内容，包括地块边界划示、镇区规划范围内开发边界外地块占用要求、地块引导分类及管控要求、设施配置相关标准等内容。

（2）村庄规划图则形式

本次规划将村庄规划分为通则式内容和个性化内容。在规划文本中表达具有共性的通则性管控要求，简化图面内容；在图则中表达具有差异的各村个性化管控要求。

村庄规划图纸表达了现状用地、各类控制线、规划分区、特殊政策区等管控范围以及自然资源保护和生态修复及建设项目。划定村庄建设边界后，一般村村庄建设用地按照不打开进行规划，仅明确设施配置要求，永红村作为万宝镇副中心，参照镇区将其建设用地打开进行规划。图例表达包括三类：①点要素，表达公共服务和基础公用设施布点，在图则中明确建设类型、建筑面积等配置要求；②线要素，表达上位和专项传导的刚性控制线，在通则中明确边界内的管控要求；③面要素，反映对空间要素的管制和引导，包括覆盖全域的规划分区和用地分类、相当于用地类型叠加规划动作的国土综合整治区，以及引导村庄发展的特殊管控区。图例的轻重、粗细、强调程度根据要素的强制性高低确定。

四、结语

万宝镇镇村联编国土空间规划以简化、综合、实用为目标，探讨了具有操作性的技术路径和简明的规划成果表达。本次规划发挥镇级统筹能力，一体化编制镇域总规、镇区详细规划和村庄规划的两级三类规划。基于三调用地底图，绘制了村庄规划一张图和镇区详细规划一张图。内容上着力于底线管控和实施建设的衔接，切实指导（按需编制的）实用性村庄规划和镇区地块出让图则编制。最终成果具有综合性，镇区单元详规细化了相应的管控要求，村庄规划将现状用途、管控要求、规划行动和发展引导在一张图上叠加表达，便于当地对照现状理解管控要求。除此之外，镇村联编还推动编审程序简化，按照现行乡镇指南和村庄指南，乡镇总规需要报市（州）人民政府审批，村庄规划则由乡（镇）人民政府报上一级人民政府审批。本次镇村联编尝试建议规划成果由镇人大审议后，报市级或者县级人民政府（二选一）审批，易于获得有效反馈意见，简化报批程序。

参考文献

[1]张立, 李雯骐, 张尚武. 国土空间规划背景下建构乡村规划体系的思考——兼议村庄规划的管控约束与发展导向[J]. 城市规划学刊, 2021, 266(6):70-77.

[2]李娜. 乡村空间与国土空间规划体系的链接路径探索[J]. 城乡规划, 2021(Z1):82-89.

[3]魏广君.中国乡村规划浪潮——特征、困境和思考[J]. 国际城市规划, 2022, 37(5):131-137.

[4]尹旭, 王婧, 李裕瑞, 等. 中国乡镇人口分布时空变化及其影响因素[J]. 地理研究, 2022,41(5):1245-1261.

作者简介

张　立，同济大学建筑与城市规划学院副教授、博士生导师，中国城市规划学会小城镇规划学委会秘书长；

谭　添，同济大学建筑与城市规划学院硕士研究生；

王丽娟，上海同济城市规划设计研究院有限公司规划师；

高玉展，同济大学建筑与城市规划学院硕士研究生。

实用性村庄规划的吉林探索

Exploration on Practical Village Planning in Jilin Province

李 茁 李继军
Li Zhuo Li Jijun

[摘 要] 城乡规划体系下，村庄规划内容从“初级综合”到“规划、建设分阶段管控”再到“体系、规划、建设管控升级”，地方也进行了大量村庄规划实践工作，但政出多门难协调、末端单元难治理等情况，让村庄规划的实用性饱受争议。国土空间规划背景下强调村庄规划的“多规合一”和实用性，结合吉林试点村庄规划编制，吉林在厘清乡村规划“发展”“管控”“建设”三个维度内容的差异化基础上，在村庄分类施策、刚性传导与弹性预留并举，引导村民参与规划、同编共治，建立自上而下传导与自下而上反馈并行的双向机制等方面进行探索。

[关键词] 多规合一；实用性村庄规划；分类施策、刚弹并举；同编共治；双向机制

[Abstract] Under the urban-rural planning system, the content of village planning has changed from "primary integration" to "phased management and control of planning and construction" and then to "upgrading of system, planning and construction management and control". Meanwhile, local governments have also carried out considerable village planning practices. Nevertheless, the practicability of village planning has been controversial due to the difficulties in intergovernmental coordination and terminal unit governance. Under the context of Territorial Planning which emphasizes the integration of multiple plans and the practicability of village planning, Jilin Province explores a new paradigm of village planning in pilot villages. In these new village plans, classified policy measures combining both rigidity and flexibility are proposed based on clarifying the differences in three dimensions of development, management control and construction guidelines of rural planning. Public participation is promoted by encouraging villagers to collaborate with planners to develop and modify the village plan. A mutual mechanism of both conducting from top to bottom and feedback from bottom to top is also preliminarily explored.

[Keywords] the integration of multiple plans; practical village planning; classified policy measures combining both rigidity and flexibility; collaborative planning; mutual mechanism

[文章编号] 2024-94-P-014

一、村庄规划主要内容演进

1.以“建设管控”为主的“村庄综合规划”初期

1978年改革开放以来，乡村市场经济逐步开启，“村村点火、家家冒烟”，村办企业、乡镇企业的大量出现，让传统的村庄空间迎来一次变革；与此同时，乡村出现“建房热”的风潮。为管理“建房热”带来的耕地被占用、大拆大建等空间脏乱差的问题，国家设立了乡村建设管理局，旨在加强对村庄建房的管理。1981年，第二次全国农村房屋建设工作会议召开，提出将乡村及其周边环境视为一体进行综合规划，标志着村庄规划编制的大幕拉开。1982年“城乡建设环境保护部”成立，同年颁布《村镇规划原则》《村镇建房用地管理条例》两部规章为村庄规划管理提供了依据，也推动了第一批村庄规划的编制。据统计“至1986年年底，全国有3.3万个小城镇和280万个村庄编制了初步规划”。至1989年底，全国农村共新建住房相当于前30年建房总量的2倍多，约8600万户农民迁入新居，占当时全国总农户的43%。这一时期的村庄规划，针对当时实际情况，是以“保护耕地、控制用地、规范农房建设、安排应急建设”为重点的村镇（初步）规划。

2.“套用城镇”的“规划+建设”分阶段管控时期

1992年党的十四大提出建立社会主义市场经济体制的宏观导向下，乡村的劳动力、资金等资源向城市流动，我国逐步进入了快速城镇化阶段。伴随着城镇化发展，建设部自1994年开始进行全国小城镇试点建设，注重“小城镇”发展建设、以城镇地区工业化带动乡村地区城镇化的思路大行其道。土地供给方面城镇优先，城镇建设在用地指标制约下还可以把集体土地指标布局在乡村地区，城乡二元发展的问题日渐突出。这一时期村庄发展建设的主要依据是1993年国务院发布的《村庄和集镇规划建设管理条例》。注重小城镇规划建设的背景影响下，《村庄和集镇规划建设管理条例》中对村庄规划、建设的管理分为村庄总体规划和村庄建设规划两个阶段，其内容方面也基本上套用了城镇规划的内容和模式。村庄总体规划主要内容包括：村庄的位置、性质、规模和发展方向，村庄的交通、供水、供电、商业、绿化等生产和生活服务设施的配置。而村庄建设规划的主要内容，则可以依据村庄经济发展水平，参照集镇建设规划的编制内容执行，主要对住宅和供水、供电、道路、绿化、环境卫生以及生产配套设施作出具体安排。从村庄规划内容上可以看出，这一时期村庄总体规划在布局村庄发展，其隐含逻辑是“空间扩张”，这与当时的人口流入城市、村庄逐步衰退的现实情况存在一定反差。

3.“城乡统筹”的“体系+规划+建设”管控升级

2002年十六大首次提出城乡统筹发展的新发展观。在城乡统筹发展理念下，2006年建设部发布《县域村镇体系规划编制暂行办法》，旨在从县级单元统筹村庄、城镇的规划体系。2008年《城乡规划法》开始实施，赋予了村庄规划在规划与建设领域的法定地位。从“城乡二元”到“城乡统筹”，村镇规划注重乡村与城市的区域统筹与联动，对于乡村地区的管控，由规划、建设两个阶段升级为“体系+规划+

建设”三部分内容。村镇体系规划侧重对域内村庄体系的统筹布局、布点；而村庄规划部分则基本延续原有村庄规划的逻辑与内容，分为村域规划和村庄建设规划两部分。村庄规划的内容方面，《城乡规划法》规定包括：“规划区范围，住宅、道路、供水、排水、供电、垃圾收集、畜禽养殖场所等农村生产、生活服务设施、公益事业等各项建设的用地布局、建设要求，以及对耕地等自然资源和历史文化遗产保护、防灾减灾等的具体安排”。同时强调村庄规划应从农村实际出发，尊重村民意愿，体现地方和农村特色。尽管在规划内容方面不断充实，理念上与时俱进，但“村庄规划”庞杂的内容也导致了村庄规划的目标不清晰、管控落实难等问题，看似什么都在管，实则很多内容都停留在表面，难以操作。规划专家段德罡认为：“传统规划的理念与方法在今天大背景下依然有积极作用，但要明确，其主要是作用于县域及以上的行政单位，县域以下没有实施规划的能力。”

4.“乡村振兴”战略下的村庄规划思辨——“多规合一实用性村庄规划”

在十八大提出的“美丽中国”目标指引下，2013年住建部开展了565 个美丽宜居村庄的示范工作，并发布了《村庄整治规划编制办法》《农村危房改造最低建设要求（试行）》等一系列规范要求，2015年《美丽乡村建设指南》发布，为美丽乡村的建设提供了标准和依据。然而，快速城镇化进程中的乡村问题变得更加多元，如乡村保发展和保耕地之指标困境、乡村多元化主体权利之主体困境、乡村行政治理与村民自治之体制困境等。城乡规划体系下以村庄规划作为乡村地区空间治理的核心工具逐步面临“政出多门难协调、末端单元难治理”的困境，“多规合一”的乡村空间治理平台建设势在必行。

十九大提出乡村振兴战略，并将其写入党章，体现了宏观层面对乡村治理从“空间提质”到“全面振兴”的导向升级。2018年中共中央、国务院印发《乡村振兴战略规划（2018—2022年）》，十一篇、三十七章内容对生产、生活、生态空间格局、农业现代化、壮大乡村产业、建设美丽乡村、改善乡村民生、传承乡村文化特色等方面进行了全面部署。2019年的中央一号文件《中共中央、国务院关于坚持农业农村优先发展做好“三农”工作的若干意见》中要求，以县为单位，按照先规划后建设的原则编制、修编村庄规划，统筹研究产业发展、土地利用、村庄建设、环境整治、生态保护和历史文化传承等内容，编制多规合一的实用性村庄规划。2019年中共中央、国务院发布《关于建立国土空间规划体系并监督实施的若干意见》，提出建立“五级三类”国土空间规划体系，其中村庄规划被纳入详细规划类。自然资源部发布的《关于加强村庄规划促进乡村振兴的通知》中明确提出了国土空间规划体系下，“村庄规划是法定规划”“要整合村土地利用规划、村庄建设规划等乡村规划，实现土地利用规划、城乡规划等有机融合，编制‘多规合一’的实用性村庄规划”，其内容要求方面主要涵盖三个方面：乡村振兴的发展导向、全域全要素空间资源管控、村庄风貌及建设引导。国土空间规划体系下的村庄规划将更加注重协调、注重实用、注重时效。

5.小结

回顾村庄规划发展历程，从最初以村庄建设管控为目的的村庄规划，到当前村庄治理面临“政出多门难协调、末端单元难治理”等困境，可以看到村庄规划作为乡村地区空间治理的核心工具，是具有明显的时代背景特征的。村庄规划的实用性也要从村庄规划的主要目标、实施主体、管控内容等多方面进行考量。在乡村振兴战略宏观指引下，国土空间规划体系中探索“多规合一”的实用性村庄规划将成为乡村地区空间治理的创新。解决村庄的实际问题、管控措施有效落实，也将成为乡村地区空间治理的新挑战（表1）。

表1　乡村规划、建设领域相关政策、法规梳理

年份	乡村规划、建设领域相关主要政策、法规、规范	关键词
1982年	《村镇规划原则》《村镇建房用地管理条例》	村镇建房、用地管理
1993年	国务院发布《村庄和集镇规划建设管理条例》	建设管理
2000年	建设部《村镇规划编制办法》（试行）	规划编制
2005年	《关于村庄整治工作的指导意见》建村〔2005〕174号	村庄整治
2006年	建设部发布《县域村镇体系规划编制暂行办法》	村镇体系
2008年	《城乡规划法》《村庄整治技术规范》（GB 50445-2008）	城乡规划法、村庄整治
2009年	关于2009年扩大农村危房改造试点的指导意见 关于开展全国特色景观旅游名镇（村）示范工作的通知	农村危房改造、特色景观旅游名镇（村）示范
2010年	关于开展国家历史文化名城、中国历史文化名镇名村保护工作检查的通知 关于印发《镇（乡）域规划导则（试行）》的通知	中国历史文化名镇名村保护、规划导则
2011年	关于印发《农村住房建设技术政策（试行）》的通知	住房建设技术
2012年	住建部、文化部、国家文物局、财政部发布《关于开展传统村落调查的通知》 住建部、文化部、财政部发布《关于加强传统村落保护发展工作的指导意见》	传统村落调查、传统村落保护
2013年	住建部发布《村庄整治规划编制办法》《农村危房改造最低建设要求（试行）》 《关于开展美丽宜居小镇、美丽宜居村庄示范工作的通知》	村庄整治规划、危房改造、美丽宜居村庄示范
2014年	住建部《乡村建设规划许可实施意见》《关于建立全国农村人居环境信息系统的通知》《关于公布2014年村庄规划、镇规划和县域村镇体系规划试点名单的通知》 《村庄规划用地分类指南》	规划许可、农村人居环境信息系统、村庄规划试点、村庄规划用地分类
2015年	《美丽乡村建设指南》（GB/T 32000-2015）；住建部《关于印发农村生活垃圾治理验收办法的通知》《关于改革创新、全面有效推进乡村规划工作的指导意见》	美丽乡村、农村生活垃圾治理、有效推进乡村规划
2016年	住建部《关于开展2016年县（市）域乡村建设规划和村庄规划试点工作的通知》	村庄规划试点
2017年	住建部发布《乡村道路工程技术规范》（GB/T 51224-2017）	乡村道路
2018年	中共中央、国务院发布《关于实施乡村振兴战略的意见》《乡村振兴战略规划（2018—2022年）》《农村人居环境整治三年行动方案》 住建部《关于进一步加强村庄建设规划工作的通知》	乡村振兴战略、农村人居环境整治、三年行动、加强村庄建设规划
2019年	中央一号文件《中共中央、国务院关于坚持农业农村优先发展做好“三农”工作的若干意见》 自然资源部办公厅《关于加强村庄规划促进乡村振兴的通知》 住建部《关于建立健全农村生活垃圾收集、转运和处置体系的指导意见》《农村生活污水处理工程技术标准》（GB/T 51347-2019）	多规合一的实用性村庄规划、加强村庄规划、促进乡村振兴；农村生活垃圾处置体系、农村生活污水处理
2020年	住建部发布《村庄整治技术标准》（GB/T 50445-2019）	村庄整治
2021年	中共中央办公厅、国务院办公厅印发《关于加快推进乡村人才振兴的意见》	乡村人才振兴

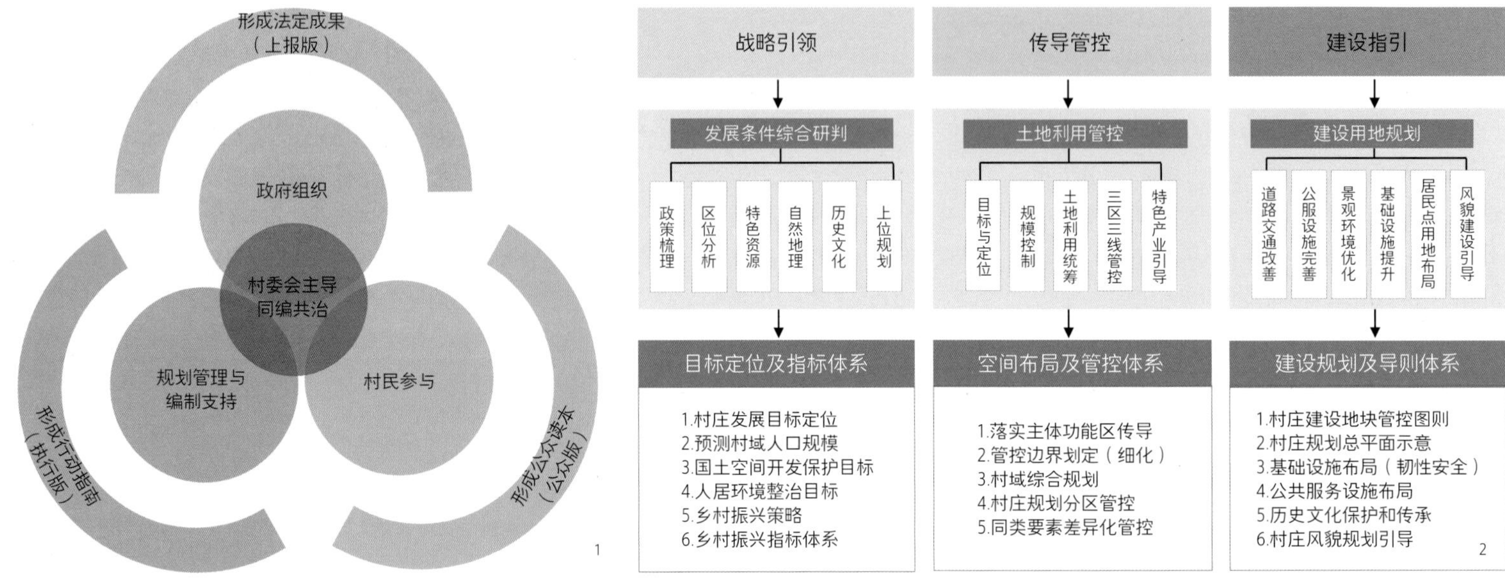

1.同编共治、编制创新示意图
2.村庄规划内容的三个维度示意图

二、实用性村庄规划的吉林践行

1.按需编制、从试点到推广

在响应乡村振兴战略导向、落实国土空间规划体系改革等宏观背景下，2021年吉林省在“吉林省村庄分类布局专题研究”基础上启动了村庄规划试点编制工作。基于吉林省西部丘陵、中部平原、东部山地的大地理格局特征，以及村庄分类布局的研究结论，选定了15个村作为试点村，覆盖吉林东、中、西部，以及集聚提升、城郊融合、特色保护、兴边富民四类需要单独编制村庄规划的村庄类型。[①]希望通过试点村庄规划的编制，达成探索国土空间规划体系下村庄作为详细规划的编制方法及技术流程、推进多规合一的实用性村庄规划从试点到推广两个目标。

2.把握村庄共性与特征分类施策

吉林村庄面临着空心化、老龄化、劳动力缺失等全国村庄普遍面临的共性问题，也有黑土地保护等吉林自身特色带来的挑战。此次吉林省试点村庄规划是在把握共性问题基础上，针对试点村庄的类型特征，分类总结村庄的类型特征，希望通过共性与个性特征的精准识别，进而实现分类施策以提升村庄规划的实用性。

（1）集聚提升类村庄侧重资源增效提质、服务周边

《吉林省村庄规划编制技术指南（试行）》（以下简称“指南”）中界定集聚提升类村庄指乡（镇）政府驻地所在村庄、上位规划确定的中心村，具有一定产业集聚作用、有综合服务能力的村庄。吉林的9300个村庄中集聚提升类村庄2165个，占23%。从选定的6个试点村庄看，普遍具有以下特征：土地平坦但村庄居民点分布零散制约了大规模机械化农业进一步发展；人居分散，设施服务绩效低；合作经济有所发展但收益难以惠及全部村民。针对该类村庄的特点，试点村庄规划中确定了整合耕地以适应大规模机械化农业发展；引导人口、资源向县城或集镇集聚，建设用地减量，农田格局优化，提升资源绩效的发展策略。

（2）城郊融合类村庄侧重城乡协同、互补

指南中界定城郊融合类村庄指现状人口规模大于3万人的镇区（或县、市区）建成区以外、城镇开发边界以内的村庄。城郊融合类村庄1000个，占吉林省村庄总量11%，从本次试点的3个村庄看，村庄空间与城镇开发边界外缘相连且产业互补、公共服务与基础设施具备互联互通条件，是该类村庄的共性特征。针对该类村庄的特点，试点村庄规划中确定了城乡互补发展的发展路径，建设魅力乡村吸引城市居民、发挥乡村特征反哺城市功能；设施“同标一体”，实施城乡基本公共服务均等化、优质设施互补化等发展策略。

（3）特色保护类村庄侧重特色保护与挖潜利用

指南中界定特色保护类村庄指历史文化名村、传统村落、少数民族特色村寨、特色景观旅游名村、非物质文化重要承载地等特色资源丰富的村庄。特色保护类村庄1000个，占吉林省村庄总量11%。从本次试点的5个村庄看，特色保护类村庄的特色资源主要集中在自然景观资源特色、朝鲜族等少数民族文化特色、东北抗联红色文化特色等类型。结合特色保护类村庄的旅游开发导向特征，试点村庄规划中确定了“两保、三用”的发展策略，即保护特色资源、保护村庄特色风貌，用地利（借力区域发展）、用资源（唤醒沉睡资源）、用网络（强化网络营销塑造乡村品牌）。

（4）兴边富民类村庄侧重政策引导集聚、确保国土安全

指南中界定兴边富民类村庄指抵近国境线、具有稳边安边兴边富民职能的村庄。兴边富民类村庄99个，占吉林省村庄总量1%。从吉林边境具有国际形势相对稳定、“四区”（生态保护区、民族聚居区、资源储备区、国家安全区）属性叠加的战略要地、临近口岸资源等特征。结合吉林特质，试点村庄规划对吉林兴边富民类村庄提出了发挥口岸优势，贸易兴边；发挥边境特质，文旅兴边；连通腹地交通，强化边防通道；结合山地、林地资源特征推进生态保护价值转换机制探索等策略。

3.发展、管控、建设三个维度的实用性应对

乡村振兴战略指引下的实用性村庄规划，其内容涉及乡村振兴发展、空间资源管控、村庄风貌及建设引导三个维度。在当前机制体制下，关注上述三个维度的主体是有所侧重的。乡村振兴发展尽管与每个村民息息相关但实际关注的主体是村庄集体和乡镇等上级管理部门；空间资源管控的对象是村

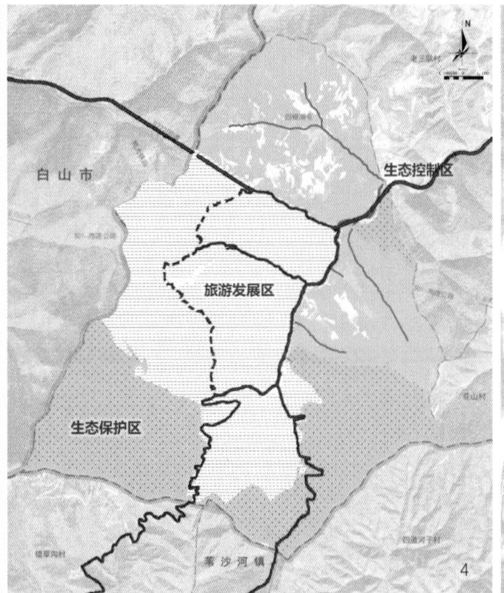

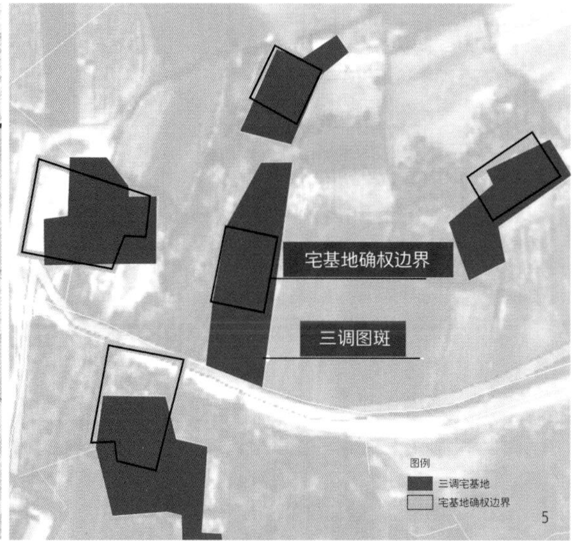

3.与珍珠门村村民讨论规划方案现场照片
4. 与村民讨论形成的交通优化方案图
5.三调图斑与确权图斑错位示意图

民主体，但实际上村民对于空间资源要素的管控并不理解，大多是依规执行，而实际关心村庄规划空间资源管控是否实用的主体是自然资源管理部门，涉及国土空间规划体系中生态保护红线、永久基本农田保护红线、耕地保有量等核心管控内容的传导与落地；对于村庄风貌及建设，住房建设管理部门和村民都关注该部分内容中住房相关的部分，住房建设管理部门更为关心村庄规划建设引导部分的可操作性，而村民则更多考虑的是建设引导下建房成本、用材等方面。结合三个维度的关注主体差异，吉林试点村庄规划中提出了差异化的实用导向编制策略。

（1）发展维度的行动实用——注重近期行动、预留弹性，刚弹并举

对于吉林的乡村而言，特别是政府财政投入有限的情况下，村庄规划发展维度的实用性，是在有限投入的情况下寻求发展最优方案，而不是追求村庄发展的理想蓝图。因此，村庄规划的行动效率、应对未来发展的不确定性成为村庄规划实用性的主要考量。

关注近期行动，项目落地。以梨树县八里庙村村庄规划为例，八里庙村的村庄规划中更加注重近期规划行动和项目落地，规划中结合政策实际，明确了黑土地保护及国土空间综合整治、乡村产业振兴、村民安居、乡村环境整治四类12大项目作为近期实施重点，并制定了相应的财政保障计划确保实施。

刚弹并举，探索留白。八里庙村村庄规划中，既考虑优先满足村庄、村民发展的现实诉求，符合国土空间规划体系刚性传导要求，又考虑应对村庄未来发展的不确定性，确定了刚弹并举、探索留白的规划策略。对于民生改善类设施、传导落实类管控要求进行刚性规划和管控实施，同时为了应对发展不确定性，在建设用地指标范围内明确了战略留白范围，以便弹性适应。

（2）自上而下的空间管控实用——构建全域“一张图”、搭建多规合一管理平台

国土空间全域、全要素管控是国土空间规划体系改革对村庄规划提出的新要求。村庄规划在空间管控方面的实用性，要看管理部门是不是“能管理、管得住”。指南中明确要求村庄规划成果要形成规划“一张图”、提交规划数据库，未来村庄的电子化平台管理是大势所趋，也将是村庄精细化管理的新阶段。以村庄规划“一张图”为基础，会同农业、发改、交通等部门建立“多规合一”的全域、全要素协同管理平台，将有效提升村庄管理的可操作性和部门协同性。

（3）自下而上的执行实用——探索同编共治、建立责任乡村规划师制度

一方面，村庄规划落实的复杂性在于作为管理的基层单元，各种条线管理在末端单元变得具体化，原则性的规划引导对于具体问题的操作实用意义有限，而且很多规划管控的内容村民既不理解也不关心；另一方面，乡村专业人才不足，对于村庄规划的理解不到位也是村庄规划实施的一大瓶颈。

为了形成村民共识，让村民对村庄规划从“不懂、不关心”到“理解、肯执行”，吉林省在试点村庄规划中做了同编共治的创新探索，即驻村调研与村民讨论方案同步开展，形成初步方案后二次驻村，与村民代表共同修正、优化方案。例如本次试点村庄临江市珍珠门村，规划方案中提出的串联三棚湖屯、松岭屯、八里沟屯三个自然村的旅游公路方案就是在与村民代表沟通中得到的想法，并在规划成果中逐步深化落实。吉林试点村庄规划中与村民共同讨论的内容，涉及规划设计的纳入法定成果中加以落实，涉及村民行为规范的形成村规民约加以约束。

此外，响应2021年中办国办印发的《关于加快推进乡村人才振兴的意见》要求，吉林省在编制试点村庄规划的同时，正在探索建立责任乡村规划师制度，让规划人才下乡、定点对口村庄，持续跟踪村庄规划的落实与实施。责任乡村规划师制度的推广、推行，将是吉林提升村庄规划实用度的重要尝试。

三、思考与展望

在乡村振兴战略、国土空间规划体系改革等宏观背景下，这一轮吉林省村庄规划的编制既是新的“法定详细规划”技术探索，也是乡村振兴战略在基层单元的落实。编制过程中，既有厘清家底建立规划一张图、多规合一平台的精细化管理务实举措，也有与村民同编共治的探索创新，将奠定乡村治理精细化的新基础。但在试点村庄规划编制中，也遇到了用地图斑精细度达不到详细规划的管理精度等问题，未来应在建立反馈修正机制、强化上位规划对村庄的思考等方面加以提升。

1.加强乡镇单元规划编制中对乡村地区的统筹

当前乡镇单元的国土空间规划普遍处在编制中，作为村庄规划的上位规划，应避免传统乡镇规划“重镇区、轻乡村”的城乡二元思维方式，切实建立全域全要素管控的思维逻辑，加强对田、水、路、林、村等乡村要素的思考，同时注重对村庄体系的统筹思考。

2.完善自上而下传导、自下而上反馈的双向机制

国土空间规划体系下的村庄规划十分重视生态保护红线、永久基本农田等刚性内容的传导落实，而在村庄规划的实际编制中，规划底图底数受技术局限，通常会遇到因图斑精度不足导致的实际管控操作难等问题，如三调建设用地图斑与确权宅基地图斑边界局部错位等。村庄规划作为详细规划单元，应对图斑精度等问题导致的实施问题进行及时反馈，相应地建立自下而上的反馈修正机制也将成为提升村庄规划实用性的重要优化措施。建立既有自上而下传导又有自下而上反馈修正的双向机制，将是村庄规划管理精细化的发展方向。

3.调动村民自治和监督实施的积极性

应充分调动村民作为村庄规划的执行者和利益相关者的积极性。加强规划的公众解读，让村民对村庄规划形成共识，进而调动村民参与规划、村民自治的积极性。拓展村规民约内容，将建房引导等内容纳入村规民约，让村民为了村庄共同利益进行相互监督。

（感谢张立教授对规划编制和本文写作的指导。）

注释

①根据《吉林省村庄规划编制技术指南（试行）》，村庄划分为集聚提升、城郊融合、特色保护、兴边富民、稳定改善、搬迁撤并六类，其中集聚提升、城郊融合、特色保护、兴边富民四类具备发展条件的适宜单独编制村庄规划。

参考文献

[1]何兴华. 中国村镇规划：1979~1998[J]. 城市与区域规划研究, 2017 (3)：176-196.

[2]舒美荣. 村镇规划发展历程回顾及浅议[J]. 工程建设与设计,2019(23):4-6.

[3]张京祥,张尚武,段德罡,等. 多规合一的实用性村庄规划[J]. 城市规划, 2020, 44(3):74-83.

[4]季正嵘,李京生. 论多规合一村庄规划的实用性与有效性[J]. 同济大学学报(自然科学版), 2021, 49(3):332-338.

[5]段德罡,高莉,黄晶. 村庄建设规划实施效果评价研究——以临潭县长川乡敏家咀村建设规划为例[J]. 城市规划, 2019, 43(5): 73-86.

[6]白正盛. 实用型村庄规划理念与方法[J]. 城市规划, 2018, 42(3):59-62.

[7]李保华. 实用性村庄规划编制的困境与对策刍议[J]. 规划师, 2020, 36(8):83-86.

作者简介

李　苗，上海同济城市规划设计研究院有限公司规划五所副总工，高级工程师；

李继军，上海同济城市规划设计研究院有限公司总工程师，规划五所所长，教授级高级工程师。

村庄规划全域全要素管控的体系建构与重点内容探索

——以吉林省梨树县八里庙村为例

A Study on the Establishment of Full Territory and Total Elements Regulation System and Regulation Priorities in Village Planning

—Selecting Balimiao Village, Lishu County, Jilin Province as the Study Area

钟来天 李继军

Zhong Laitian Li Jijun

[摘 要] 在厘清国土空间规划体系下村庄全域空间管控要求的基础上，结合乡村振兴空间需求导向，以吉林省梨树县八里庙村为例，探索村庄全域空间管控的实践途径。研究提出：①结合国土空间全要素管控需求和村庄自身发展诉求，可构建村庄全域空间“村域全域管控+图斑精细化管控+政策区引导”的“2+1”管控体系；②把握村庄规划作为国土空间规划“五级三类”体系中详细规划的基本特征，对非建设空间、建设空间进行全要素、全覆盖管控；③非建设空间、建设空间管控各有侧重。非建设空间可通过“指标+准入”的方式进行管控；对靠近村庄集中建设区的非建设空间，进行特别准入管控，突出农田可耕作、田上可观赏，林带可防风、林下可游憩的特色。建设空间可借鉴城市控规、适度简化，采用“指标+许可”方式管控；宅基地内部进行特别许可管控，以传承东北平原村庄“院内有田”的特色。

[关键词] 村庄规划；全域全要素；管控体系；吉林省

[Abstract] Selecting Balimiao Village (Lishu County, Jilin Province) as the study area, this paper summarizes the tasks of spatial regulation in village planning under the new circumstance of national territory spatial planning, generalizes the space requirements of rural vitalization and explores practical approaches of full-area spatial regulation in the rural area. This study proposes: 1. Combining the requirement of full-factor regulation of spatial planning and the development pursuit of the village, a "2+1" regulation system is established including full-area regulation of the village, precise regulation of land use· and guideline by policy areas. 2. Under the context of the national territory spatial planning system in which village planning is a detailed planning, full-factor regulation is applied for both buildable land and non-buildable land. 3. The regulation of buildable land and non-buildable land differs in their emphases. Non-buildable land is managed by "index + planning access". Non-buildable land adjacent to the village buildings is provided with special planning access to emphasize the characteristics that farmland could be a delight to watch and windbreak forest could be a recreation site. Buildable land is managed by "index + planning permit". Rural residence on buildable land is provided with special planning permit to preserve the identity in villages on the Plain of North China where crops are partly planted in the farmyard.

[Keywords] village planning; full territory and total elements; regulation system; Jilin Province

[文章编号] 2024-94-P-019

一、引言

长期以来，我国村庄尺度规划存在多规并存的特点。机构改革前，住房城乡建设部门有村庄规划、国土部门有村土地利用规划、农业农村部门主导的乡村振兴规划，此外还有新农村建设规划、美丽乡村规划等。各类规划对村庄空间均提出了一定的管控要求，但这些规划由不同部门主导，规划侧重各有不同：住房城乡建设部门主导的村庄规划聚焦于建设空间的精准管控，国土部门主导的村土地利用规划则侧重于全域空间的底线管控与分类管控，乡村振兴规划侧重于乡村产业的发展引导。2019年5月，中共中央、国务院印发《关于建立国土空间规划体系并监督实施的若干意见》，标定了村庄规划在“五级三类”的国土空间规划体系中的地位，即由乡镇政府组织编制、“多规合一”的实用性详细规划 。至此，明确了村庄规划对村域空间的管控，不能再走过去单一部门“偏科”管控的老路，而是要从国土空间规划的全新视角，实现对村域范围全域、全要素的管控，同时体现乡村振兴的发展引导。本文在梳理国土空间规划体系下村庄地区空间管控要求的基础上，结合吉林省试点村庄规划的具体实践，探讨村庄规划全域全要素管控的体系建构与重点内容。

二、国土空间规划体系下村庄地区空间管控要求梳理

1.“多规合一”的实用性村庄规划空间管控的总体要求

2019年5月，自然资源部办公厅发布《关于加强村庄规划促进乡村振兴的通知》（以下简称《通知》），再次明确“村庄规划是法定规划，是国土空间规划体系中乡村地区的详细规划”，提出了村庄规划对空间管控的基本要求，即在村庄规划范围“村域全部国土空间”内，“明确村庄国土空间用途管制规则和建设管控要求，作为实施国土空间用途管制、核发乡村建设项目规划许可的依据” 。按照《通知》要求，村庄规划作为详细规划，实际需要起到乡村地区控制性详细规划的作用，需要对村域范围内全域空间进行用途管制、对建设空间进行精准管控。具体来说，村庄规划空间管控要实现“八统筹、一明确”，包括统筹村庄发展目标、统筹生态保护修复、统筹耕地和永久基本农田保护、统筹历史文化传承与保护、统筹基础设施和基本公共服务设施布局、统筹产业发展空间、统筹农村住房布局、统筹村庄安全和防灾减灾、明确规划规划近期实施项目。

2.落实上位规划传导内容，融入国土空间规划“一张图”

村庄规划作为“五级三类”中的末端规划、详细

表1　“市（县）—镇—村”国土空间规划对乡村地区的规划分区传导一览表

<table>
<tr><td>市（县）层面（一级分区）</td><td>镇、村联动（细化乡村发展区至二级分区）</td><td>村（用地细化至三级用途分类）</td></tr>
<tr><td>生态保护区</td><td>生态保护区</td><td rowspan="5">0101水田
0102水浇地
0103旱地
0201果园
0202茶园
……</td></tr>
<tr><td>生态控制区</td><td>生态控制区</td></tr>
<tr><td>农田保护区</td><td>农田保护区</td></tr>
<tr><td>乡村发展区</td><td>村庄建设区、一般农业区、林业发展区、牧业发展区</td></tr>
<tr><td>矿产能源发展区</td><td>矿产能源发展区</td></tr>
</table>

表2　“村域全域管控+图斑精细化管控+政策区引导”管控体系一览表

<table>
<tr><td colspan="3">管控类型</td><td colspan="2">管控内容</td></tr>
<tr><td rowspan="5">“2”——自上而下传导、落实、细化、刚性管控</td><td rowspan="4">村域全域管控</td><td>“2+5”
刚性边界</td><td colspan="2">永久基本农田、生态保护红线（落实上位规划）
村庄建设边界、饮用水水源地保护范围、地质灾害和洪涝灾害风险控制线、乡村历史文化保护线、河湖水库管理范围线（村庄规划本级划定）</td></tr>
<tr><td>划定规划分区</td><td colspan="2">生态保护区、生态控制区、农田保护区、矿产能源发展区（落实上位规划）
村庄建设区、一般农业区、林业发展区、牧业发展区（村庄规划细分）</td></tr>
<tr><td>明确设施布局</td><td colspan="2">综合交通设施、集体公益性公共设施和市政基础设施布局</td></tr>
<tr><td>11项核心指标</td><td colspan="2">生态保护红线范围内面积、永久基本农田、耕地、园地、林地、草地、水域、湿地面积、农业设施建设用地、建设用地、留白用地面积</td></tr>
<tr><td colspan="2">图斑精细化管控</td><td>非建设空间“指标+准入”
生态要素：水域、林地（农田防护林除外）等
农业要素：耕地、农田防护林等</td><td>建设空间“指标+许可”
宅基地：一类农村宅基地、二类农村宅基地
集体公益性建设用地：农村社区服务设施用地、中小学用地、广场用地等
集体经营性建设用地：零售商业用地、一类工业用地等</td></tr>
<tr><td>“1”——自下而上的乡村振兴弹性引导</td><td colspan="2">政策区引导</td><td colspan="2">现代农业政策区、科技农园政策区、村庄综合发展区等</td></tr>
</table>

表3　八里庙村政策区体系

政策区	含义	指引内容
现代农业政策区	开展规模化、机械化种植的区域	1.以黑土地保护为基本原则，以规模化、机械化农业为导向，完善机耕路体系，完善农田林网，着力建设高标准农田； 2.规划新增农村集体经营性建设用地、禽畜设施养殖建设用地不得对周边土壤造成污染； 3.耕地田块内与农业生产无关的既有零星建设逐步腾退
科技农园政策区	开展大棚蔬菜种植、未来升级为智能化温室的区域	发展高标准蔬菜温室、大棚，逐步升级为智能化温室，为梨树县、四平市提供无公害绿色蔬菜
村庄综合发展区	村庄建设的主要区域	1.既有连片村屯完善公益性设施、提升村容村貌； 2.有条件的近郊村庄新建农居点，接入邻近城市管网；无管网接入条件的，推广净化槽等分散式农村污水处理设施，逐步取缔旱厕
城镇弹性发展区	乡村可能纳入城镇开发边界内的区域（上位规划梨树县国土空间总体规划尚未稳定），是乡村功能与城镇功能复合叠加的区域	探索新型土地使用方式，如土地可不采用征收方式，通过与城市共建、分税，实现集体经营性建设用地流转

表4　八里庙村五大管控领域、11项核心指标一览表

5大管控领域	严守永久基本农田保护红线	严守生态保护底线	建设用地集聚增效	非建设空间优化提质	探索规划“留白”
11项核心指标	永久基本农田保护面积	生态保护红线范围内面积	建设用地面积	耕地、林地、园地、草地、水域、湿地、农业设施建设用地面积	留白用地面积
村庄规划具体情况	永久基本农田面积不变	增加0.9hm^2，为2处超过1000人使用的集中式饮用水水源保护区补划了生态保护红线	现状建设用地117hm^2，规划建设用地92hm^2，减量20%	1.生态修复、农田提质：完善河道护岸林、农田防护林，林地增加42hm^2，耕地减少41hm^2； 2.养殖集中：规划新增禽畜养殖设施建设用地4hm^2，为集中养殖牧业小区	规划留白用地13.6hm^2

规划，需要依据批准的市（县）、镇国土空间总体规划进行编制，在落实上位规划的传导内容的基础上，对村域范围内的空间进行详细布局。村庄规划编制完成后，形成相应的村庄规划数据库，并自下而上逐层上报，最终融入国土空间规划完整拼图。

依照以上原则，同时考虑到村庄规划融入国土空间规划“一张图”的需要，参照《市级国土空间总体规划编制指南（试行）》，村庄规划需要落实上位规划传导的内容包括落实边界传导、分区传导、设施传导三类。

（1）落实“2+5”边界传导

按照中共中央办公厅、国务院办公厅《关于在国土空间规划中统筹划定落实三条控制线的指导意见》的文件精神，村庄规划需落实上位规划确定的永久基本农田、生态保护红线。按照《吉林省村庄规划编制技术指南（试行）》，村庄规划按照上位规划确定的村庄用地规模，划定村庄建设边界；同时，坚持保护优先、安全至上，划定饮用水水源地保护范围、地质灾害和洪涝灾害风险控制线、乡村历史文化保护线、河湖水库管理范围线等管控边界。

（2）落实分区传导

对乡村地区的规划分区，参照其他省（市）的方案，本研究建议市（县）层面提出一级分区方案；镇、村联动，细化乡村发展区至二级分区；村庄规划属详细规划，按照《国土空间调查、规划、用途管制用地用海分类指南（试行）》（2020年11月）的用地分类，用地细化至三级用途分类（表1）。

（3）落实设施传导

市（县）层面统筹重大交通设施、历史文化资源、重大公共服务设施、重大市政基础设施和跨界邻避设施；镇、村层面落实上位规划确定的重大设施布局，并完善本级设施布局。

3.体现乡村振兴空间利用需求

中共中央、国务院于2018年9月印发的《乡村振兴战略规划（2018—2022年）》，对乡村空间提出了统筹利用生产空间、合理布局生活空间、严格保护生态空间的战略指引，提出对乡村空间落实农业功能区制度、划分乡村经济发展片区的要求，体现对乡村空间的发展引导。就既有研究看，在乡村空间管控中，融入乡村振兴空间利用需求的方式，主要是在统一的国土空间分区基础上，补充叠加特色分区。朱佩娟等在国土空间规划分区的基础上，划定“特殊叠加区”，对区内建设活动与国土资源进行用途引导与规则指引的差异化制定；徐衡衡将生态空间进一步划分为水土保持生态区、林木资源生态区等特色分区，进行差异化管控。

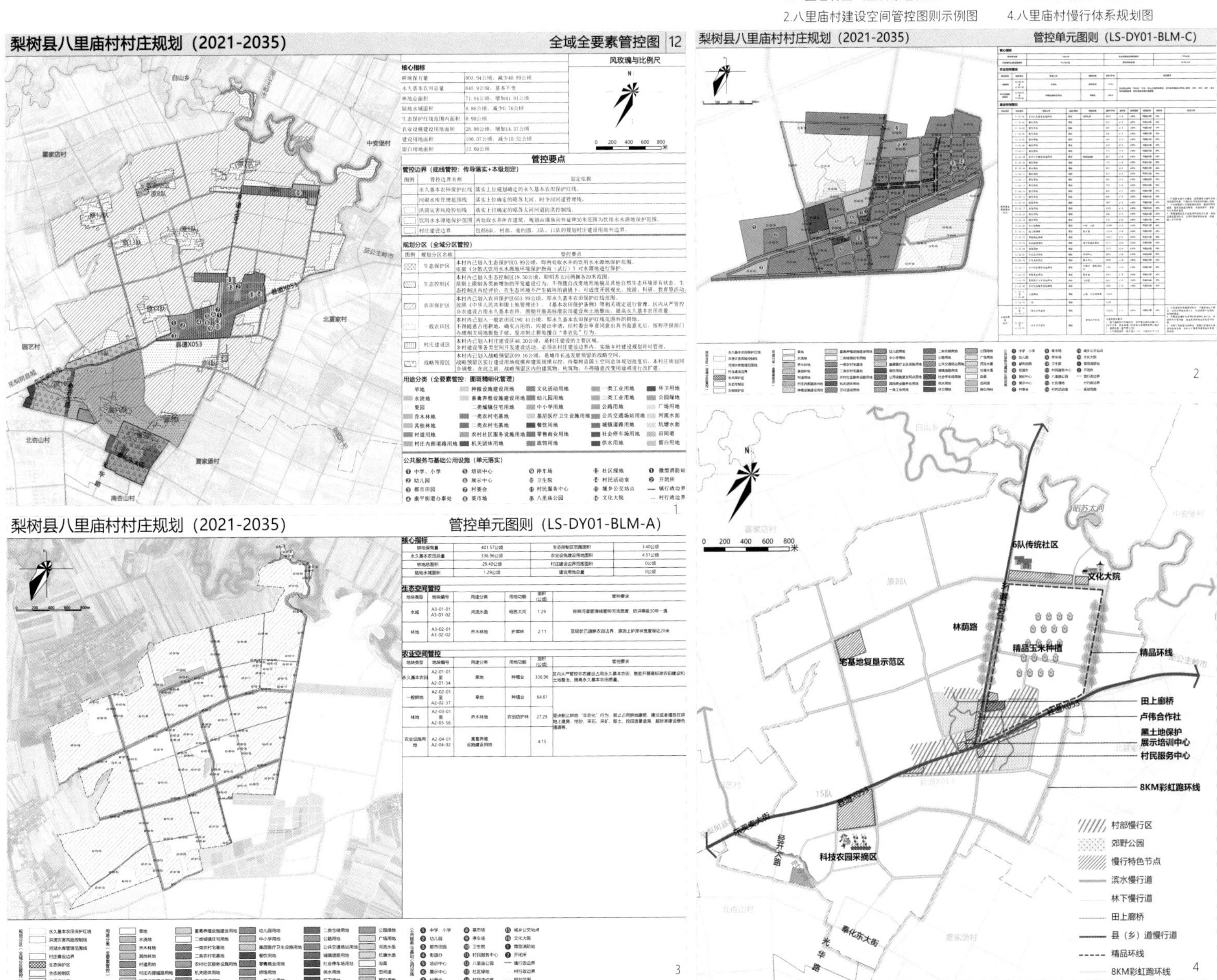

1.八里庙村全域全要素管控图
2.八里庙村建设空间管控图则示例图
3.八里庙村非建设空间管控图则示例图
4.八里庙村慢行体系规划图

三、刚弹结合，构建“2+1”管控体系

1.“村域全域管控+图斑精细化管控+政策区引导”管控体系

以吉林省梨树县八里庙村为例，规划提出构建“2+1”管控体系。“2”为村域全域管控、图斑精细化管控，体现自上而下传导、落实、细化、刚性管控；“1”为政策区引导，体现自下而上的乡村振兴弹性引导。

村域层面落实“2+5”刚性边界、划定规划分区、明确设施布局，核心管控11项指标，通过全域全要素管控“一张图”实现；图斑精细化管控，通过全域覆盖的图则实现，管控非建设空间（生态要素、农业要素）与建设空间（宅基地、集体公益性建设用地、集体经营性建设用地）；结合发展导向，划分政策区，实现对村庄发展的引导（表2）。

2.政策区引导：乡村振兴导向下的在地化指引

八里庙村是吉林省中部的平原型、集聚提升类村庄，村部距离梨树县城东部边缘4km。依托平原、黑土优势，形成了代表性的“梨树模式”；同时，集体经济创新活跃，三家合作社耕作面积超过70%以上。规划通过“两集聚、三提升”，即产业集聚、人口集聚、设施服务能力提升、人居环境质量提升、集体经济带动能力提升，进一步强化农业规模化、产业合作化，适度集聚居民点，提升人居环境。

针对八里庙村的特点，将村域划分为现代农业政策区、科技农园政策区、村庄综合发展区、城镇弹性发展区四类政策区，实现差异化发展引导。政策区是叠加在依照《市级国土空间总体规划编制指南（试行）》划分的“标准”规划分区上的分区，对重点区域制定更加特色化的管控要求，实现乡村振兴导向下的在地化指引。考虑到村庄发展的需求与条件会不断变化，因此政策区的划定、指引内容也需随之改变，建议根据实际情况进行滚动更新（表3）。

3.村域全域管控：全域全要素管控“一张图”

村域全域管控通过全域全要素管控“一张图”进行管控，突出总体核心指标量控、分区“指标+准入”、设施分类布点的特点。全域全要素管控“一张图”落实核心指标、“2+5”刚性管控边界、规划分区及管控要求、用途分类、设施布局。

（1）总体核心指标量控

总体层面除落实前述“2+5”刚性管控边界外，重点通过5大管控领域、11 项核心指标进行管控，体

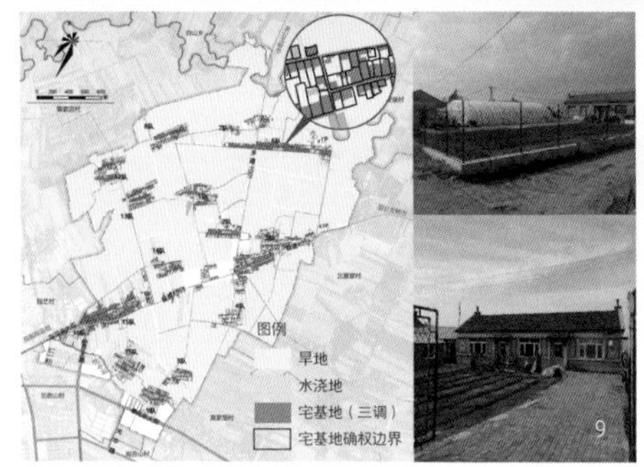

5-6.田上廊桥效果图
7-8.林下慢步道效果图
9.八里庙村院中有田分类图
10-11."新"院中有田效果图

现严守永久基本农田保护红线、严守生态保护底线、建设用地集聚增效、非建设空间优化提质、探索规划"留白"五大导向（表4）。

（2）分区"指标+准入"

充分对接市县国土空间规划，参照《市级国土空间总体规划编制指南（试行）》，村庄全域划分六类分区，实施"指标+准入"，各类分区明确分区面积、准入标准（表5）。

（3）设施分类布点

设施分为短板补足类和品质提升类两类进行分类布点。短板补足类设施为与村民日常生活密切相关的民生类设施，包括村民服务中心、中小学、幼儿园、公园、广场、农机大院，直接落实地块，并对接近期实施项目库；品质提升类设施，如黑土地保护展示培训中心等，配置至下一层级管控单元，具体设施位置，可根据实际情况，在同一管控单元内进行调整。

4.非建设空间精细化管控

本研究提出，村庄规划的空间管控应将非建设空间与建设空间放在同等重要地位。在八里庙村村庄规划中，对非建设空间进行全域覆盖的分图则管控，真正实现全域、全要素管控。图则落实"2+5"刚性管控边界、规划分区、用途分类、设施布局，对非建设空间的要素通过"指标+准入"的方式进行管控；在靠近村庄集中建设区的区域，通过特别准入的方式，让游览步道等设施在不影响农业生产的基础上，能够在农田、林地上敷设，实现生产、展示相结合的目标。

（1）非建设空间通则管控——"指标+准入"

非建设空间通过"指标+准入"的方式，重点管控生态要素（水域、林地等）、农业要素（耕地等）的规模、质量，实现生态修复、保障耕地数量、保障农业安全提升质量的目标。对各地块进行全覆盖编号，对同类地块进行通则式准入指引（表6）。

（2）非建设空间特别准入

村庄构建慢行体系，突出农田可耕作、田上可观赏、林带可防风、林下可游憩的特色。对村部周边的田、林给予特别许可，突出近郊村庄可游、可赏的特色。在不破坏耕作层的前提下，村庄周边耕地上方可架设廊桥、栈道、小型景观设施，成为黑土地保护耕作的示范地。对护岸林、农田防护林，在不损坏农田防护林网功能的前提下，可将水泥边沟与种植空间，共同改造为景观化海绵边沟，林下可设置慢行步道、休息座椅。

5.建设空间精细化管控

建设空间图则落实"2+5"刚性管控边界、规划分区、用途分类、设施布局，对建设空间的要素通过"指标+许可"的方式进行管控；对东北"院内有田"的现状进行归纳梳理、传承创新，规划宅基地增设相应特别许可，即规划独户住宅院内须保留一定比例种植面积，农村集体住宅小区可采用"都市农园"农业特色景观。

（1）建设空间通则管控——"指标+许可"

建设空间通过"指标+许可"，重点管控宅基地、集体公益性建设用地、集体经营性建设用地三类用地，实现对用地功能、开发强度、建筑高度、设施布点进行管控的目标。建设空间图则在参照城市控规图则的基础上，适度简化。对各建设地块进行全覆盖编号，对同类地块进行通则式许可指引（表7）。

（2）建设空间特别许可

八里庙村是典型的东北平原村，现状农户院墙范围内通常有作物种植。从农村宅基地和集体建设用地确权登记数据和"三调"数据叠合来看，也证实宅基地确权边界内普遍存在耕地。八里庙村域范围内，宅基地确权范围总面积109hm^2，院内旱地面积38hm^2，占确权范围面积的35%。该部分耕地，既面临着耕地保护的需求，同时也是东北农村特色的体现。

规划对这一"院内有田"的特征进行传承创新，赋予规划宅基地以特别许可。规划独户住宅（一类农村宅基地）院内，须保留35%以上的"非农化"作物种植面积；规划农村集体住宅小区（二类农村宅基地）的公共庭院内，提倡采用农业景观，构建"都市农园"。私宅院内、公共庭院可种植景观效果较好的蔬菜，比如大白菜、芹菜、胡萝卜、塔菜等，营造"可食地景"（edible landscaping）。

四、结语

国土空间规划体系下村庄规划的全域全要素管控，尤其是对非建设空间的管控，涉及复杂权属、多部门事权，仍处于起步阶段。全国各省已出台的各类村庄规划编制导则，对非建设空间涉及图斑层面的具体管控要求，亦涉及较少。本次村庄规划实践提出的对非建设空间“指标+准入”、建设空间“指标+许可”的全覆盖管控体系，希望能为村庄规划空间管控体系的完善提供有益探索。

此外，本次八里庙村村庄规划编制实践，尽管是由吉林省自然资源厅组织、牵头，具备一定的自上而下统筹协调的优势和条件，村庄规划得到省厅、梨树县、康平街道、八里庙村多级支持和提出宝贵意见，但由于各层级的国土空间规划工作时间不尽一致，导致部分村庄规划的内容缺少上位传导或政策指引，不得不在村庄层面“自行决策”。例如村庄南部靠近城市的区域，目前有意向划入城镇开发边界，但梨树县城镇开发边界划定尚未稳定，本次村庄规划中权且将该区域划定为战略预留区，待上位规划确定后再同步修改。

（感谢张立教授对规划编制和本文写作的指导。此文刊载于《人民城市，规划赋能——2022中国城市规划年会论文集（16乡村规划）》。）

参考文献

[1]蔡健,陈巍,刘维超,等. 市县及以下层级国土空间规划的编制体系与内容探索[J]. 规划师,2020,36(15):32-37.

[2]中共中央，国务院. 关于建立国土空间规划体系并监督实施的若干意见[EB/OL]. (2019-05-23). https://www.gov.cn/zhengce/2019-05/23/content_5394187.htm.

[3]自然资源部办公厅. 关于加强村庄规划促进乡村振兴的通知[EB/OL]. (2019-05-29). https://www.gov.cn/zhengce/zhengceku/2019-10/14/content_5439419.htm.

[4]朱佩娟,王楠,张勇,等. 国土空间规划体系下乡村空间规划管控途径——以4个典型村为例[J]. 经济地理,2021,41(04):201-211.

[5]徐衡衡. 乡村振兴视角下村庄层面的国土空间规划探讨——以丰城市湖塘村为例[D].南昌：江西师范大学,2020.

[6]陈美招,郑荣宝,郑雪. 我国村级国土空间规划编制探索与创新[J]. 中国土地,2019(4):37-39.

作者简介

钟来天，上海同济城市规划设计研究院有限公司副主任规划师；

李继军，上海同济城市规划设计研究院有限公司总工程师，教授级高级工程师。

表5　八里庙村规划分区及管控措施

规划分区	管控措施
生态保护区	本村内已划入生态保护区0.90hm²，即两处取水井的饮用水水源地保护范围，依据《分散式饮用水水源地环境保护指南（试行）》对水源地进行保护
生态控制区	本村内已划入生态控制区19.68hm²，分布在昭苏太河、时令河两侧各15~20m范围内；原则上限制各类新增加的开发建设行为；不得擅自改变地形地貌及其他自然生态环境原有状态；生态控制区内经评价，在不对生态环境产生破坏的前提下，可适度开展观光、旅游、科研、教育等活动
农田保护区	本村内已划入农田保护区653.81hm²，即永久基本农田保护红线范围； 按照《中华人民共和国土地管理法》《基本农田保护条例》等相关规定进行管理，区内从严管控非农建设占用永久基本农田，鼓励开展高标准农田建设和土地整治，提高永久基本农田质量
一般农田区	本村内已划入一般农田区209.93hm²，即永久基本农田保护红线范围外的耕地；不得随意占用耕地，确实占用的，应提出申请，经村委会审查同意出具书面意见后，按程序报部门办理相关用地报批手续；坚决制止耕地擅自“非农化”行为
村庄建设区	村内已划入村庄建设区66.08hm²，是村庄建设的主要区域； 乡村建设等各类空间开发建设活动，必须在村庄建设边界内、实施乡村建设规划许可管理
战略预留区	本村内已划入战略预留区69.16hm²，是城市长远发展预留的战略空间； 战略预留区实行建设用地规模和建筑规模双控；待梨树县国土空间总体规划批复后，本村庄规划同步调整； 在此之前，战略预留区内的建筑物、构筑物，不得随意改变用途或进行改扩建

表6　八里庙村非建设空间通则管控一览表

空间类型	地块类型	地块编号（示意）	功能	用途分类	指标	准入
生态空间	水域	B3-01-01	昭苏太河	河流水域	面积	按照河道管理线管控河道宽度；防洪等级为30年一遇；防洪工程禁止使用裸露的硬质护岸
	林地（生态保护红线范围内）	B3-02-01 B3-02-02	国家级公益林	乔木林地	面积	按照《生态保护红线管理办法（试行）（征求意见稿）》《国家级公益林管理办法》进行保护
	林地（生态控制区内）	B3-03-01至B3-03-03	护岸林	乔木林地	面积	护岸林宽度15~20m，至现状已退耕农田边界；护岸林禁止使用化肥、农药
	林地（其他林地）	B3-04-01至B3-04-03	商品林	乔木林地	面积	按照《吉林省林地保护条例》执行
农业空间	永久基本农田	B2-01-01至B2-01-15	种植业	旱地	面积	按照《基本农田保护条例》进行保护；鼓励开展高标准农田建设，提高耕地质量
	一般耕地	B2-02-01至B2-02-25	种植业	旱地	面积	按照《国务院办公厅关于坚决制止耕地“非农化”行为的通知》执行，不得破坏耕地的耕作层和种植条件
	林地（农田防护林）	B2-03-01至B2-03-30	农田防护林	乔木林地	面积	主林带宽为8~12m（3~4行树），副林带宽为4~6m（1~2行树）；栽种混交林，纯林比例不宜高于70%
	农业设施建设用地	B2-04-01 B2-04-02	牧业小区	禽畜养殖设施建设用地	面积	禽畜粪便、农业废料不得直接进入周边农田

表7　八里庙村建设空间通则管控一览表

地块类型	地块编号	用途分类	功能	指标	许可
宅基地	C1-01-01至C1-01-04	一类农村宅基地	独户住房	1.每户硬化面积总量220~330m²，具体依据《吉林省土地管理条例》确定； 2.院内种植面积比例不低于35%； 3.建筑不超过2层； 4.人均建筑面积不超过50m²	依法合规前提下，可发展农家乐
	C1-01-05至C1-01-33	二类农村宅基地	集中住房	1.建筑层数不超过5层； 2.建筑密度不超过50%，绿地率大于30%，容积率小于1.5； 3.人均建筑面积不超过50m²	1.底层兼容商业； 2.公共庭院可采用农业景观，构建“都市农园”特色景观
集体公益性建设用地	逐个地块单独指引	机关团体用地、文化活动用地、中小学用地、幼儿园用地、基层医疗卫生设施用地、农村社区服务设施用地、公园绿地、广场用地等	注明具体设施名称	面积、容积率、建筑密度、限高、绿地率	新建公共设施配备的厕所，需对公众开放（东北寒冷地区，独立建设的公共厕所需单独供热，实施可能性低）
集体经营性建设用地	逐个地块单独指引	餐饮用地、旅馆用地等	—	面积、容积率、建筑密度、限高、绿地率	鼓励兼容公共服务类功能，如提供社会停车场

国土空间规划背景下面向实施的乡镇城市设计探索
——以抚松县万良人参小镇为例

Exploration of Township Urban Design for Implementation in the Context of Territorial Planning
—A Case Study of Wanliang Ginseng Town in Fusong County

黄 勇 孙旭阳 张纪远 徐骁锐
Huang Yong Sun Xuyang Zhang Jiyuan Xu Xiaorui

[摘 要] 高质量发展阶段和存量发展新时期，如何响应国土空间规划新要求，探索城市设计有效衔接国土空间规划工作方法，具有重大意义。结合城市设计逐步从规划编制转向规划实施的现实要求，本文以万良人参小镇为例，探索面向实施、操作性强的城市设计方法。在具体路径上，本文梳理了国土空间规划背景下城市设计新要求，结合万良镇城市设计编制，在地探索面向实施的城市设计策略。新时期城市设计不仅需要关注城市风貌、总体格局、空间形象等空间方面的内容，还需要衔接规划理念与目标、底线约束、产业发展、公服配套等内容。城市设计需通过对规划理念与目标的分解，加强投融资内容，形成可操作项目包，从而实现可落地的城市设计。

[关键词] 国土空间规划；规划实施；城市设计；规划落地

[Abstract] In the stage of high-quality development and the new era of stock development, it is of great significance to respond to the new requirements of Territorial Planning and explore effective methods for connecting urban design with Territorial Planning. Combining the practical requirements of urban design gradually shifting from planning formulation to planning implementation, the author takes Wanliang Ginseng Town as an example to explore implementation-oriented and highly operational urban design methods. On the specific path, the paper sorted out the new requirements for urban design in the context of Territorial Planning, combined with the urban design compilation of Wanliang Town, and explored the implementation-oriented urban design strategy in the local area. In the new era, urban design not only needs to focus on spatial aspects such as urban style, overall layout, and spatial image, but also needs to connect planning concepts and goals, bottom-line constraints, industrial development, and supporting public services. Urban design requires the decomposition of planning concepts and objectives, as well as the strengthening of investment and financing content, to form actionable project packages and achieve implementable urban design.

[Keywords] territorial planning; planning implementation; urban design; feasible planning

[文章编号] 2024-94-P-024

一、引言

1.国土空间规划背景下城市设计新要求

城市设计是国土空间规划体系的重要组成，是国土空间高质量发展的重要支撑，贯穿国土空间规划建设管理的全过程。2019年以来，国家先后出台了《关于建立国土空间规划体系并监督实施的若干意见》《市级国土空间总体规划编制指南（试行）》《国土空间规划城市设计指南》，明确了城市设计在国土空间规划体系中的重要地位[1]，并对新的发展阶段城市设计的管控对象、规划衔接与传导、价值导向、工作方法等提出新的要求。

（1）管控对象：从关注建成环境到全域全要素统筹

国土空间规划背景下，城市设计内涵由“城市”设计，拓展为涵盖生态、农业和城镇空间的统筹设计[2]。在总体规划的市、县层面，强化生态、农业和城镇空间的全域全要素整体统筹，优化全域整体空间秩序”；在自然保护地、环湖沿江地带专项规划中，强调对生态空间与周边城镇空间、农业空间交界处的界面塑造、风貌管控；在用途管制中，强调处理好“三区”的空间关系，注重生态景观、地形地貌保护、农田景观塑造、绿色开放空间与活动场所以及人工建设协调等内容[3]。

（2）规划衔接与传导：从单打独斗到有序衔接

城市设计作为一种思维方式和技术方法，应全面介入国土空间规划的各领域中，与“五级三类”国土空间规划相融合。一方面，与国土空间规划体系层级和内容相匹配，明确和落实国土空间规划中的发展目标、底线约束、刚性要求等内容[4]；另一方面，城市设计本身的自洽，在纵向上，注重目标理念、规划重点、管控方法、管控要素的传导与落实，在横向上强调不同地区的差异化引导，明确不同地区的管控要素、管控重点、管控标准和规则。

（3）价值导向：从关注空间形象到对空间、生态、历史、人文的综合考量

随着我国发展进入新阶段，城市设计作为一种理念和方法，由推动开发建设到引导城市走向高质量发展转变。首先，注重全域整体性与空间协调性，强调全域整体空间秩序构建，将城镇村与山水林田湖草沙看作一个统一体；其次，注重人与自然和谐相处，突出对生态环境的保护以及对绿色生活生产方式的引导等；再次，注重历史脉络延续和历史资源的保护，尊重地域特色，充分考虑自然条件、历史人文和建设现状，营建有特色的城市空间。同时，关注人的需求与发展，坚持以人民为中心，满足公众对于国土空间的认知、审美、体验和使用需求。

（4）工作方法：从传统空间设计方法到多手段多技术综合运用

在管控手段方面，强调系统性和层次性，根据对象特点，进行分级分类、差异化引导，包括结构管控、规则制定、分级分区分类引导等手段；在技术方法上，鼓励大数据分析手段和BIM、CIM等数字集成技术手段的应用；在管控过程方面，突出公众参与和全过程管控。

（5）设计要求：从设计引导走向规划实施

在存量规划时代，城市设计不再局限于为城市发

1.总研究范围与重点地段研究范围图　2.万良镇现状照片　3.产业与旅游相关配套意向图

展和建设提供思路上的概念性城市设计，而是转向面向实施的详细设计。城市设计一方面需要衔接规划理念和目标，另一方面，需要把这些理念和目标分解和落实，形成具体可实施的项目包，实现城市设计向实施方向推进[5]。

2.城市设计与乡镇规划的对接

城市设计不仅需要衔接乡镇国土空间规划所确定的空间风貌、空间形态等方面的内容，还需要衔接总体目标、规划理念、底线约束、产业发展、公共服务与基础设施等方面的内容，实现总体空间的协调有序。具体而言，在跨区域层面，重点考虑对重大设施选址及重要管控边界的优化，跨区域开放空间系统、跨区域骨架结构的导控，历史脉络的延续和文化的保护。在镇域层面，协调城镇村与山水林田湖草沙的整体关系，统筹整体空间格局，提出大尺度开放空间导控要求等。在镇区层面，强调空间的秩序和结构的管控引导，开放空间体系构建、生活空间与产业空间的合理组织、城市设计重点控制区的精细化设计等。在详细规划阶段，强调规划设计的实施性，区分重点控制区和一般片区，进行差异化管控和精细化引导。

二、研究对象与特征

1.研究对象

本次总体城市设计范围，东至G201鹤大线，南至苇芦村，西至万才村，北到大兴村，主要包含万良镇区已有建成区和近期亟待拓展的重点地段，总面积约436hm²。重点地段城市设计范围包括东部产业片区、西部山谷地块、南部沿国道地块三片增量空间，是万良镇近期建设重点。其中东部新区139hm²，西部山谷地块、南部沿国道地块面积分别为28hm²、24hm²，三片总面积共计191hm²（范围内永农面积约50hm²）。

2.发展特征

（1）城市空间带状分布，空间效率不高

从城镇空间形态来看，城市空间带状分布，纵向一路一河构成镇区总体骨架。一路——万良大街作为城镇发展轴，承担着镇区主要交通任务，过境交通和客货交通混杂；一河纵向贯穿镇区，对城区东西向联系存在一定分隔作用。在纵向上形成三大组团，分别为北部老镇区组团、东部产业组团、南部传统商贸组团，纵向组团式布局，空间利用效率不高。

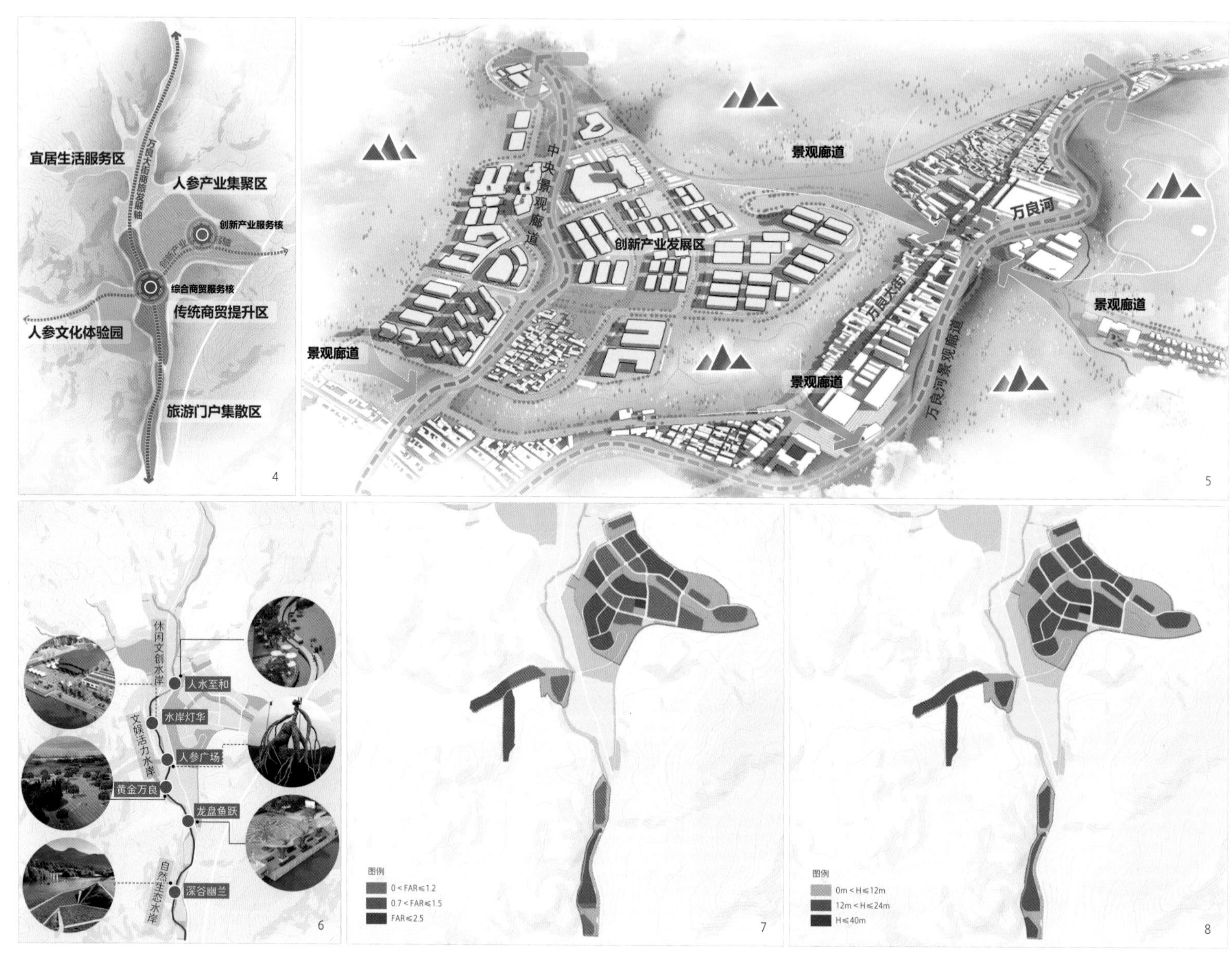

4.镇区总体空间结构图　5.镇区山水空间格局图　6.滨水岸线设计引导图　7.镇区开发强度控制图　8.镇区建筑高度控制图

（2）山水资源丰富，蓝绿格局不显

镇区山水资源良好，有贯穿镇区的纵向河流、连片的丘田、连续的山丘。但是镇区内部未能充分利用现有自然要素，城区与自然环境未能有机融合，蓝绿空间缺乏、公共空间局促，河谷城镇特色彰显不足。需要增加蓝绿空间，梳理生态廊道和滨水绿带，加强视廊和山体轮廓线控制，提高滨水空间品质，强化城市空间风貌引导。

（3）产业基础好，产品附加值低

中国人参产量占世界的70%，万良镇人参交易市场的销售量占全国的半壁江山，万良镇是世界人参的“心脏”。万良镇虽然总人口只有2万人，但拥有着世界上最大的人参交易市场。万良镇从事人参经营的业户共有600多户，从事人参种植及季节性加工经销的农户近4000户。

全镇约有80%的人从事人参加工，另外的20%也基本上从事着人参种植，或者在加工交易旺季，在作坊或者加工厂打短工。万良人的生活离不开人参。据统计，在人参交易旺季，日上市交易人数近2.5万人次，年交易额达到170多亿元。但是，万良镇有大量家庭小作坊式传统加工业，加工技术落后，产能低下，人参产品初级化严重；同时面临韩国为代表的国际竞争挑战，生存空间小，产品竞争力弱。

（4）文旅资源好，配套设施不足

抚松县万良镇，被誉为“中国人参之乡”“世界人参集散地”，具有北纬41°得天独厚的人参种植地理优势。自清朝初期以来已有400多年的人参文化和交易历史。万良其他林下资源也特别丰富，有山芹菜、猕猴桃、原蘑等绿色食品，有五味子、天麻等珍贵滋补品，还有梅花鹿、林蛙等野生经济动物。在区位交通上，万良镇位于吉林省抚松县县城东北15km，松花江上游，地理位置优越，交通便利，作为全国小城建设500个试点镇之一，是通往长白山旅游的必经之路。但镇区内部配套设施欠缺，尚未形成良好的旅游开发，人参文化特色尚未凸显。

三、镇区总体优化路径

1.产业发展路径

（1）补链强链，推进产业优化升级

合理延、补、强、造链，推进人参产业升级突破。人参衍生品产业开拓，实现从“生产（种植）—

原材料销售—粗加工”向“精加工—品牌/衍生”的全产业链突破升级发展，促进三产融合贯通。

（2）融入区域，强化镇区竞争力和影响力

在特色产业方面，充分发挥自身“人参之乡”的优势，联动长白山区域其他城镇，利用长白山地区七大特色农产品资源，通过市场升级，形成北方药都。

在旅游方面，万良作为长白山环山特色产业发展带上的重要节点，其人参文化IP有巨大的挖掘潜力。通过抓住环长白山旅游一体化机遇，培植长白山天池+二道白河、与万良小镇+人参的两大核心目的地。以三产融合和产业+旅游的方式推进万良城镇景区建设。

（3）项目策划，完善产业与旅游相关配套

在产业配套方面上，规划设置国际人参交易市场、人参主题老街、特色产业孵化基地、相关技术人才培训中心等，推动镇区产业发展。

在旅游配套上，规划设置游客中心、万良特产商贸街、万良十六坊、万良大集、人参文化体验园、主题民宿聚落等项目，丰富游客旅游体验。

在游线设置上，通过围绕特色项目进行核心节点打造，形成旅游环线，完善游客游览线路。

2.空间优化路径

（1）新老联动，腾笼换新

通过产业新区的发展带动老区更新升级、土地置换，实现新区老区联动发展。老区居民住房可分组团腾退置换新区产业地产用地，腾退出来的用地可打造公共空间或公共配套设施，进行民宿、院落改造，从而改善老区生活环境和品质。

（2）十字串联，骨架重构

由于后期东侧产业园区与西侧人参文化体验园的建设，小镇空间由“I”字带型结构调整为“十”字型城镇空间结构，在整个镇区形成“双轴双核，一园四区”的空间结构。双轴指南北向的万良大街商旅发展轴和东西向的创新产业综合发展轴；双核为创新产业服务核和综合商贸服务核；一园为人参文化体验园；四区为人参产业集聚区、旅游门户集散区、传统商贸提升区、宜居生活服务区。

（3）显山露水，城景相融

以万良河周围山体与规划区的生态联系为契合点，将山体景观通过不同规模的生态廊道引入规划区，主体空间的建筑组群依山延展，与诸山天际线起伏相结合，营造一种源于自然肌理的空间轮廓，使绿脉、风廊和观山的视线畅达贯通，最大限度发挥既有生态景观优势，实现与山共荣、有机相生的城市特色。

（4）改善环境，优化滨水空间

通过万良河景观环境改造，植入本地文化元素，营造多样开放式景观滨水空间。根据滨水空间两侧用地现

9.镇区局部鸟瞰效果图
10.万良大街局部鸟瞰效果图
11.人参产业集聚区局部鸟瞰图
12.人参产业集聚区配套商业局部鸟瞰图

9

10

11

12

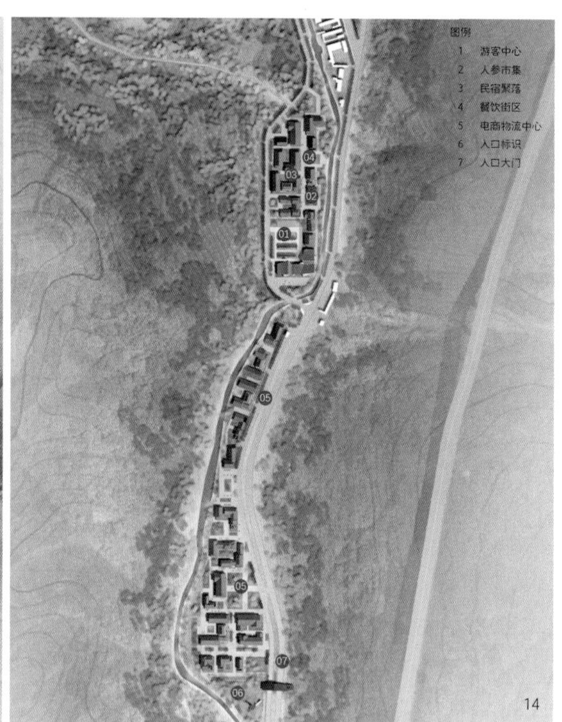

13.人参产业集聚区总平面图
14.旅游门户集散区平面图

状、功能特征的不同，塑造三大主题滨水岸线，分别为休闲文创水岸、文娱活力水岸、自然生态水岸。同时，结合岸线，植入相关项目，打造六大核心节点，分别为人水至和、水岸灯华、人参广场、黄金万良、龙盘鱼跃及深谷幽兰。

（5）控制强度，引导空间秩序

综合考虑万良人参小镇定位和产业园区风貌，规划用地开发强度以1.2为主，建筑高度主要控制在24m以内。人参大厦、电子交易中心等重点区域容积率控制在2.5以内，建筑高度小于40m。通过适宜的开发强度和建筑高度引导和控制，实现空间有序，保证良好的空间环境。

3.风貌引导路径

（1）地域特色，白派风情

与长白山地区地理气候环境特征相适应的白派建筑作为整个地区的风貌主线和基础语言，形成区域风貌方言乡音、基本特征，构建长白山地区整体意向。建筑强调林区山地寒带特征，粗犷豪迈且具有风情，可以是传统白派、现代白派，或者是新老和谐，该新则新，该老则老，新老白派和谐统一，共同形成白派风貌（表1）。

（2）镇乡有别，可读可记

乡村注重找回记忆，找回乡愁，强化乡土特征、原乡风情，同时部分乡村的某些功能也可融入时尚创新元素，时尚乡野风情。镇区强调友好度、活力度、时尚度、吸引力，根据镇区现状格局、建筑风貌和独特文化，提炼镇区文化元素和符号，留住城镇记忆。

（3）风貌分区，塑造特色

根据不同功能定位，划定五大风貌片区：宜居生活服务风貌区、人参产业集聚风貌区、人参文化体验风貌区、传统商贸提升风貌区、旅游门户集散风貌区。

宜居生活服务风貌区，注重保留和保护传统关东民居特色，并注重留有合适的既有公共活动空间。

人参产业集聚风貌区，位于城市入口处，整体风貌结合开放式的园区旅游展示，同时鼓励地域建筑元素在工业建筑中的运用及表达，主要体现新关东建筑特色，在原有关东建筑中进行元素提炼，呈现崭新的人参民俗特色产业园区形象以及长白地域特色，打造有人情味、风情感的特色产业园区。

人参文化体验风貌区，将结合现状场地条件以风情游园的形式，采用较低密度的功能性开发模式，体现关东自然缩影，并反映体验乐趣及度假风情。

传统商贸提升风貌区，依托场地资源，打造以具有市井街道、热闹的空间环境，以及具有民俗风情的、传统与现代并存的商贸区域。

旅游门户集散风貌区，围绕万良自然生态为本底，展示万良城市老关东的雅致风情，完善关东风情街区，同时鼓励地域建筑元素在商业建筑中的运用及表达，用现代的科技手段与营造方式，呈现万良文化特色韵味的城市风貌。

（4）界面引导，塑造形象

万良大街是镇区的主要联系通道，也是镇区形象的集中展示通道，对塑造万良形象具有重要作用。对万良大街的设计引导，一方面是整治更新一些不合时

表1 白派建筑类型归纳

基本类型	具体类型	风格归纳
传统白派	原始白派	半穴居形式的，如马架子、地窨子、窝棚等
	乡土白派	东北民居，包括朝鲜族、汉族、满族
	国风白派	具有渤海国、辽金、明清风格的本地区建筑以及朝鲜族官式风格建筑，中原特征鲜明
现代白派	风情白派	特指借鉴了北美、北欧及阿尔卑斯山区建筑特征的本地化的建筑
	简约白派	具有地域文脉的新地域建筑，现代主义建筑
	特形白派	造型比较夸张、个性特别鲜明的现代建筑，地域性更多表现在审美价值观或材质上

宜的老旧建筑，保证整体建筑特征和风格的协调性；另一方面，注重界面引导，在整体统一的基础上，考虑空间界面的丰富与多样性，为人提供更多的方式和选择，促进商业行为的多样性；同时还需要考虑文化氛围营造，空间界面不仅具有物质上的意义，还具有精神上的意义，充当着商业步行街文化、历史的载体。

4.交通优化路径

（1）区域连通，快达慢游

增加高速出入口，优化对外交通；强化与长白山机场、高铁站以及长白山景区的联系， 设置增加直达各主要城镇、高铁站、机场、景区景点的旅游专线，增加游客的可达性，实现“区域连通，快达慢游”的目标。

（2）过境交通外移，打造镇区环线

镇区交通方面，在西侧平行万良大街增设过境快速路，疏解万良大街过境交通压力，形成外围环路主路网系统；打通万良大街与东侧产业园区的交通通道，实现新老街区的良好衔接，形成内部“十字”主路网系统。

（3）慢行主导，步移景异

以万良大街、万良河滨水慢行道为慢行主线，通过纵向慢行步道串联各山体公园慢行系统。在慢行网络上，注重慢行道的连续性和景观的美观性，以给人们良好的慢行体验。

四、面向实施的城市设计策略

1.项目策划导向的分区城市设计

（1）人参产业集聚区

人参产业集聚区位于小镇东侧高地，占地面积约1.4km^2，规划布置小镇接待展示中心、国际人参交易市场、人参电子交易中心、人参会议论坛中心、人参检测中心、人参广场、人参大厦、人参文创街、万良十六坊、人参精深加工园、网红直播孵化基地、产业人才公园、人才培训基地、万良人参创新研究中心、国际人参标准化研究院、仓储物流园、定制式厂房等项目，升级现有人参园区，打造特色化、风情化的宜游宜产的花园式园区。

（2）旅游门户集散区

旅游门户集散区位于小镇最南侧，占地面积约20hm^2，规划布置游客中心、万良驿站、人参市集、民宿聚落、餐饮街区和电商物流等项目。其中万良“驿站”效仿古驿站功能作用，在紧邻国道的万良镇入口处打造集交通集散、游客服务、商业购物、特产展销、餐饮住宿等功能集聚的“新驿站”，赋予“驿站”新使命，也将与生态完美契合，成为万良镇的入口门户及空间地标。

（3）传统商贸提升区

传统商贸提升区，为现状商贸主要承载区域，由于现状交通流线及空间建成品质较差，且存在一定的存量未利用空间（如老交易市场等）。规划以万良大街为轴，对万良大街沿线立面，道路两侧景观进行改造，以东北地域风情为特色，利用空置的老交

15-16.旅游门户集散区局部鸟瞰效果图
17.传统商贸提升区局部鸟瞰效果图
18-21.万良“大集”+夜市意向图

15

16

17

18

19

20

21

表2 万良镇项目建设时序

一期（2022—2025年）	（1）以国际人参交易市场建设为引擎，启动万良产业园区建设序幕； （2）配套建设小镇客厅+博物馆、人参大厦、电子交易中心、会议论坛和人参广场； （3）万良十八坊建设工程； （4）物流园一期建设工程； （5）万良大街立面改造（长约2km），打造小镇新形象； （6）改造老废弃市场，打造集文创、市集、购物、娱乐于一体的万良大集； （7）游客中心及配套商街建设工程； （8）旅游电瓶车环线建设工程； （9）标准化厂房（一期）建设工程； （10）人参文化体验园（一期） （11）村民宿集建设工程； （12）万良河滨水公园建设工程； （13）主要入口节点建设工程； （14）老镇与产业园区的联系主路，产业园区主要路网建设工程； （15）新建高速出入口建设工程
二期（2026—2030年）	（1）温泉养生酒店、健康管理中心、康复疗养中心建设工程； （2）中药材交易市场及中药储备库建设工程； （3）产业人才公寓建设工程； （4）人才培训基地及人才创新研究所、标准化研究院建设； （5）标准化厂房（二期）建设工程； （6）网红电商直播基地建设工程； （7）人参文化体验园（二期）； （8）电商物流中心建设； （9）物流园二期建设工程； （10）西绕越线建设工程
三期（2031—2035年）	（1）大型企业厂房建设； （2）园区路网完善； （3）老镇区逐步更新改造； （4）镇区文化中心等公共配套设施建设

表3 万良镇近期建设项目

项目类型	项目名称	项目内容	规模
形象提升建设	国际人参交易市场	打造以干参和长白山特产交易为主的人参交易新中心，成为抚松新地标和网红打卡地	8.1hm^2
	小镇客厅+博物馆	包括会议接待、人参小镇沙盘展示、旅游服务、人参文化展示等功能	3.6hm^2
	人参大厦	包括产品电子交易中心、会议论坛、检测中心等功能	1.8hm^2
	万良大街特色商贸街	沿小镇中心街两侧进行商业街区改造，打造长白特色商业街+特产市集，进行夜景亮化打造，连同特色美食、特产、人参形成热闹丰富的长白夜市	2km
	万良大集	利用原有市场改成集文创、市集、餐饮、休闲娱乐、购物于一体的文旅街区	3.4hm^2
	万良河滨水公园	万良河两侧各10m范围内，满足防洪、景观休闲等功能	5.1km
	主要入口节点	入口及重要公共活动空间	5处
文化旅游发展	人参文化体验园（一期）	以人参文化为主题，结合当地特色文化、特产元素，连同长白非遗文化展示、人参文化体验馆、人参文化影院一起建设，打造成代表性的人参主题文化园	30hm^2
	游客中心+民宿聚落	打造主题民宿群落，提供特色住宿服务，提升旅游接待能力	4.4hm^2
	村民宿集	利用老百姓的民房进行改造，打造地域特色的村民精品民宿聚落	20栋
	旅游电瓶车环线	总长8km，共设置14个站	8km
产业创新示范	万良十六坊	打造当地特色的家庭工坊，吸引本地居民入驻，助力老镇生活片区更新提升。	7.4hm^2
	标准化厂房（一期）	启动产业园中小型厂房区域建设，目标引进人参精加工、深加工企业	9.1hm^2
	物流园一期	人参及特产的储存与加工	1.8hm^2
基础设施配套	镇区—新区主通道 产业园区市政道路 新建高速出入口	主镇区与新区联系的主要道路；园区主要路网、市政管网等基础设施配套；新建高速出入口	7.0km

易市场，打造文创+非遗展示+市集的万良大街，局部区域拆迁部分建筑，形成广场空间，并与万良河联系。在老街改造过程中，融合在地文化，考虑街区整体形象，在不影响使用功能且征得业主同意的前提下，注意保证结构安全，并考虑经济条件，控制造价。

其中，长白万良夜市，以万良独特的人参“鬼市”为文化背景，借助“国潮新势力”，对传统街区进行商业场景焕新，商业场景与文化同步，打造新潮印象打卡点，形成具有万良文化特色的夜经济生态。

（4）人参文化体验园

人参文化体验园位于小镇西南，占地面积约100hm^2，打造以健康养生+文化娱乐为特色的主题功能片区。在项目设置上，规划布局长白山中药材交易市场、五星温泉养生酒店、中医理疗馆、生命康体园、人参采摘园、人参雕塑园、人参庄园、人参文化体验馆、丛林探索、儿童无动力乐园、森林度假营地等项目，打造原真的人参文化体验园。

在文化体验方面，突出人参文化，植入长白山非遗展示体验、人参非遗节庆活动、人参非遗传承教育基地等功能，体现区域文化特色。观光娱乐方面，突出亲子及冰雪主题，打造以休闲亲子为亮点的主题娱乐公园，以及以冰雪娱乐为主题的冰雪嘉年华。在健康养生方面，规划温泉养生酒店、健康管理中心、中医理疗等设施，打造全龄健康养生社区。

2.分期实施建议

（1）分期建设建议

规划项目进行分期开发建设，分三期建设完成。近期到2025年，主要建设东部产业园区、游客服务中心以及一些配套设施的改造升级，目标达到小镇新貌初具雏形；中期至2030年，完善人参文化体验园、温泉养生酒店等提升型配套设施的建设，小镇达到4A级景区接待标准。远期至2035年，完成对整个镇区城市更新任务（表2）。

（2）近期建设要点

近期建设项目可分为形象提升建设、文化旅游发展、产业创新示范、基础设施配套四类。主要围绕东侧产业园区、万良大街改造更新、人参文化园一期以及游客服务中心区域展开，具体的建设时序根据后期具体情况做一定的动态调整（表3）。

五、结语

新时期，城市设计不仅需要关注城市风貌、总体格局、空间形象等空间方面的内容，还需要衔接规划理念与目标、底线约束、产业发展、公服配套等内容，实现空间与经济、社会、文化、生态等系统的互动与共生。

城市设计由规划编制逐渐走向规划实施，笔者依托万良镇城市设计编制工作，在对万良镇区开展深入调查研究基础上，提出从总体到分区发展的城市设计策略。在具体镇区设计中，通过对规划理念与目标的分解，形成具体的可操作的项目包，从而实现真正意义上的落地的城市设计方案。

参考文献

[1]《上海城市规划》编辑部. 学习贯彻《中共中央、国务院关于建立国土空间规划体系并监督实施的若干意见》[J]. 上海城市规划, 2019(3): 50-56.

[2]赵佩佩. 简论市级国土空间总体规划的空间治理逻辑——由《市级国土空间总体规划编制指南》引发的若干思考[J]. 浙江国土资源, 2020(S1): 5-9.

[3]段进, 殷铭, 兰文龙. 中国城市设计发展与《国土空间规划城市设计指南》的制定[J]. 城市规划学刊, 2022(5): 24-28.

[4]张莉. 国土空间规划视角下的上海城市设计技术体系构建思考[J]. 规划师. 2022, 38(12) :94-99.

[5]戴明, 李萌. 国土空间规划体系中的城市设计管控：上海控规附加图则的新探索[J]. 城市规划学刊, 2022(6): 95-101.

作者简介

黄　勇，博士，上海同济城市规划设计研究院有限公司副主任规划师，高级工程师，注册城乡规划师；

孙旭阳，上海同济建筑室内设计有限公司总工，高级工程师；

张纪远，同济大学建筑与城市规划学院硕士研究生；

徐骁锐，上海易境景观规划设计有限公司主创设计师。

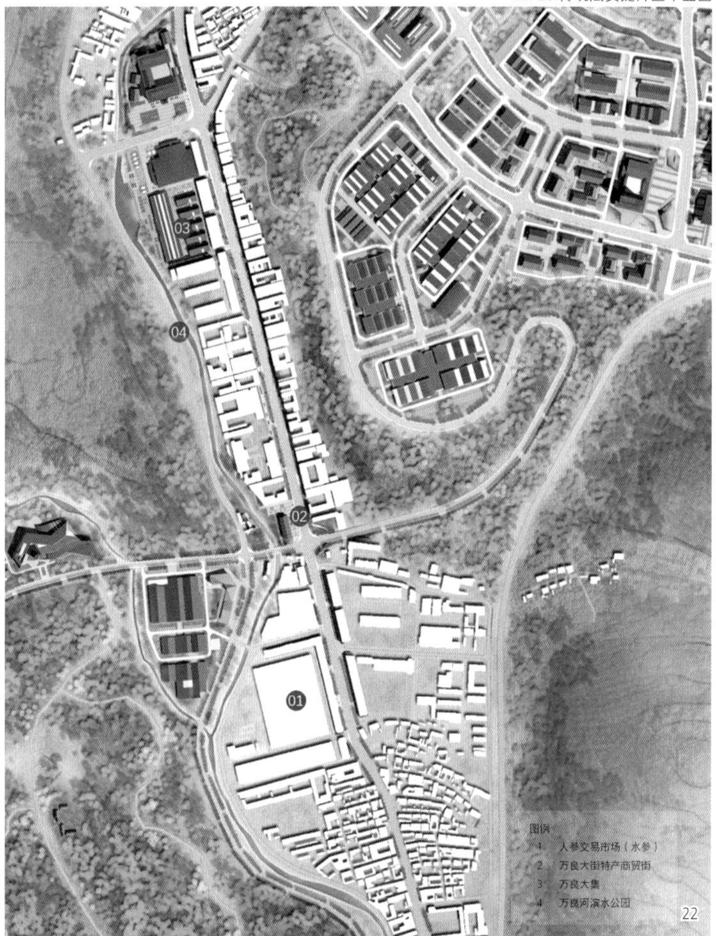

22-23.传统商贸提升区平面图

基于低碳低技的北方传统村落治水基础设施实践的生态智慧提取

Extraction of Ecological Wisdom Based on Low-Carbon and Low-Tech Water Control Infrastructure Practice in Northern Traditional Villages

赵宏宇 夏旭宁
Zhao Hongyu Xia Xuning

[摘 要] 碳排放量影响气候变化，气候变化带来的旱涝等极端气象灾害则给全球带来了诸多影响，温度、灾害、碳排、生态环境等问题无疑成为人们关注的重点。而在应对气候变化的方案中，“乡村”领域往往容易被人们忽略。由于城乡在实际基础设施建设、经济发展、社会文化等发展中还存在一定的差距，同时一些生态敏感地域的农村生态环境比较脆弱，因此，本文通过解读传统村落的治水方案与营建体系，分析村落抵御并化解灾害的方式方法，为更好地面对未知的气候变化、减少洪旱灾害所带来的破坏和损失带来思考。

[关键词] 低碳低技；基础设施；乡村建设；治理模式

[Abstract] Carbon emissions affect climate change, and extreme meteorological disasters such as drought and floods caused by climate change have brought many effects on the whole world. Temperature, disasters, carbon emission, the ecological environment and other issues have undoubtedly become the focus of attention. In climate change solutions, the "rural" field tends to be ignored. Due to the urban and rural infrastructure construction, economic development, social and cultural development, and some ecological sensitive regional rural ecological environment is fragile, therefore, through the interpretation of the traditional village water conservancy scheme and construction system, analyze the way to resist and resolve disasters, to better face the unknown climate change, reduce the damage and loss caused by floods and drought.

[Keywords] low carbon and low technology; infrastructure; rural construction; governance mode

[文章编号] 2024-94-P-032

2021年5月BBC发布的一篇报道中，荣鼎集团（Rhodium Group）的一项研究指出，中国在2019年碳排放量占到了全世界总量的27%，碳排放量居世界第一。过量的碳排放会导致球气候变暖、温室效应等环境问题。政府间气候变化专门委员会（IPCC）发布的第六次评估报告中指出，人类活动正在以不可逆转的方式改变地球的气候，在未来几十年里，所有地区的气候变化都将加剧，全球升温将达到或超过1.5℃。

而近年来的灾害频发不断，同时极端事件也将变得更加严重，如旱灾、洪灾等，相比于其他灾害，其人员伤亡、经济损失等都有很高占比，如2021年7月20日河南郑州遭遇“千年一遇”的暴雨，造成302人死亡，数百万人受灾，上千亿元的经济损失；再如2021年9月飓风“艾达”侵袭了美国纽约州、宾夕法尼亚州等多地，造成68人死亡；欧洲的瑞士、法国、德国等部分地区也同样遭受了洪灾的侵袭，出现河水泛滥、房屋、道路、电力等基础设施被破坏等严重损失，对人们的生产生活产生了极大的影响。

其中有很多极端事件发生在降雨量比较少的北方地区，而北方地区由于平时缺少应对此类极端事件发生的经验，应对措施并不完善，因此，一旦出现紧急情况，更易遭受人员及经济的损失。而相比于城镇的建设发展，乡村的基础设施建设、产品服务质量、人居生活环境等多方面都有一定的差距，因此，我们更应该居安思危、未雨绸缪、防患于未然，充分认识灾害的特点、其发生的不确定性及严峻性。

一、低碳、低技的相关概述

2021年是世界转型之年，全球130多个国家发布了双碳目标，积极探索新的低碳转型之路，对比近年来世界碳排放总量趋势变化，全球能源低碳发展已是发展的大势所趋。我国为倡导低碳环保的生活方式，加快降低碳排放的步伐，践行我国作为大国的责任与担当，政府于2021年初的政府工作报告中提出“力争2030年前实现碳达峰，2060年前实现碳中和”的目标。

农村的快速发展使人们对生活有更高的要求，而通过全球排放来源来看，能源发电供热与建筑业二氧化碳排放量仍占有很大比重。因此针对农村的地域及环境特点，从乡村选址、建设等方面分析，将低技术且节约能耗的方法与现有的问题相结合进行研究探讨，对于抵御灾害，以及应对灾害所带来的危害、生态环境保护等诸多方面有一定的现实意义。

1.低碳的概念及低碳理念的实践路径

低碳（low carbon）是针对全球气候变化问题而提出的，指的是基于可持续理念运用理念、技术、制度等创新进行产业转型与行业改革，在经济生产与社会生活过程中尽量减少温室气体（主要为二氧化碳）排放，实现低能耗、低污染、低排放且生态环境可持续发展的社会发展模式。“低碳”关注的重点在于“全球气候变化”问题，核心内涵是降低二氧化碳排放量。

关于低碳理念的实践路径目前主要有两种：一是以其概念内涵为出发点，从低碳经济、低碳社会、低碳生产、低碳城市等方面落实低碳实践；二是以如何实现低碳为出发点，从降低碳排放和增加碳汇，落实低碳实践。

2.低技术的概念及低技术的特征

低技术（low tecnology）最初用来指代工业革命前的传统手工技术，提倡回归自然和传统。其概念相对于高技术而言，指一种传统性质、相对可行的低层次的技术手段。

1.世界二氧化碳排放量占比统计图
2.二氧化碳排放量统计图

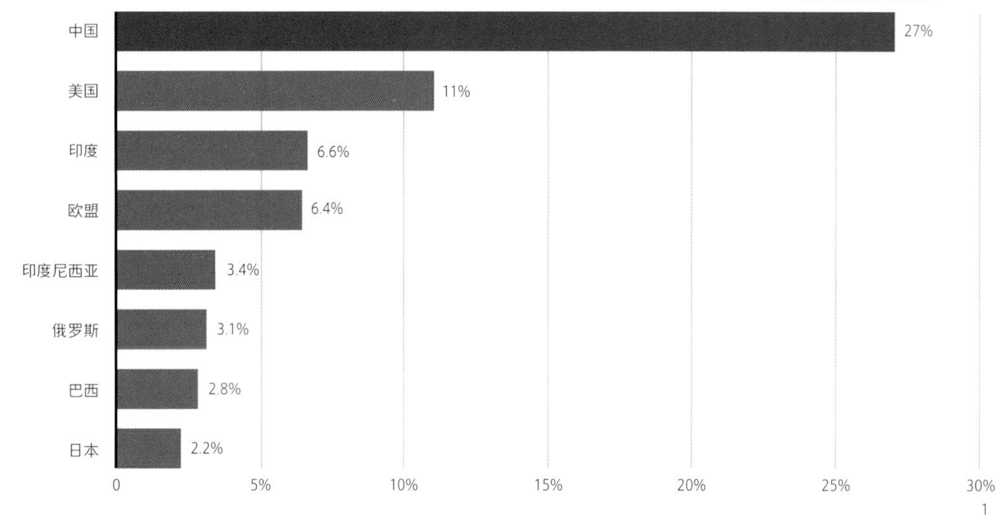

1

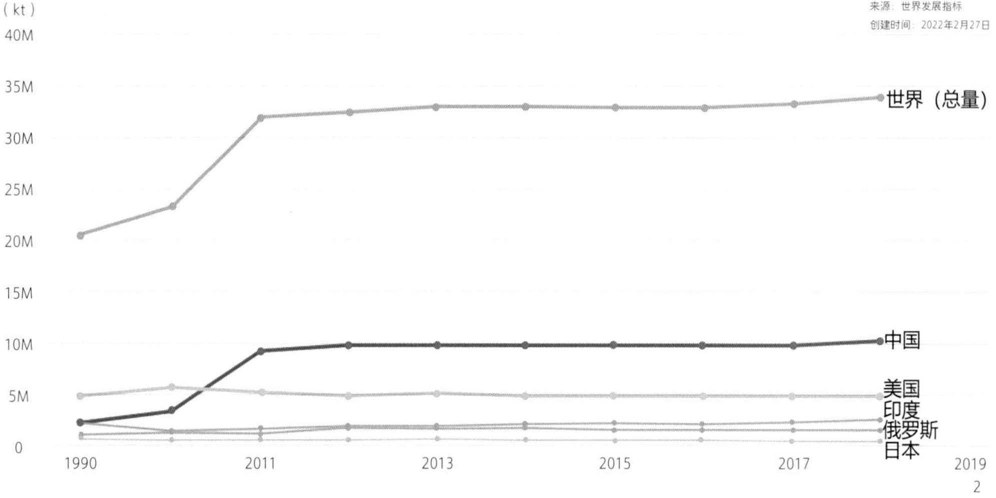

2

相比于科学技术水平较高，能为社会的发展带来经济和环境效益的高技术，低技术是基于经验之上的成熟技术，投入成本更低廉且具有与地域性特征、可以以最小的代价获得相对舒适的成品，因此在新农村的建设中具备良好的普及和应用基础，同时更容易成为群众的技术。其特征为：成本低、易操作、易普及、具有地域特征、成熟和崇尚自然。

二、乡村建设面临的挑战

十九大报告中指出，农业农村问题是关系国计民生的根本问题，实施“乡村振兴”战略是解决当前农村发展不平衡的重要举措，是破解城乡发展不平衡、农业农村发展不充分的根本途径，实现“两个一百年”奋斗目标离不开乡村振兴战略，乡村振兴的重要性和必要性不言而喻，是全面建成社会主义现代化强国的必然选择。而目前，乡村振兴战略的实施仍然面临许多问题与挑战，需要进一步思考与研究。

1.城镇化快速发展，人口从乡村向城市集聚

城镇化的稳步推进，在近十年间可以说创造了世界发展史上的新成就，根据第七次人口普查的数据：2010年城镇人口和乡村人口几乎各占一半；而至2020年，城镇人口由当初的49.68%增至63.89%，城市数量达到了687个，与2010年相比，城镇人口增加2.36亿人，乡村人口减少1.46亿人，城镇人口比重上升14.21%，中国居住在城镇的人口数量已经达到约9.02亿人。

由此可见农村人口转移和流动的趋势明显，人口流动失序也是导致农业发展不均的重要原因，城市居民对农产品由“量需”转为“质需”，乡村居民希望有更好更完善的基础设施、公共服务、医疗卫生等。城乡发展在基础设施建设、教育、医疗等方面的差距加速了农村资源要素的流失，从而引发了城市的“膨胀”以及农村的“凋敝”。

2.生态意识缺乏，治理效能需提高

生态环境对乡村的可持续发展有重要的意义，但在北方的一些地区仍然是以牺牲环境为代价的高耗能、高污染的经济发展方式，如农业生产方面，农民在处理病虫害等问题时大量使用化肥及农药，而农药等渗入地下水，则会对土壤及水质造成污染。而部分地区的耕作理念落后以及技术手段不成熟，许多农田灌溉仍以大水漫灌为主，会造成盐分较高地域的土壤盐碱化；工业发展方面，许多地区仍以高耗能工业为主，工业产生的废气将严重影响空气环境，工业产生的废水导致耕地土壤肥力下降；生活垃圾等方面，各种垃圾不分类堆砌，有害垃圾导致土壤土质破坏。

同时随着城市的经济发展和扩张性建设，一些城市为促进经济发展，不惜牺牲周边乡镇环境，甚至突破生态保护红线，给生态环境也带来了巨大的冲击，生态环境的变化也给城镇化进程带来了消极的影响。因此，要想保护乡村的生态建设，相关部门需要提高治理效能，兼顾城镇经济发展与周边乡村生态环境保护，同时结合当地现阶段发展情况进行系统分析与治理。

3.地域空间格局不平衡，城乡贫富差距显著

新型城镇化建设成为我国各领域各行业飞速发展的重要引擎和平台。城镇化作为实现现代化的必由之路，是解决“三农”问题的主要途径，强有力地推动着区域间的协调发展。由于历史、环境等多方面因素的影响，我国在稳步推进城镇化进程中显露出城乡发展不平衡态势，城乡二元结构特征依然较为明显，同时由于我国南北、东西跨度大，也受自然条件、产业结构、经济体制、人口与创新、城市与区域治理、市场化水平等多方面影响，形成了南北方经济、基础设施，以及公共服务、消费和资存方面的差异。

因此，如何在对社会经济承载力较低的北方，在尊重自然规律与经济规律的前提下，进行乡村的空间规划与经济布局是当前的一大挑战。

三、相关案例解读

要想解决乡村建设发展中出现的问题，以及更好地应对各种极端情况的突然发生，借鉴经验是首选。然而基于我国的国情，农业人口仍然占有较大的比重，以及城乡之间基础设施、经济条件等差异，乡村能否找到低碳发展之路，是当前发展的重要环节。而通过调研实践，我们发现了许多因受地形地貌等影响，看似不利于应对灾害突发等诸多状况发生的村落，却完整保存了下来并发展良好。我们挖掘其中的生态治水智慧并对其特点进行解读。

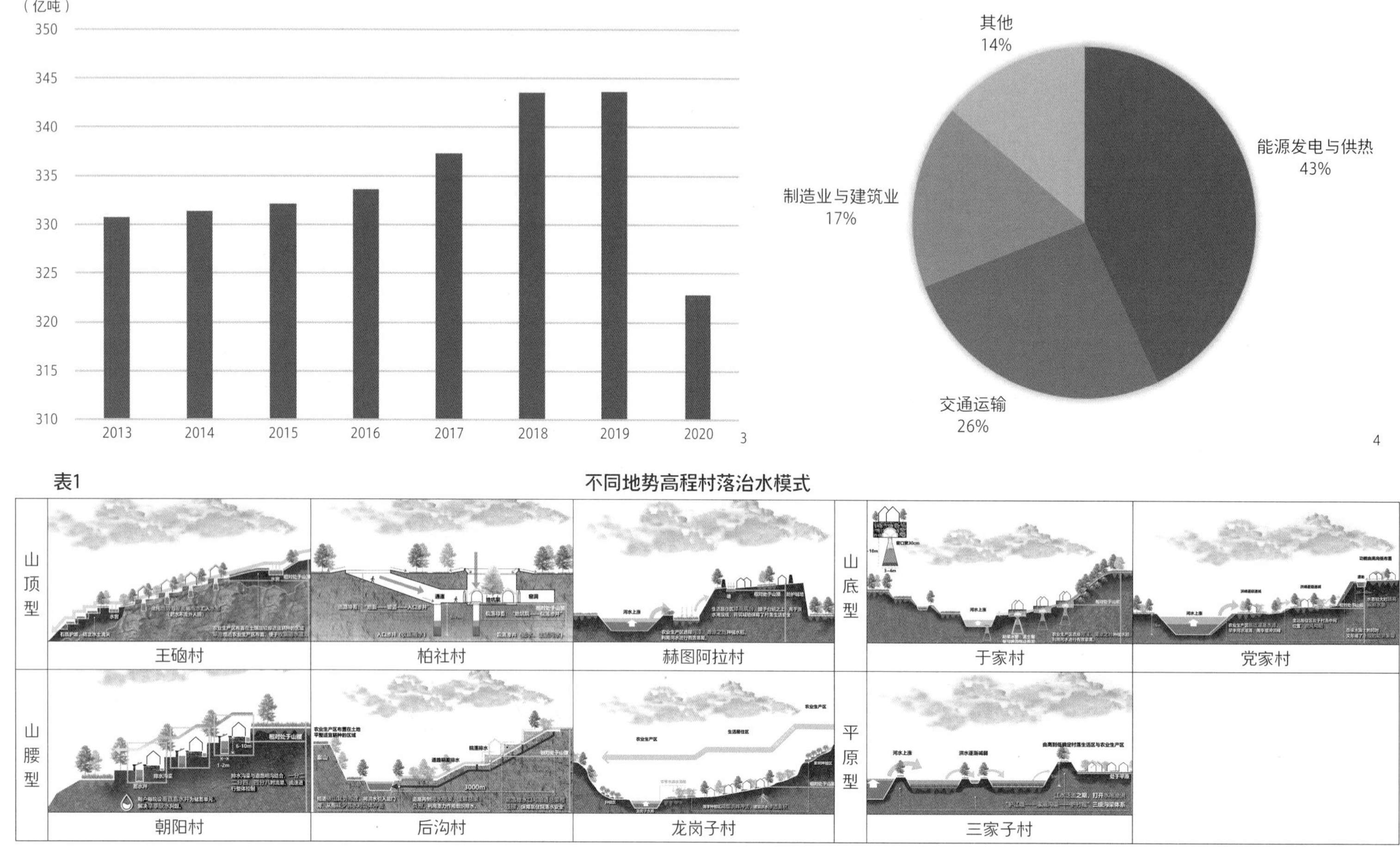

3.2013—2020年全球碳排放总量变化趋势统计图

4.2020年全球碳排放量来源构成统计图

1.物尽其用：合理并可持续利用自然资源要素

我国早期的河道治理大多采用固化河岸、裁弯取直等手段，并运用混凝土等材料。西方国家早期普遍采取"以需定供"的原则，通过混凝土筑坝技术等修建大量的工程来进行水资源的调蓄与管控。这些方式不但影响了河流系统的自然形态、生态环境、水文过程的可持续性等，同时带来生物多样性破坏、河道淤积等一系列问题。

而对比我国传统村落的治水体系，可发现村民大多采用当地的原生态资源加以利用，如黄淮海区王硇村以当地主导的石材进行村落建设，利用石质导水性能好的特点，同时屋檐和墙身也用石头来防止雨水和洪水的冲击，街巷道路由石质的护边砌筑来保土引流；东北区锦江木屋村以当地的木头为主要材质进行村内建设，并且木屋村的先民利用当地材料的特性总结出一套木刻楞的营建技艺来抵御风寒且易于维护；黄土高原区后沟村则采用建筑外墙由当地的黄土以及麦秸秆混合而成，同时在土窑墙基处砌上约50cm高的石材墙以做防护，在沟渠中插入碎石块作水簸箕，这些营造技术充分体现了"物尽其用"的特点，充分发挥了材料的特性与其价值。

标准的水泥（也称为普通硅酸盐水泥）是由石灰岩或黏土加热到大约1500℃后形成。每加工1吨水泥会产生0.8吨的二氧化碳。当它最终与水泥合用于建筑时，每吨水泥能吸收0.4吨的二氧化碳，因此每吨传统水泥的碳足迹为0.4吨。而充分选择和利用当地的建筑材料，如木材、竹子、泥土等可循环材料，仅需乡村现在常见砖混结构材料价格的一半。

"敬天惜物、物尽其用"——在我国传统文化思想中，人和自然是息息相通的整体，人应该对万物存有感念，这既包括对万物的爱护又包含对万物的节约利用。

2.借势化害：依地势条件建立水生态基础设施

水环境与水生态问题是个跨尺度、跨地域的系统性问题，也是互为关联的综合性问题，因此水利基础设施的建设在农村生产生活中举足轻重。

针对旱涝灾害、水污染治理、生态环境等问题，全球已经形成了针对不同地域特色和成因的治理模式，自20世纪70年代起，在西方一些国家已经形成相对完善的治水基础设施管理模式和方法，重点都是通过可持续的自然手段构建良性的水文循环，来解决城市雨洪及水污染等问题。随着"低影响开发雨水系统构建"（海绵城市）理念的推行，绿色基础设施作为一种低成本、生态且环保的实施路径，通过控制源头进行雨洪管理，逐渐成为国内专家学者研究的重点。

通过对传统村落的调研，我们发现村落的建设早已有对以上问题的思考与解答，针对不同地势高程的村落的治水方法进行调研分析（表1），我们发现，处于相对山顶位置的，如河北沙河市王硇村，四面环山，故在较为复杂的地形影响下，依山就势，村落建设"环山居岗"，形成了"排蓄一体"的治水体系；陕西省三原县柏社村地处黄土高原和泾渭平原交界地

表2 村落治水策略及方法

地区	类型	村落	灾害类型	给水（旱）		排水（洪）	
				方法	具体做法	方法	具体做法
黄淮海区	山顶型石质村落	河北沙河市王硇村	旱灾、洪灾	1.导蓄一体化； 2.屋檐特殊化处理	1.通过沿生产生活功能空间界线，均质布局旱池的做法，有效收集并过滤山洪与雨洪； 2.屋檐一侧长一侧短的“道士帽”建筑模式且运用木梁和柱构成整体木屋架结构	1.分级导蓄（利用自然地势）； 2.以石建村	1.形成“六主街、十小街、十三小巷”的道路行洪骨架； 2.利用石质导水性能好且坚固性强的特点
黄淮海区	山腰型石板岩村落	河南林州县朝阳村	干旱、洪灾	分流而治，单元调蓄	将主要的排水道路与山体沟壑相连，房后排水沟渠与道路明沟相结合，对洪峰进行分流	1.纵明横暗，导蓄排水； 2.填石垫院	1.在村落上方布置生产性乔木以削减大自然的重力做功，并在山体表面布置纵横交错的排水沟，整体形成排水系统； 2.院内使用太行山脉特有的石板岩，既坚固抗冲击，又构成了天然排水沟渠
黄淮海区	山底型石头村落	河北井陉县于家村	干旱、洪灾	1.以多级分散化的垂直蓄水节点为主体的蓄水系统； 2.让自然做功	1.通过沿道路布置多级“水窖”与“涝池”等垂直储蓄单元的做法； 2.以石造坝，拦土为田的梯田空间来缓解洪峰、固土保水	微地形调整	形成行洪系统，配合分散化的垂直蓄水单位进行排水
黄淮海区	山底型泉水村落	山东章丘市朱家峪村	干旱、洪灾	溪渠环绕“坛井”的模式	通过类似谷坊作用的台阶式冲沟，防止冲沟损坏并蓄水	因势利导	利用山势势能实现雨水的重力自流及分流，并通过引流将水汇入蓄水单元
黄土高原区	山顶型土质村落	陕西省三原县柏社村	干旱、洪灾	源头存蓄、单元管理的系统性蓄水	村落整体布局结合低洼地形布置涝池形成蓄水功能的空间	先蓄后导、合理分流	村落内的涝池以及地坑院内的渗井单元先进行雨水存蓄，道路和冲沟构成的雨水排导系统再进行分流
黄土高原区	山腰型土穴窑居村落	山西晋中市后沟村	干旱、洪灾	攻位于汭，末端布位	在末端修建的蓄水池单元	依山就势	布局采用沿等高线水平带状及垂直错落方式
黄土高原区	山底型商贾村落	陕西韩城市党家村	干旱、洪灾	水井、涝池相结合	井水供村民饮用，涝池供洗衣和家畜饮用，行洪系统与蓄水系统串联，形成排蓄一体化道路行洪系统	干湿分离、明走暗泄	明沟与暗渠灵活配合，形成了“人水同路”但“人水分流”的道路行洪体系
东北区	山顶型山城式村落	辽宁新宾县 赫图阿拉村	干旱、洪灾	因川就势，自然做功	借用自然地形实现院落，借用自然地形实现院落—道路—沟渠—池塘的被动式与适应式的雨洪排蓄	古城复合行洪系统：因势利导	多级分散利用空间微地形、地势导水
东北区	山腰型石质村落	辽宁锦州市龙岗子村	干旱、洪灾	依山就势，沟域单元	形成防风聚水的村落单元组织模式	因势利导，分层种植	以收获型乔木为主体的防洪固土策略
东北区	山底型木屋村落	吉林省抚松县漫江镇锦江木屋村	干旱、洪灾	依山就势，趋阳避寒	建筑依路而建，建筑之间留出院落空蓄水	依山就势，趋阳避寒	山上导水：村落沿山体的走势延展，呈线性分布在阳坡的不同位置
东北区	平原型水师村落	黑龙江齐齐哈尔 三家子村	干旱、洪灾	因时达变，灵活变化	通过鱼骨状分级化灌溉系统及两座水闸保证水位平衡	因时达变，灵活变化	利用修坝筑渠主动式弹性应对季节性降水不均，引沟开圳，以人工沟渠的形式弥补地形的不足

区，不仅利用其地势形成“先蓄后导、合理分流”的治水空间，同时利用种植乔木来减缓水流的速度，拦截雨水流向村内，有效防止雨水冲刷带来的危害；辽宁新宾满族自治县赫图阿拉村三面环水，一面背山，故“因川就势”，借用地形地貌形成院落—道路—沟壑—池塘的被动式与适应式的防洪系统。

处于相对山腰位置的，如河南林州市朝阳村悬于太行之巅，峡谷高崖、沟谷纵横，故将主要的排水道路与山体沟壑相结合，形成对洪流的控制，进而将雨水等排向山崖；山西晋中市后沟村则采用沿等高线水平带状及垂直错落的方式进行空间布局，以此来减轻洪水带来的灾害；辽宁锦州市龙岗子村因其坐落于医巫闾山之中，地貌特征为“七山一水二分田”，故村落沿山形走势逐级分布，点式布局，由高至低形成生产生活及防御空间。

处于相对山底位置的，河北井陉县于家村属于大丘陵地貌，因其农耕经济形成了别具特色的石村聚落，故根据当地的地形地貌和自然环境特征，通过微地形调整，用石头修建梯田、堤坝，建设房屋及街道，以此来缓解洪峰的冲击；陕西韩城市党家村则通过调整村落与水系之间的关系，来进行“填土建院”，以抵御洪旱灾；吉林省白山市锦江木屋村，利用地势特点，通过“背山面水”的选址模式，采用“木骨泥墙”的复合墙体来应对东北地区昼夜温差大等特点，并沿山体走势布置水利基础设施；山东章丘市朱家峪村三面环山，北向平原，因而进行顺山就势的空间布局，利用山势的势能实现雨水及洪流的重力分流，并将引流的水引入蓄水单元以形成“分流而治、单元调蓄”的效果。

处于相对平原位置的，黑龙江省齐齐哈尔市三家子村，选址于平缓坡基台之上，利用重力做功保障村落水文安全，利用低技术、低维护的手段营造可持续发展的人居空间，并对洪涝灾害采用弹性应对措施，从而达到较高的环境绩效。

由此可见传统村落建设的智慧之处：依靠其地势条件，针对自身特点，合理选址，巧设沟渠。同时水利基础设施的发展不仅满足了防洪、供水、灌溉等要求，抵御水旱灾等风险，同时解决了新老水问题交织、水风险等问题（表2）。

3.扁担精神：社会维度形成机制

改革开放以来，我国城市化进程的不断加快，农村逐渐被边缘化，直到近些年才有所顾忌，提出打造"美丽乡村建设"的美好愿景，然而却很少有人真正挖掘乡村的地域以及自身的特点。同时随着国际化的进程，一些传统技艺也逐渐被"现代化"的营建方式所取代，越来越多的高端智能技术应用于我们的生活之中，然而，高端产品的投入使用，也伴随着巨大的能源及经济消耗、生态环境的污染、生物多样性的破坏等。

而对于乡村的建设，不仅应该充分考虑到乡村的实际情况，从经济性、实用性、可实施性和适宜性出发，以真正满足乡村建设的需求，并结合当地的地域特色和其建造的技术特点，发展出一套适应本地特点的低技术抵御灾害的水利基础设施方法，同时因村落的防洪御灾系统与各家各户息息相关，每户居民自家住宅都是防洪系统中的重要一环。因此更应该让村民自发地管理好村落防洪系统及各子系统，使之在防洪御灾中发挥作用，并使传统的技术代代相传。

四、结论

欲实现节能减排、保护环境的初衷，实现我国要在2060年之前达到碳中和的目标，小到一栋建筑，大到整个城市，都应该从其建设的生命周期进行能耗总量的控制。设计阶段就应考虑其能源消耗、环境负荷影响、建材的循环利用等问题，结构尽量合理轻量化。

总体来说，我国传统村落的空间形式是基于东方哲学营造的结果，蕴含了数百年来先民们对于旱涝气候等变化以及环境问题的解决智慧，这种低消耗、低技术的治水体系不仅有极高的功能属性、一定的景观效益，同时对于经济欠发达地区也具有一定的可实施性与实用性，而这种基于自下而上的传统营造的空间规划系统与结构模式的构建，对于我国本土化雨洪治理体系具有重要的理论与现实意义。

参考文献

[1]赵宏宇. 传统村落生态治水智慧[J]. 城乡建设, 2021(20):1.

[2]冷红, 陈天, 翟国方, 等. 极端气候背景下的思考:城乡建设与治水[J]. 南方建筑, 2021(6):9.

[3]严登华, 王浩, 周梦,等. 全球治水模式思辨与发展展望[J]. 水资源保护, 2020, 36(3):7.

[4]谢彩霞, 高一波. 低碳经济视域下节能减排的创新发展路径研究[J]. 中国资源综合利用, 2019, 37(12):3.

[5]俞孔坚. 美丽中国的水生态基础设施:理论与实践[J]. 鄱阳湖学刊, 2015(1):14.

[6]刘志强, 朱文一. 水利基础设施城市化初探[J]. 城市设计, 2018(3):10.

[7]李准. 低技术乡村生态建筑适应性研究——从中国传统建造技术出发[J]. 住宅与房地产, 2017(8X):1.

[8]许金凤. 持续推进农村生态环境治理为乡村生态振兴奠定基础[J]. 农家参谋, 2021(5): 24-25.

[9]顾大治, 胡永秀, 毛振海. 国外绿色基础设施最新研究及实践[J]. 合肥工业大学学报：社会科学版, 2019, 33(3):7.

[10]胡玉国. 生态文明视域下我国美丽乡村建设现状及思路[J]. 乡村科技, 2020(17):3.

[11]兰艳. 乡村振兴视域下新型生态旅游村的建设现状和对策[J]. 广西城镇建设, 2021(6):3.

[12]陈睿智, 董靓. 生态景观适应乡村社会生态系统的实践反思[J]. 中国园林, 2017, 33(7):4.

[13]江亿, 胡姗. 中国建筑部门实现碳中和的路径[J]. 暖通空调, 2021, 51(5):13.

[14]高明. 建筑节能减排的难点与对策研究[J]. 资源节约与环保, 2021(4):2.

[15]李佐军, 赵西君. 我国建筑节能减排的难点与对策[J]. 江淮论坛, 2014(2):5.

[16]田英, 赵钟楠, 黄火键,等. 国外治水理念与技术的生态化历程探析[J]. 水利规划与设计, 2019(12):6.

[17]张秀莲. 我国农村基础设施投入及其影响因素研究[D]. 南京：南京农业大学, 2012.

[18]李湞,刘成,雷冬霞.乡土建筑保护中的"真实性"与"低技术"探讨[J].中国名城,2015,(10):90-96.

[19]王春晓. 西方城市生态基础设施规划设计的理论与实践研究[D]. 北京：北京林业大学, 2015.

[20]赵杨, 杨璇. 新型城镇化建设与乡村生态环境关联性探究[J]. 黑龙江环境通报, 2021, 34(4):2.

作者简介

赵宏宇，吉林建筑大学建筑与规划学院院长、教授，寒地城市空间绩效可视化与决策支持平台副主任；

夏旭宁，吉林建筑大学建筑与规划学院硕士研究生。

社会记忆视域下的吉林省传统村落空间演变的调研报告
——以临江市珍珠门村松岭屯为例

Research Report on the Spatial Evolution of Traditional Villages in Jilin Province from the Perspective of Social Memory
—Take Songlingtun, Zhenzhumen Village, Linjiang City as an Example

吕 静 葛思伽 张姝悦 范佳琦
Lü Jing Ge Sijia Zhang Shuyue Fan Jiaqi

[摘 要] 传统村落作为乡村文化遗产的重要载体，其空间演变发展受自然环境、社会文化、民族等多种社会因素共同影响，而社会记忆始终贯穿在乡村发展的过程中。本文从社会记忆视角出发，以吉林省内传统村落中的珍珠门村松岭屯作为研究对象，结合地域特色及其对应的历史社会背景，对松岭屯进行空间形态演变及空间形态功能转型分析，为其他传统村落空间演变研究做参考。

[关键词] 社会记忆；中国传统村落；空间形态演变

[Abstract] As an important carrier of rural cultural heritage, the spatial evolution and development of traditional villages is affected by various social factors such as natural environment, social culture, and ethnicity, and social memory always runs through the process of rural development. From the perspective of social memory, this paper takes Songling Tun in Zhenzhumen Village, a traditional village in Jilin Province as the research object, combined with regional characteristics and its corresponding historical and social background, to analyze the spatial form evolution and spatial form function transformation of Songling Tun. It is a reference for the research on the spatial evolution of other traditional villages.

[Keywords] social memory; traditional Chinese villages; spatial form evolution

[文章编号] 2024-94-P-037

本文系吉林省科技厅社会发展关键技术重点研发项目“长白山区域城镇生态安全格局构建的关键技术及实施应用研究”（20240304139SF）；吉林省教育厅重点科研项目“长白山区域城镇建设与生态安全格局耦合的规划方法研究”（JJKH20230351KJ）的部分研究成果。

社会记忆贯穿在乡村发展的全过程中，对村落进行全面性调研是研究乡村发展规律的基础。传统村落作为活的文化遗产，其空间演变过程中承载着大量的社会记忆。吉林省内共有11个中国传统村落，其中珍珠门村松岭屯是在多种社会因素（历史因素、民族因素、环境因素）的影响下而形成的具有“闯关东文化”特点的村落。本文以社会记忆为视角，通过对吉林省珍珠门村松岭屯的现状进行调查，总结其空间演变的发展规律并初步探索出影响传统村落空间发展的主要因素。

一、调研对象

松岭屯位于吉林省白山市临江市花山镇珍珠门村，于 2014年11月17日列入中国传统村落名录中。松岭屯地处山间沟谷中，人烟稀少，但自然生态保持完好，四季景色分明[1]。

1.地理位置

松岭屯位于临江市东北部、花山镇西部，东经126° 52′，北纬41° 50′，临白公路，鸭大铁路在村旁通过，南与苇沙河镇为邻，东北与闹枝镇交界，东南与临江市接壤，北与江源区毗连。松岭屯距临江市24km，距白山市西部35km[2]，距珍珠门风景区5km。

2.地形地貌

松岭屯坐落于长白山区腹地老岭山脉东麓，老秃顶子山东南坡上，地理环境优美，地势高低起伏，土地肥沃，具有得天独厚的山间坡地梯田作为耕作环境。屯域内平均坡度较陡，但是居民点所处位置一般为坡度较缓的地区，体现出了早期定居者的智慧。

3.环境气候

松岭地区属于北寒温带大陆性季风气候，是长白山地区较为寒冷的地区。冬季漫长且寒冷，夏季炎热多雨，春季干旱多风[3]，秋季爽朗多晴天。松岭地区最高平均气温在七月为24℃，最低平均气温在一月为－22℃。

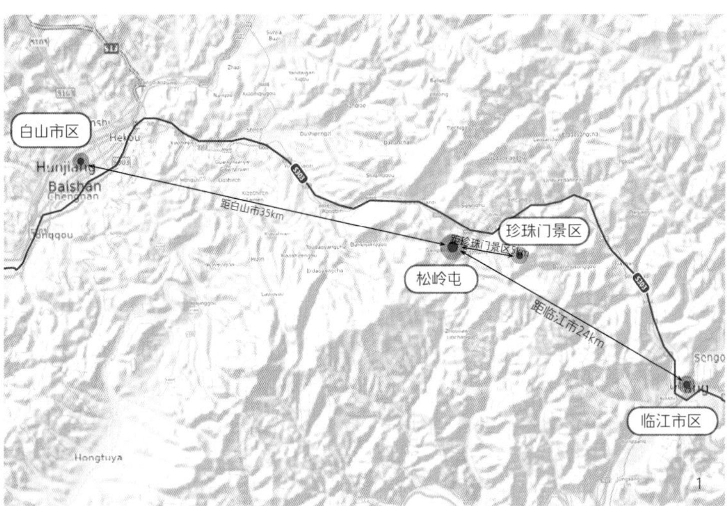

1.松岭屯区位图

2.松岭地区的发展轴线图　3.松岭屯历史记忆要素分析图　4-9.民族融合下村落选址演进过程

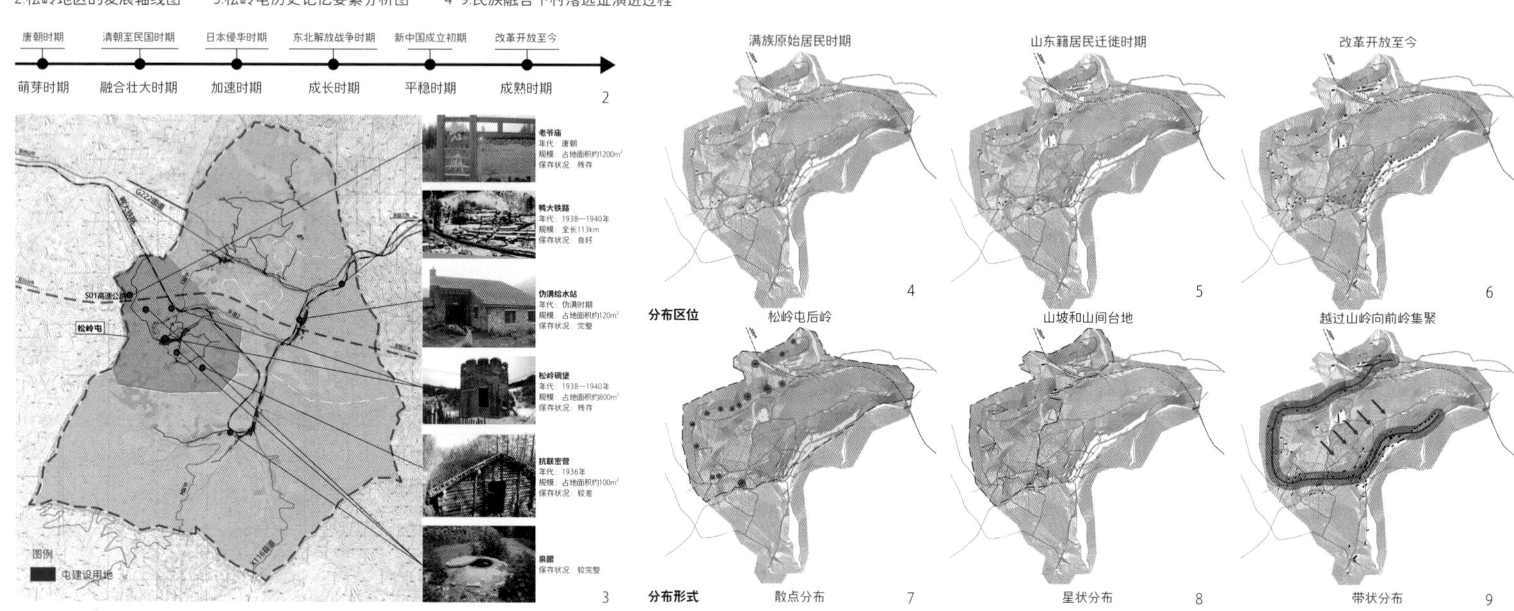

4.人口和用地规模

松岭屯居民多为汉族和满族。全屯共125户，包括岭南四社和岭北五社，户籍人口443人。常住人口275人，其中劳动人口137人。松岭屯范围内耕地（包括旱田和水田）面积70hm²，牧草地20hm²，水域12hm²，村建设用地3hm²，总用地面积105hm²。

二、历史记忆

松岭屯作为东北历史长河中的“活态记忆”，随着时代变迁和社会发展，它见证了朝代更迭和民族融合，并留下了诸多的历史记忆。这些历史记忆展现了不同时期历史文化对村落空间形态的影响，具有较为重要的研究价值。

1.迁徙路线

松岭最早只有少数满族原住民在此散居，清末时期长白山解禁以及民国时期“闯关东”为松岭屯迎来了最早的一批山东移民。20世纪二三十年代，日本侵略者占领东北，从山东抓了大量劳工修建南满铁路。此后新中国成立初期至改革开放时期，一部分山东籍村民返回山东，另一部分则留在松岭建成了具有鲜明关东文化的村落。

2.松岭屯历史记忆

松岭地区自古就是鸭绿江畔的重要驿站节点，历史悠久且物质文化与非物质文化丰富，在不同时期的见证下最终发展成为如今文化多元的中国传统村落，其中部分历史古迹作为时代的见证依旧留存在松岭屯内。

（1）唐朝时期

唐朝时期是松岭地区发展的萌芽时期，见证了东北地区与中原朝贡文化和商贸交流的历史。松岭地区最早源于薛礼征东，后成为唐朝和渤海国经济文化交流的主要通道，同时也是北丝绸之路的起点，被当时的村民形象地称为“老道槽子”。由于松岭地处群山环抱之中，早期松岭村民扎根于此可以有效预防当时猖獗的匪寇骚扰。

（2）清朝至民国时期

清朝初期至民国时期是松岭地区发展的融合壮大时期。清末长白山解禁以及民国时期，大批齐鲁老百姓由于受到自然灾害的影响，到东北地区闯荡、垦荒和定居。松岭地区的居住范围逐渐扩大，山东籍村民的文化和生活习惯也逐渐融入至松岭地区内。

（3）日本侵华时期

日本侵华时期是松岭地区发展的加速时期。日本侵略者进攻东北，抗日武装分子在干饭盆设置了抗联密营尝试击退日伪军。此后日军为掠夺资源，修建了鸭大铁路，并在铁路线松岭站旁配建了松岭碉堡，在珍珠门村村口修建伪满给水厂。

（4）东北解放战争时期

东北解放战争是松岭地区发展的成长时期。在抗日战争胜利后，国家实行土地改革运动，使广大农民获得土地，大大提高了松岭屯村民对劳作生产的热情，粮食产量大幅增加。这一时期，松岭屯的集体经济积累绝大部分投入到农田水利与基础设施建设方面。

（5）新中国成立初期

新中国成立初期是松岭地区发展的平稳时期。这个阶段，国家发展农业生产并延续土地改革政策，持续细化松岭地区的基础建设。

（6）改革开放至今

改革开放至今是松岭地区发展的成熟时期。20世纪80年代，我国休闲农业和乡村旅游开始发展，松岭屯也开始大力发展体验式旅游产业。2012年，住房城乡建设部开始推动中国传统村落的保护计划，松岭屯于2014年被列入中国传统村落名录中。经过几十年的发展，松岭屯在原有基础上促生了更多具有传统特色的公共场所。

三、社会记忆

社会记忆是一种个人或集体认知的文化现象，强化了人与场所之间、场所与城市之间的联系以及人类文明历史的延续[4]。社会记忆传承历史，它的存在使得人们在不断发展的社会生活中积累经验，是可以跨代传递的，这些经验可以作用于村落发展的各个时期与层面。

1.生产层面

松岭屯位于两山之间平缓地带，以种植业为主要经济来源，属于山地农林型村庄。受地形影响，坡式梯田随处可见。粮食作物以玉米大豆为主，经济作物以人参种植和草莓种植为主。松岭屯内梯田的埂坎要占去一定耕地，使可耕地面积相应减少，村民为了充分利用土地，在埂坎上加种草莓和黄豆，以此增加村内农作物的产量。

2.生活层面

（1）村落选址

最初，早期的满族原住民对于松岭屯村落选址主

10.院落布局形式示意图
11.满族传统院落示意图
12.松岭屯典型院落布局生成示意图
13.松岭屯人行空间尺度分析（半径200m）
14.松岭屯人行空间尺度分析（半径400m）
15.松岭屯人行空间尺度分析（半径800m）
16.松岭屯人行空间尺度分析（半径1000m）

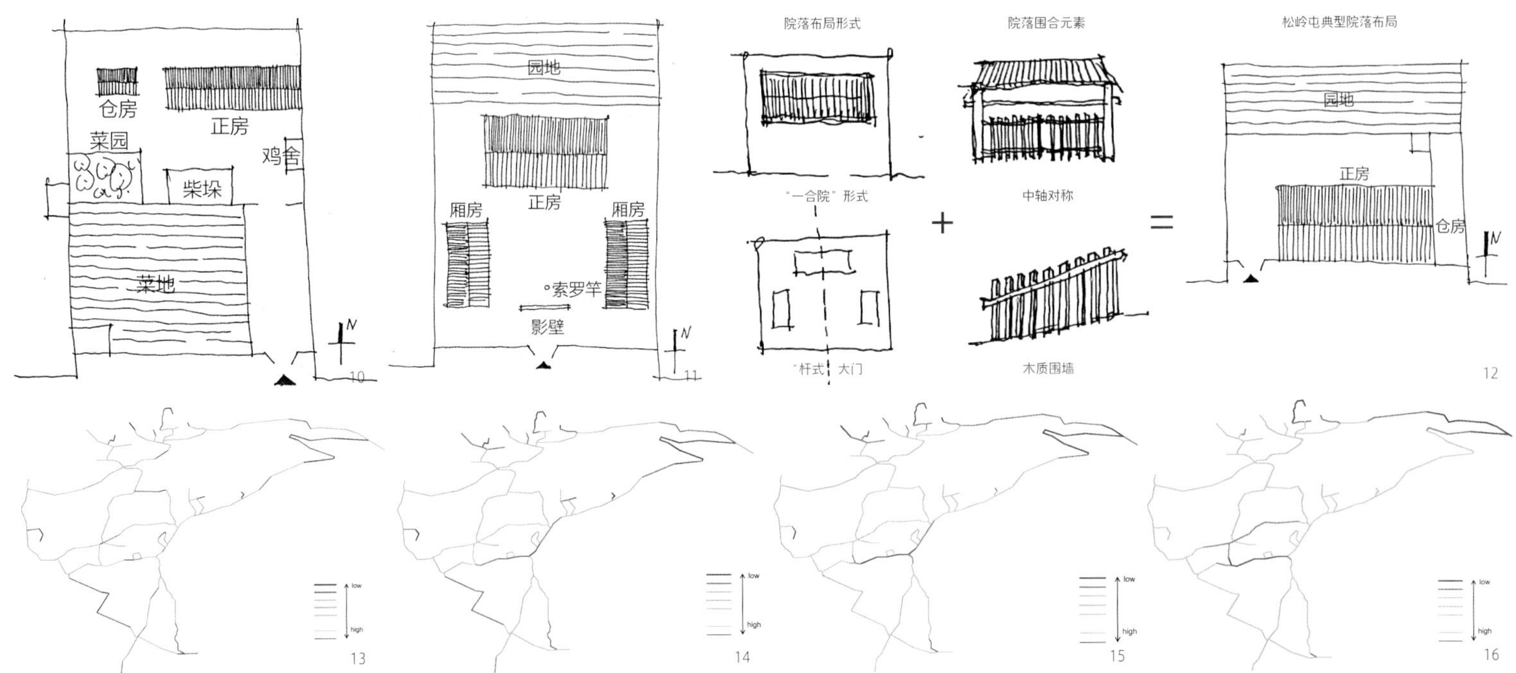

要出于安全和生存需要。松岭地处群山环抱之中，距离对外交通老道槽子古驿道距离适中，较为隐蔽、静谧。因此，初期满族聚落形式大多呈散点式。

闯关东时期，山东籍村民从人多地少的山东闯入了人少地多的关东。为摆脱闹饥荒吃不饱的命运，以住所为起点不断向外垦殖土地。因此，闯关东时期的聚落形式大多呈现星状。

如今，村民无需为匪患所困扰，不同民族相互融合，散点之间慢慢相连并逐渐扩大自己的居住范围，越过山岭向前岭聚集。松岭屯的聚落形式呈现带状分布。

（2）对外交通

清朝时期，当地人称之为"老道槽子"的古驿道是外界通往临江的唯一通道，除对外传递信息外，官方的贡品和民间特产都通过古驿道来运输和流通。

日本侵华时期，日本侵略者为了更快速地掠夺和运输我国长白山的资源，修建鸭大铁路。

新中国成立至今，为提升地区之间的联系，建设G222国道和X116县道。而老道槽子作为松岭屯的主干道，鸭大铁路作为连接通化、白山、临江三市的铁路至今仍在使用。

（3）院落空间

松岭屯的汉族居民大多数是由山东籍村民迁徙至此的，他们注重宗教礼制的观念，强调院落的对称性来适应东北地区地域环境并保证日常生活需要。松岭屯的汉族民居院落布局以"一合院"为主要形式。

松岭屯内的满族原始民居初期是没有院落概念的，院子较大且布局随意，没有围合的形式，随着山东籍村民的迁入，满族村民也逐渐有了院落围合的意识[5]。

随着满汉相互融合，松岭屯内的民居形式以一合院为主，院落整体也较为宽敞。更由于地处东北寒地，建筑普遍坐北朝南，且民居的建筑排布形式采用"一字型"的平面布局，以保证室内得到充足的光照。

3.交往层面

松岭屯受地势高低起伏因素的影响，缺乏面状的交往空间，屯内的交往空间主要以线状空间和点状空间为主。

（1）线状空间

村内的街巷空间是松岭屯内最典型的线状空间，随着村落的发展逐渐形成，属于未经人工干预而形成的自由式街巷空间。是连接各个功能空间的大动脉，串联起了入口、各个住宅和公共设施等一系列的空间节点，是松岭屯百姓使用频率最高的公共空间，担负着村内交通和日常交流的重担。

根据空间句法分析，街巷空间的整合度由外围至中心区域呈现出逐步增强趋势，村落呈现"内向型"的空间形态特征，结合村庄规模和现场勘查情况，村民主要出行半径为200m，故做半径为200m的整合度。为增加精确度，分别进行半径为400m、800m、1000m的整合度分析，分析得出松岭屯在不同的人行尺度下可达性较高的区域一致，可达性较高的空间为穿越村庄东西向空间，并在村庄中部形成中心。

（2）点状空间

水源是村民生存和村落发展必不可少的重要因素，村庄选址不可动摇的一点是必须靠近河流，或者有河流在村中穿过，松岭屯亦是如此。松岭屯村民不仅依水而建，还修建泉眼储水蓄水。久而久之，泉眼附近便成为村民日常活动的小型公共聚集场所。除此之外，村落入口广场、宅前广场、院落空间、道路交叉口空间和住宅入口空间都松岭屯村民日常生活的交往场所。

4.私密层面

（1）建筑

松岭屯建筑的演变主要有三个阶段，各阶段的代表性建筑分别为木刻楞、上房、砖瓦房。如今村落内部已没有木刻楞住宅，保留有少部分土房、大多为砖瓦房。

①木刻楞

井干式的木刻楞房是满族的传统民居，为木结构房屋。以木材横向一层层叠垒而成，山墙和主要墙体采用"夹柱"加固，砌筑木门木窗的位置采用"木蛤蟆"相联结，使其稳固。墙角的处理分为出头和不出头两种，木墙的内处均抹以黄泥，基本为三道，以御风寒[6]。

②土房

闯关东时期，山东籍村民所建造的汉居为土木结构房屋。汉族人民以农为本，安于本土，取材自然，以土为主要材料，由于土质构筑技艺可以采用夯土墙、土坯墙、草辫子墙等多种形式，其中夯土墙用夯土模具逐层夯实；土坯墙采用碎草与黏土制成的土坯，用泥浆砌筑而成；或采用水甸子的垡土块，晒干垒砌成垡子墙。

17.对外交通分析图
18.松岭屯点状空间分布图
19-22.松岭屯空间形态的演变图
23.木刻楞实景照片
24.土房实景照片
25.砖瓦房实景照片
26.松岭屯剪纸技艺实景照片
27.松岭屯雪灯实景照片
28.松岭屯盘炕技艺实景照片
29.松岭屯“悠车子”实景照片
30.松岭屯粘火勺实景照片
31.松岭屯摊煎饼实景照片

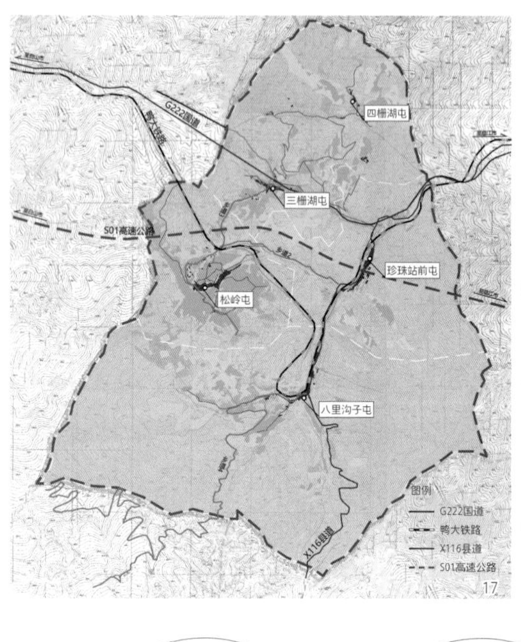

17

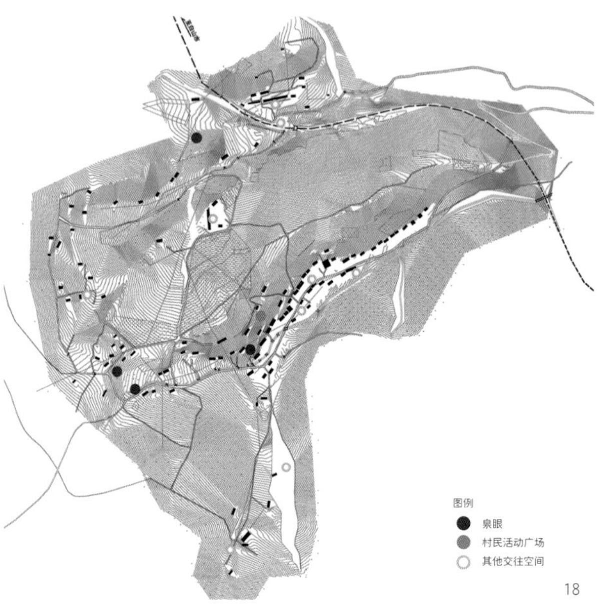

18

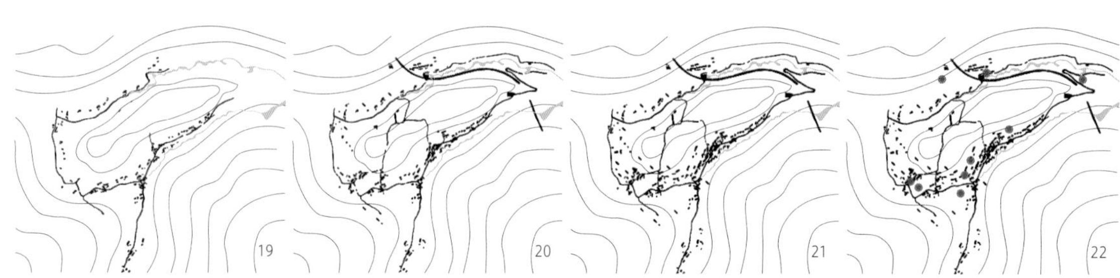
19 20 21 22

23

24

25

26

27

28

29

30

31

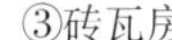

③砖瓦房

1978年后，改革开放初见成效，村民收入水平有了提高，松岭村民便纷纷攒钱盖起了防水和耐久性较好的砖瓦房。瓦面纵横整齐，红砖墙体，屋顶形式为硬山式，屋顶为两个规整的坡面以利雨水的流通[7]。墙体采用干摆砖墙砌筑。

（2）室内空间

山东籍村民从中原地带迁入松岭地区，虽然建筑内部空间在很大程度上受到东北寒冷气候条件的制约[5]，但依旧保留了“堂屋+里屋”的内部组合方式以及中心对称的布局思想，平面布置采用两开间或三到五开间的形式。

满族民居的平面形式多为矩形，采用“外屋+里屋”的内部组合方式，且正房一般是三到五间不等。传统的满族民族崇尚太阳升起的东方，所以满族民居的门偏东开[5]。

后来满汉相互融合相互影响，满族民居的开门形式逐渐改到居中开门，空间布局也趋于中轴对称。汉族民居则演变得更加灵活，逐渐摆脱了传统的礼制礼仪的约束[5]，最终形成了独具松岭特色的传统民居（表1）。

5.情感层面

（1）传统生活技艺

①剪纸技艺

松岭的民间剪纸艺术主要为窗花、年画等常见的表现形式。每当进入冬天，进入农闲时期，村民就会三三两两地坐在热炕头上，拿起剪刀，通过临剪、重剪、画剪，描绘自己熟悉而热爱的自然景物[8]。

②冰灯、雪灯制作技艺

松岭屯位于长白山腹地，由于山高谷深，冬季雪大冰厚，村民外出出行十分不便，每到年节，村民便就地取材，利用冰雪制作冰灯、雪灯已成为一项传统生活的习俗[2]。

③盘炕技艺

早年生活条件简陋，松岭屯村民随意搭建一间土屋，砌一铺南向的大通炕，对面再盘一铺火炕。长辈居南炕，小辈睡北炕，人称“对面炕”。

④“生个孩子吊起来”

“生个孩子吊起来”是东北长白山地区人民生活的一种习俗。早期，村民每天外出劳作，为生活奔波，只能将孩子留于家中，为防止蛇虫叮咬等意外情况伤害孩子，村民利用自己的聪明才智用柳条、木板制作成摇篮，悬于火炕正上方的房梁上，形成今天我们所见的“摇篮”。

（2）饮食习惯

①粘火勺

松岭屯的村民每年刚入冬都要烙足整个冬天的粘火勺，做好后储存起来。作为传统的关东美食，烙粘火勺的制作程序比较繁杂，先用石磨把黏苞米磨成大碴子，然后放到大缸里用水泡上半个月，再磨成湿面。

②煎饼

闯关东时期，由于当时交通不发达且路途遥远。山东籍村民在长途跋涉的步行过程中以煎饼为食。煎饼水含量很少，耐储存，而且在冬天不会被冻硬。所以，在漫长的闯关东的路上，最方便的食物就是煎饼。时至今日，松岭屯的村民依旧还保留着吃煎饼的习惯。

（3）关东方言

由于松岭屯内有大量的山东籍村民，其方言和山东方言有着相似之处。有着方言儿化现象、部分“合口呼”语读为“开口呼”、“文白异”读词三大特点。

与南方大多数方言区不同，大多数中原方言的儿化现象相当普遍。在非正式场合，几乎所有的字都可以加儿，加儿后意思基本不变[9]。

关东方言区的人将“合口呼”读为“开口呼”，主要符合语言中经济简便、发音容易的原则，这与语音的生理特征有关[9]。

文读就是读书音，用于正式场合；白读就是方言里本来的音，代表本方言的土语，用于非正式场合。文白异读就是指同一个词语在文读和白读的时候，读音不一样[9]。

四、松岭屯空间格局的演变

松岭屯空间形态的演变大致经历了四个阶段。

第一阶段，闯关东时期，汉族与满族原始居民进行融合。山东籍人民依山而居开垦土地，空间呈片状发展，之后两个民族以生存为主要目的进行融合，松岭屯的空间形态呈点状发展。

第二阶段，日本侵华占领东北打破了原有的空间秩序，修建鸭大铁路使得松岭屯的空间形态呈线状发展。

第三阶段，新中国成立初期，村民修建道路，务农种树，开垦土地，繁荣了松岭屯的社会经济，使得松岭屯的空间形态呈网状发展。

第四阶段，改革开放至今，松岭村民对美好生活的需求日益强烈，反向促生了在满足基本生活以外的公共场所，使得松岭屯的空间形态呈面状发展。

表1　松岭屯建筑平面形式演变表

	汉族	满族	多民族融合	
平面形式	北炕 里屋 堂屋 南炕	北炕 倒闸 南炕	灶台 炕 厨房 卧室	北炕 灶台 北炕 西屋 堂屋 东屋 南炕
功能组成	堂屋、里屋	外屋、里屋	外屋、里屋	堂屋、东西屋
建筑形制	两间或三到五间，中轴对称	三到五间不等	多为两间或三间，个别为五开间或七开间	
布局原则	以北为尊，长幼有序，尊卑有别	以西为贵，长幼有序，尊卑有别，设“幔帐”	正房进深较大，平面呈正方形，南向开大窗，北开小窗	堂屋居住，两侧对称，东西寝卧，设南北炕

五、结论

在松岭屯的发展过程中，受到自然环境、社会文化、民族等多种因素的影响。从村落的选址到建筑的选材都秉持着顺应自然、利用自然的态度，受村落地理环境和气候的影响形成了具有地域特色的村落空间形态。

结合地域特色及其对应的历史社会背景，对松岭屯进行空间形态演变及空间形态功能转型分析，总结得出：

①村落的选址及空间格局是“因天材，就地利”顺势而为的，松岭屯在空间演变的过程中一直在追求与自然和谐共生的“天人合一”的理想状态，形成“山—村—水”的空间格局。

②村落自身的文化构成会在其他条件因素下影响村落空间形态发展，区域内村落的形态与当地的社会文化和民族文化密切相关。

③受到战争的影响，松岭屯的对外交通被迫加速发展。虽然发展速度有所提升，但是松岭屯整体发展并不均衡。

④受到旅游产业的影响，村落空间形态由内向型开始转变为向外开放，合理优化其空间形态特征进而形成适合于自身发展优势的空间秩序。

参考文献

[1]吕静，吕文苑. 临江市村落空间布局研究[J]. 吉林建筑大学学报, 2016, 33(02):59-62.

[2]张浩. 基于文化生态学的吉林省传统村落保护规划研究[D]. 长春：吉林建筑大学,2017.

[3]夏立文，徐梦茹，任超威. 城镇化背景下的乡土景观保护研究——以吉林省珍珠门村松岭屯为例[J].美与时代(城市版), 2017(4):44-45.

[4]刘珂秀，刘滨谊. “景观记忆”在城市文化景观设计中的应用[J]. 中国园林, 2020, 36(10): 35-39. DOI:10.19775/j.cla.2020.10.0035.

[5]于静. 长吉图区域传统民居建筑形态研究[D]. 长春：吉林建筑大学, 2019.

[6]张诗林. 吉林省民居建筑装饰及其文化关联性[D]. 长春：吉林建筑大学, 2018.

[7]周立军，于立波. 东北传统民居应对严寒气候技术措施的探讨[J]. 南方建筑, 2010(6):12-15.

[8]李琰君. 陕西关中地区传统民居门窗研究[D]. 西安：西安建筑科技大学, 2011.

[9]成庆娥. 从《闯关东》看山东方言的语言特色[J]. 时代文学(下半月), 2009(1):8.

作者简介

吕　静，吉林建筑大学建筑与规划学院教授、硕士生导师；

葛思伽，吉林建筑大学建筑与规划学院硕士在读；

张姝悦，吉林建筑大学建筑与规划学院硕士在读；

范佳琦，吉林建筑大学建筑与规划学院硕士在读。

基于“四协同”的山地型城郊融合类村庄规划方法探索
——以吉林省通化市二道江乡桦树村为例

Research on Planning Method of Mountain Suburban Villages Based on Four Synergies
—Take Huashu Village, Erdaojiang Township, Tonghua City, Jilin Province as an Example

王 伟 董金博
Wang Wei Dong Jinbo

[摘 要] 文章研究了城郊融合型村庄的本质特征，即城乡融合、空间分异、发展动态、人地矛盾，并提出在山区自然地理条件下，进一步增强了空间分异和发展不确定性特征。针对山地型城郊融合类村庄的本质特征，文章提出形成“四协同”的规划方法体系，包括城乡协同、空间协同、时间协同和人地协同。

[关键词] 城郊融合；四协同；规划方法

[Abstract] This paper studies the essential characteristics of the mountain suburban villages, the blending of urban and rural, spatial differentiation, dynamic development, contradiction between human and land. The paper puts forward that in the natural geographical conditions of mountains, the dynamic characteristics and the spatial differentiation will be further enhanced. On the essential characteristics of mountain suburban village, this paper forms "Four Synergies" planning method system, including urban and rural synergy, spatial synergy, temporal synergy, and human-place synergy.

[Keywords] urban and rural integration; four synergies; planning method

[文章编号] 2024-94-P-042

2017年，党的十九大提出乡村振兴战略，这是决胜全面建成小康社会、全面建成社会主义现代化强国的重大历史任务，新时代“三农”工作的总抓手。吉林省在2018年开展了《吉林省农村人居环境整治三年行动方案》，2021年开展吉林省村庄分类工作、村庄规划试点工作。目前吉林省村庄划分为集聚提升类、城郊融合类、特色保护类、稳定改善类、兴边富民类和搬迁撤并类六种类型。本文结合通化市二道江乡桦树村村庄规划的编制实践，讨论基于“四协同”的城郊融合类村庄规划编制方法。

一、城郊融合类村庄本质特征

“城郊融合类”村庄的概念于2018年国务院印发的《乡村振兴战略规划（2018—2022年）》中首次提出，随后关于“城郊融合类”村庄规划的研究逐渐兴起，研究类型主要有两种，一种为完全城镇化村庄，如刘洋[1]指出该类村庄其未来可能随着城市规划并入城市系统，成为城市功能的组成部分，因此其发展重点是与城市进行融合，并将按照城市化的方法进行村庄规划引导，以大城市周边较为常见。另一种是未完全城镇化，周丽霞、孙鸿野[2]指出该类村庄要保留乡村风貌、以农业为主导、促进一二三产融合发展，以乡土文化保护为重点，打造“有乡愁”的理想村，以中小城市周边较为常见。《吉林省村庄分类布局工作指引》中城郊融合类村庄也包括两类：一类是市县城区和镇区现状人口规模大于3万人的镇区建成区以外、城镇开发边界以内的村庄；另一类是空间上与上述城镇开发边界外缘相连且产业互补性强、公共服务与基础设施具备互联互通条件的村庄。完全城镇化村庄总体上按照城市系统的规划要求与方法进行规划，所以在讨论城郊融合类村庄规划问题时，应重点关注未完全城镇化的村庄。从区位、功能、人口、用地、空间和发展等多个维度分析，城郊融合类村庄最本质的特征有：城乡融合性、空间分异性和发展动态性。结合山地特征，人地矛盾性也较为突出。

1.城乡融合性

城郊融合类村庄一般位于城镇开发边界以内，或者与城镇开发边界外缘相连，与城市（镇）联系极为紧密，相对于其他类型村庄，城乡融合性更高：①城乡之间的要素流动频繁，如人流、物流、信息流等。②城乡设施协同度高，如交通、能源、市政等基础设施与城区一同建设、一体化发展。③城乡之间的产业融合程度较高，且存在一定程度的功能互补，如部分城市型产业布局在近郊乡村，同时乡村也为城市提供新鲜蔬菜瓜果等农产品和乡村旅游产品。

2.空间分异性

中心城区对城郊融合类村庄的空间影响会随距离的不断增加而逐渐衰减。所以通常城郊融合类村庄会表现出随中心城区距离远近而呈现空间分异，表现在功能分异、风貌分异和设施分异等方面。如距离城区较近的村域空间，往往表现为城镇化风貌，设施完全衔接，工业和旅游等产业发展与城市紧密融合；距离城区较远的村域空间，往往表现为原乡风貌，设施以乡村设施为主，产业多以农业生产为主。

3.发展动态性

城郊融合类村庄的发展受所依托的城市发展的影响，与城市产生功能、空间、设施等方面的交互。城市发展是一个复杂的、动态化的过程，因此村庄的发展也具有动态性的特征，在每个历史阶段承载不同的功能，进而产生不同的外在空间表现，动态性决定其不确定性，在终极蓝图式规划中增加规划弹性要求十分迫切。

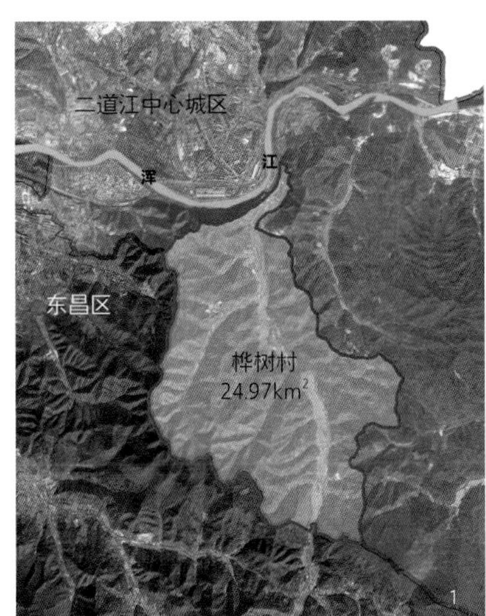

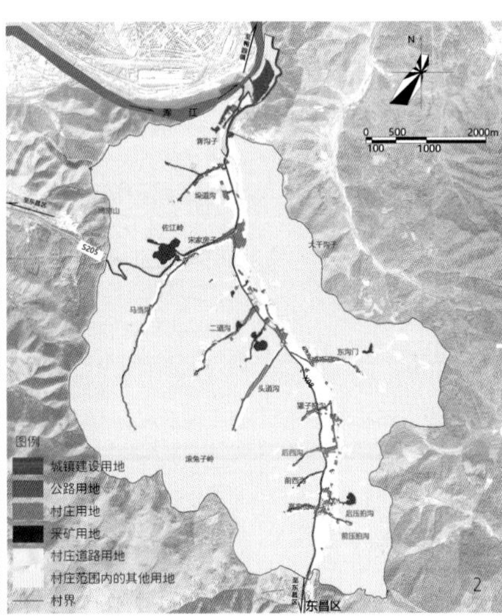

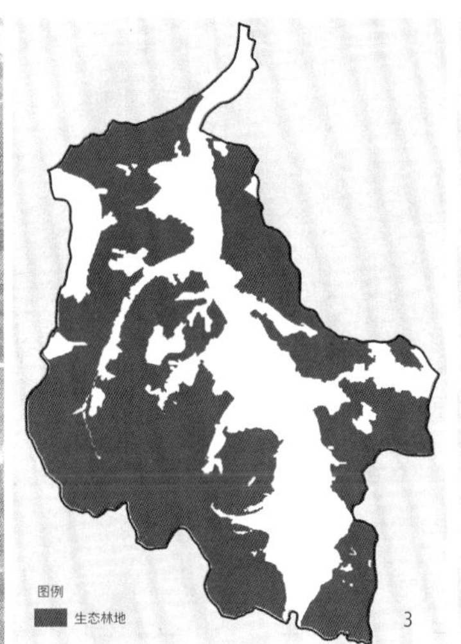

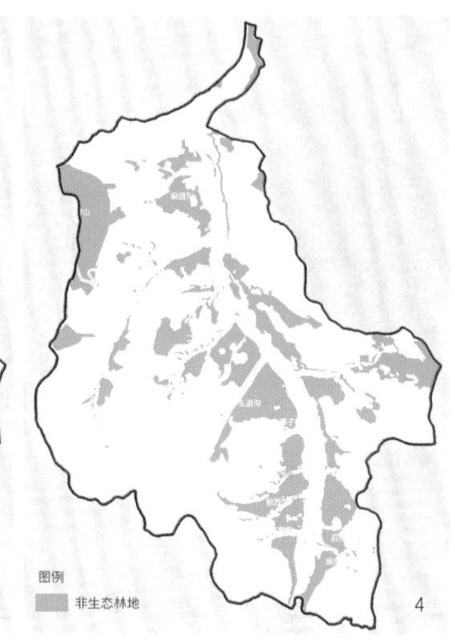

1.桦树村区位图
2.土地综合利用现状图
3.生态林分布图
4.非生态林分布图

4.人地矛盾性

山区的城郊融合类村庄，人流物流和经济活动的频繁性受山地地形影响，生态约束性强，建设用地分散，人地矛盾相对突出。同时存量的矿区和林场址又相对较多，为集约节约利用土地提供了空间基础。在山区自然地理条件下，还进一步增强了城郊融合类村庄空间分异性和发展动态性特征。

二、“四协同”规划方法体系

为了适应和应对山地型城郊融合类村庄的本质特征，规划探索了以“城乡协同、空间协同、时间协同、人地协同”为基本框架的“四协同”的规划方法体系。

1.城乡协同

城乡协同是一种基于宏观的、区域一体化发展视角下的规划方法，是为了应对城乡融合的复杂关系，对村庄与所依附的城市（城区）之间在产业、设施、人流、物流之间的协同关系进行研判，从而确定村庄的发展方向、产业定位、设施布局、用地结构等方面规划内容的规划思维。城乡协同是城郊融合类村庄规划编制的根本基础。

2.空间协同

空间协同是一种基于分区部署、因地施策的科学化、精准化的规划方法，是为了应对距离城区远近形成的空间分异，对不同分区内的宅基地增减、风貌管控、村庄整治和产业布局提出差异化管控要求，从而形成不同的空间特征、景观环境和人文风貌。空间协同是城郊融合类村庄规划在空间上的直接表现。

3.时间协同

时间协同是一种基于动态规划、可实施规划而形成的规划方法，是为了应对城乡发展的动态性、不确定性而设置的时间序列上的动态管控机制，从而保证规划的实用性和可实施性。时间协同是城郊融合类村庄规划实用性的重要保障。

4.人地协同

人地协同是一种基于集约化发展、精明增长理论的规划方法，是为应对山地型村庄建设空间相对分散、生态约束性强、矿区较多的特征而设置的底线约束、存量整理、分区整治等针对性规划对策，是山地型城郊融合类村庄规划的科学表达。

三、桦树村村庄规划实践

吉林省通化市二道江乡桦树村位于通化市浑江南岸，辖区面积24.97km²，与中心城区接壤，部分位于城镇开发边界内，产业与城区有一定程度的融合，基础设施与城区部分互联互通、公共服务与城区共享，属于吉林省东部山区典型的城郊融合类村庄。

1.桦树村特点

作为山地型城郊融合类村庄，桦树村具备上文提到的本质特征。

（1）城乡融合度较高

桦树村村庄北部与二道江区城区接壤，整体上城乡融合度较高。城区的大量工业企业在村庄内选址，如金马药业、万通葡萄酒厂等，实现了较高的产业融合；城区的部分文化设施在村庄内选址，如神龙禅寺等，村庄利用城区的公共服务设施，如小学、幼儿园、医院等，实现了高度的设施融合。

（2）空间分异性大

桦树村村庄空间分异性大，从北部、中部到南部呈现不同的空间特征：村庄北部城镇化特征显著，人口密度大、建筑密度高、商业繁荣、信息流动频繁；村庄中部城镇化和乡村化的特征同时呈现，人口密度和建筑密度较北部降低、商业设施简单、信息流动少；村庄南部保持着传统的原乡风貌，人口稀少，建筑以低矮的农房为主，商业设施缺失，信息流匮乏。

（3）人地矛盾突出

桦树村山林环绕、沟谷纵横、生态敏感度高，建设用地分散分布在13条沟汊之中，周边分布较多的生态红线，导致村庄发展空间受到制约、建设用地局促。建设用地的分散、局促叠加村庄人口流失、空心化的影响，造成村庄闲置用地较多，且零散分布，无法集中利用并发挥规模效益。

（4）终极蓝图式规划不好用

村庄规划的时间序列上存在两个方面的矛盾：一方面，近期村民的搬迁意愿和远期山地集中布局的科学性之间存在矛盾，桦树村村民对现状生活环境和生活方式的依赖程度较高，而对外部环境的复杂和发展的不确定性，村民更倾向于维持现状；另一方面，在城镇开发边界内，近期乡村建设现状和远期城镇化之间存在矛盾，因为城镇发展的不确定性，开发边界内的城镇化进程充满变化，无法精准预判。基于以上两个方面的矛盾，终极蓝图式规划不好用。

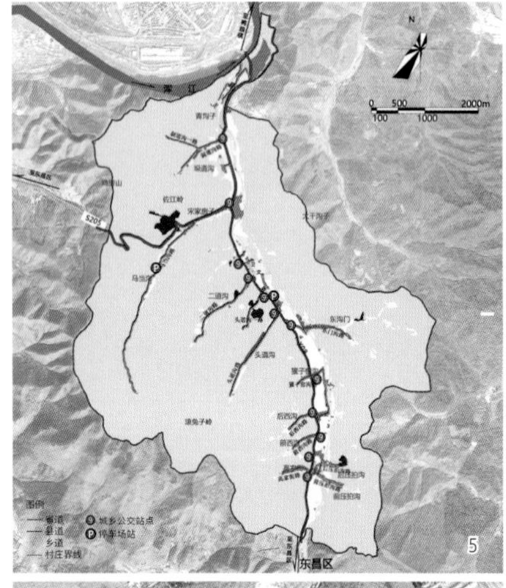

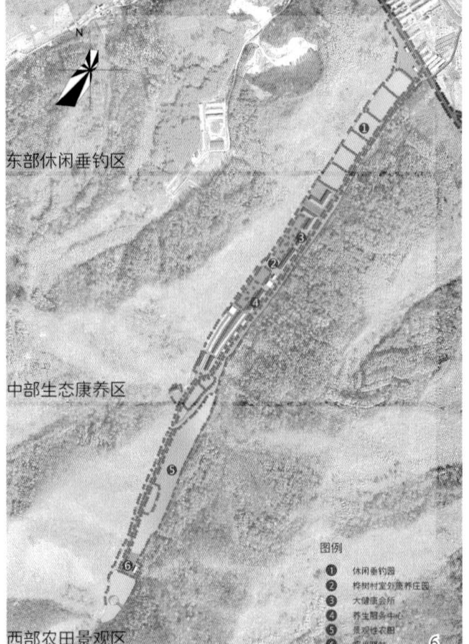

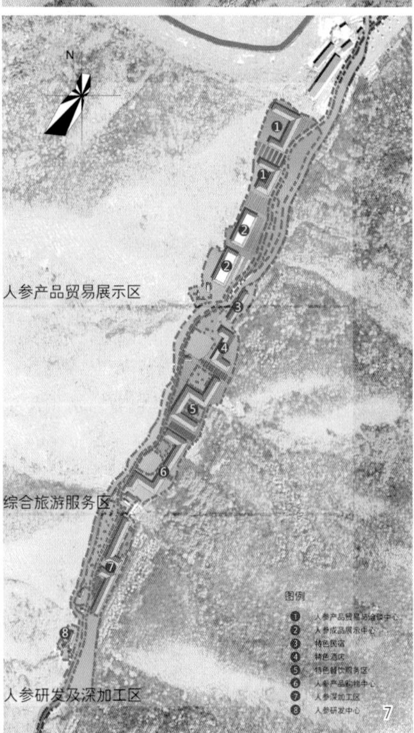

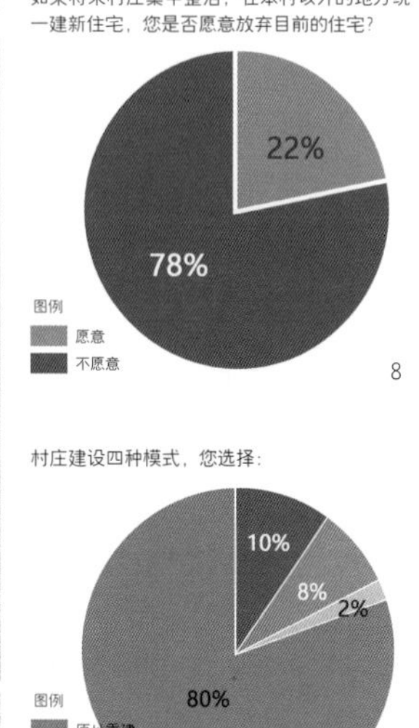

表1　政策分区引导

政策区名称	政策引导
传统农耕生产区	结合桦树村灌溉水源、地形地貌和土壤情况，进行土地平整工程。对现有灌排工程的灌渠、蓄水池等进行清淤、改造和修复。充分利用桦树村现有水资源进行渠系布设。新建和维修排水沟，满足防洪防涝标准，实现农田水利化。考虑生产资料的运入和农产品的输出，对不满足机耕要求的田间路进行拓宽，保证桦树村耕种区域的交通方便，方便群众耕种，打造高标准基本农田
生态抚育修复区	对大规模的低矮灌丛或草地区域增植耐干旱耐瘠薄的乡土乔木和灌木，丰富植被覆盖类型，提升生态环境的自我修复能力与抗干扰能力。选取村域内重要节点，增加景观林改造，在现状林地基础上，围绕村庄建设空间周边，优化林相，增植景观林木，打造景观节点，形成自然林与景观林交相呼应的景观格局，提升村域景观的稳定性，塑造林田相依、林水相依、林景交融的林业空间格局
城镇生产功能区	原则上遵循上位规划，与通化市二道江区协同发展
城郊深度融合功能区	规划重点乡村旅游，作为城市功能外溢的承接区，也是村民拆迁安置的重点区
乡村生活功能区	以原乡风貌为主，近期以村庄环境整治为主，不新增宅基地，只配备最基本的环卫设施和公共服务设施，远期逐渐腾退

5.道路交通规划图
6.头道沟（康养庄园）规划平面图
7.马当沟（人参产业园）规划平面图
8.关于放弃宅基地的调查结果
9.关于村庄建设模式的调查结果

针对桦树村的基本特征，采用“四协同”的规划方法体系来编制本次村庄规划。

2.桦树村村庄规划实践

（1）通过“城乡协同”实现城乡充分融合

①产业协同

“产业协同”是促进城乡融合的重要动力。桦树村的产业协同规划的关键是，重点项目引领，用地布局支撑，从北向南分区明确，渐次过渡，实现“以点带面、以城促乡、以乡带城”，促进城乡产业深度融合（表1）。

②设施协同

“设施协同”是促进城乡融合的重要支撑。桦树村的设施协同规划，包括：道路交通基础设施与城区的互联互通，拓宽道路宽度、新增停车场用地来承接城区的交通流量；市政基础设施与城区的衔接、同标准建设，保证村庄生活方式的现代化；公共服务设施与城区的共享共建，一体化发展。“设施协同”规划的根本是，实现道路基础设施、市政设施和公共服务设施的城乡“同建、同管、同享、同标”。

③要素协同

“要素协同”是城乡之间人流、物流和信息流的往来流动，它是城乡融合的内在结果和外在表现。桦树村依托自身的山林资源、农业资源发展林下经济、都市农业，向城市输出中草药、蔬菜瓜果等，同时发展乡村旅游吸引城市人口，促进农民返乡就业，一进一出，促进人流、物流和信息流的交互流动，加强城乡联系，从要素协同角度促进城乡融合。

（2）通过“空间协同”实现城乡风貌有序过渡

“空间协同”是实现城乡有序过渡的必要途径。桦树村划分为北、中、南三个分区，每个分区承载相应的功能，并形成相应的风貌特征，为保证开发建设的有序性，将村庄划为A、B、C、D四个单元，进行分区管控。

村庄北部毗邻城区，是远期城镇化片区，与城区协同发展。该片区布局工业用地，作为城区重要工业企业在村庄范围内的选址，居民点集中布局，设施配套完善，兼具生产、生活和游憩的功能，属于“城镇综合风貌片区”。该片区属于A单元，在空间管控上，建筑密度偏高、空间尺度较大，与城区高度协同。

村庄中部距城区距离适中，资源环境和用地条件较好，是发展乡村旅游和“一二三产融合”项目的重要区域。其中：马当沟和头道沟发展人参产业园、农业康养庄园等项目，作为二道江乡“十四五”重点项目。该片区作为城市功能外溢的承接区，具有乡村的风貌和城市的设施水平，属于“城乡深度融合风貌片区”。在空间管控上，该片区属于B、C单元，建筑密度较低、空间尺度宜人，居民点预留新增宅基地指标，作为远期南部居民点搬迁用地。

村庄南部距离城区较远，城区的辐射较弱，功能单一，保留传统的农耕生活特征，属于“原乡风貌片区”。该片区在空间管控上属于D单元，建筑密度较低、空间尺度小，以低矮农房为主，规划近期主要进行环境整治，远期建议逐步向北迁移。

（3）通过“人地协同”实现土地综合收益最大化

“人地协同”是山地型村庄实现土地集约利用，

发挥土地价值的有效手段。首先，规划将矿坑进行生态修复和土地整理，一部分转变为娱乐康体用地，发展农旅项目，另一部分还原为林地，将分散建设用地指标集中起来，用在“一二三产融合”项目上，以发挥规模效益；其次，规划将村庄的留白建设用地还耕、还草，将分散的指标集中起来作为建设用地的指标留白，为远期的项目选址、落位和新增宅基地作为指标储备和弹性预留；最后，为村庄南部的村民向北搬迁提出政策，并做好用地预留，预留用地在正式搬迁之前保留现状属性。

（4）通过“时间协同”实现规划动态机制保障

“时间协同”是规划科学性、可实施性的重要保障。村庄规划是以人为本的规划，也是科学合理的规划，它既需要尊重近期村民不搬迁的意愿，又需要兼顾远期山地型村庄集中布局的要求，在城镇开发边界内，既要满足近期乡村发展建设的需要，又要预留远期城镇化发展的弹性。因此在村庄规划中，需要逐步引导，分期规划，实施动态管控。远期村庄用地集中布局，居民点向北集中，统一配置公共设施，有利于发挥规模效益，促进精明增长；近期村庄南部居民点以环境整治为主，避免大规模投资建设，同时在村庄北部居民点预留新增宅基地指标，为远期居民点集中布局创造条件。城镇开发边界内，做好近远期动态管理，城镇化未完全覆盖时，做好用地储备，只落实城区重点项目和环境整治项目，城镇化全面启动时，随城区协同发展，保证做好不同阶段的实用、好用和管用的村庄规划。

四、结语

国家高度重视“三农”问题，吉林省作为农业大省，一直非常重视村庄规划的编制工作，而国土空间规划体系下的“多规合一”实用性村庄规划尚处于探索阶段。本文主要针对具有半城半乡特征的山地型城郊融合类村庄的规划方法进行探讨，以通化市二道江乡桦树村村庄规划的编制工作为例，使用归纳的逻辑方法，探索了山地型城郊融合类村庄的本质特征，并有针对性地提出“四协同”的规划方法体系，在该方法体系下，山地型城郊融合类村庄的规划既能做到符合科学规律，又能做到好用实用管用。

参考文献

[1]刘洋. 乡村振兴战略背景下城郊融合类村庄空间发展策略研究——以北京求贤村为例[D]. 北京：北京建筑大学, 2020.

[2]周丽霞, 孙鸿野. 乡村振兴背景下的城郊融合型乡村规划创新实践——以成都市双流区彭镇常存村为例[J]. 城市规划, 2018(30): 12-13.

作者简介

王　伟，博士，吉林省吉规城市建筑设计有限责任公司副总规划师，正高级工程师；

董金博，吉林省吉规城市建筑设计有限责任公司主任设计师，注册城乡规划师，一级注册建筑师，高级工程师。

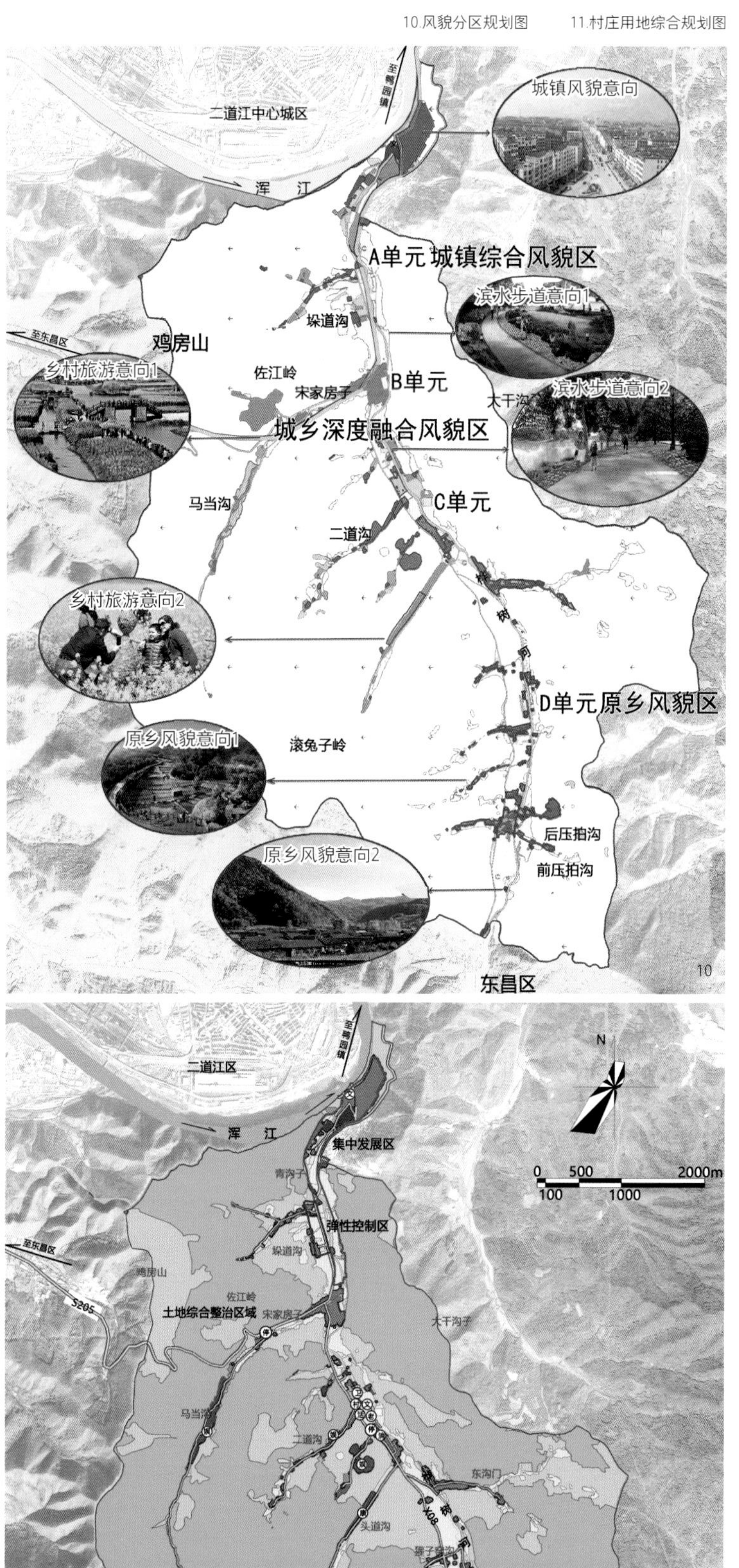

10.风貌分区规划图　11.村庄用地综合规划图

镇村发展及规划策略篇
Town and Village Development and Planning Strategies

守护白山松水 构建活力家园 走吉林特色的乡村振兴之路

Protecting the Changbai Mountain-Songhua River Region and Building Vibrant Home: the Road to Rural Revitalization with Jilin Characteristics

吕 静 徐浩洋
Lü Jing Xu Haoyang

[摘 要] 本文以长期吉林省乡村聚落的田野调查为基础，通过对调研数据信息进行定量、准确、客观和综合的分析，以土地、功能、生态环境的承载、文化的发展过程为研究对象，在总结吉林省近年来乡村建设的经验的基础上，基于让乡村“造血”功能增强来激发其内生发展动力和蓬勃活力为出发点，以产业强村拓展和巩固守护白山松水为宗旨，提出乡村振兴下的符合地域特征的乡村空间秩序重构和产业发展策略，构建具有吉林特色的乡村振兴之路。

[关键词] 社会融合；生态保护；粮食安全；乡村振兴；乡村活力

[Abstract] After conducting a long-term field survey of rural settlements in Jilin Province and analyzing the research data quantitatively, this study focused on arable land conservation and development and construction, ecological carrying capacity and cultural development process. After summarizing the experience of rural construction in Jilin Province in recent years, this study started by generating the intrinsic momentum and dynamism of the village. With the aim of strengthening the village through industry and guarding the Changbai Mountain-Songhua River region, this study proposed strategies of re-ordering rural space and industrial development which consistent with regional identity, and built a rural revitalization path which comply with Jilin's characteristics.

[Keywords] social integration; ecological protection; food security; rural revitalization; rural vitality

[文章编号] 2024-94-P-046

本文系吉林省科技厅社会发展关键技术重点研发项目“长白山区域城镇生态安全格局构建的关键技术及实施应用研究”（20240304139SF）；吉林省教育厅重点科研项目“长白山区域城镇建设与生态安全格局耦合的规划方法研究”（JJKH20230351KJ）的部分研究成果。

作为国家粮食安全重要的战略基地，吉林省在工业化和城镇化快速发展的背景下，不仅关注化解乡村发展中的矛盾，提升乡村基础建设的水平，更亟待挖掘乡村的内涵、塑造乡村各自特色。吉林省的乡村振兴不仅仅是美化乡村的环境、乡集约村的用地，更是要从根本上改造建设思路，强调多元化转型提升。

一、吉林省自然禀赋和乡村概况

吉林省素有“黑土地之乡”之称，全省总辖区面积18.74万km^2，占全国土地面积的2%，地处享誉世界的“黄金玉米带”和“黄金水稻带”，全省耕地面积703万hm^2，约占全省土地总面积的37% 。吉林省集中连片高标准农田1900多万亩，人均占有耕地面积0.21hm^2，位列全国平均面积2.18倍，人均占有粮食量、粮食商品率、粮食调出量及玉米出口量连续多年位列全国的首位。目前农村土地流转服务体系基本形成，土地托管、股份合作等成为主导模式，土地流转率达到37.56% 。

吉林省作为全国重要的农业省和生态省，省域内地貌特征差异明显，呈现东南高、西北低的特征，从生态地理区划出发，可以划分为4大生态区划11大生态功能区划，各生态功能区之间分布的乡村聚落在数量、经济水平、人口存在显著的差异（表1）。

吉林省乡村聚落大多为自然形态发展，主要受地形、农业的耕作技术及经济发展等影响，各个地区的乡村聚居空间的分布不均匀，规模形态也各异。据第七次全国人口普查数据，吉林省截止到2020年11月1日零时乡村人口总数8994439人，占全省在册人口比重为37.36%，城镇化率为62.64%，这与第六次普查相比较，城镇人口的比重上升了9.28%，整体上城镇化的水平偏低。农业机械机耕面积4783.2千hm^2，其中机播面积为5506.2千hm^2，机收的面积为4822.6千hm^2，占总播种面积比重为80.4%。

根据吉林省自然资源厅资料统计，截至2020年12月全省182个乡426个镇行政村和自然村达9300个，从数量分布上来看东部地区（通化、白山和延边3个地区）乡村数量2523个，占全省总数的27.13%；东部地区人口为4766826人，占19.80%；中部地区（长春、吉林和辽源3个地区）乡村数量3936个，占全省总数的42.32%；中部地区人口为13687522人，占56.86%；西部地区（四平、松原和白城3个地区）乡村数量2841个，占全省总数的30.55%；西部地区人口为5619105人，占23.34%。全省整体趋势为中部地区乡村聚落密度集中，东西部地区乡村聚落密度相对稀疏。

二、吉林省乡村聚落的田野调研

自2012年起，本人带领研究团队开始对吉林省乡村聚落进行大规模田野调研，行程逾6000km，走访90个乡镇的300个村落，足迹涉及不同层面的各种类型的乡村，收集了大量乡村规划的第一手资料，在基于地理学和社会空间分析方法的基础之上，采取地理基础数据和空间基础数据基础上的量化分析方法，根据吉林省各市县地形、地貌以及地图文献

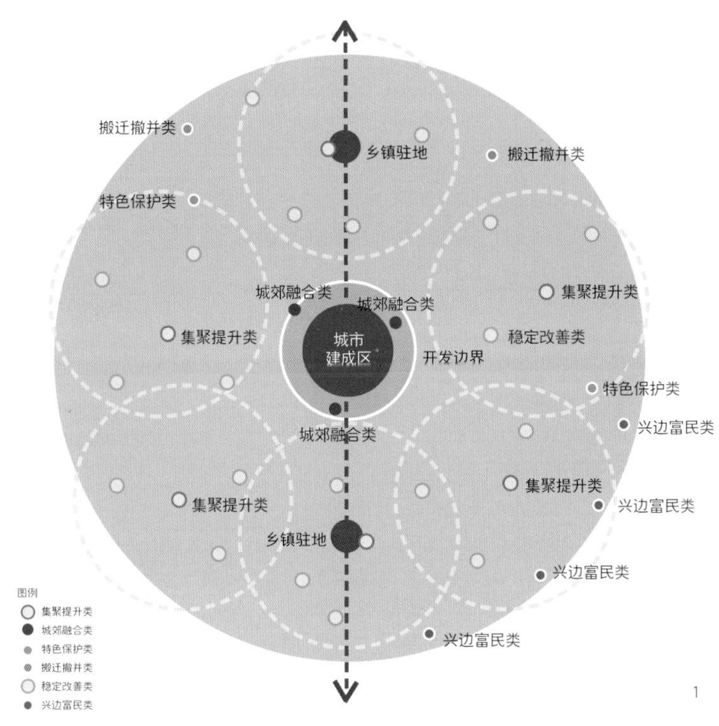

表1 吉林省内各生态功能区划内的乡村聚落分布

生态地理区划	生态功能区划	涉及的县、市	乡村聚落数量（个）	乡村聚落总量及所占比例
东部森林生态区	1.三江源头水源保护区	安图、和龙、靖宇、抚松、长白、龙井	644	1876个 20.17%
	2.牡丹江森林生态亚区	汪清、珲春、图们、延吉	423	
	3.图们江水域及生态多样性生态亚区	江源、临江、白山、通化、通化县、集安	506	
	4.鸭绿江森林生态亚区	敦化	303	
中东部低山丘陵生态区	1.松花江中游水源涵养生态亚区	舒兰、吉林、永吉、蛟河、桦甸	1104	2537个 27.28%
	2.辉发河森林生态亚区	磐石、辉南、东丰、梅河口、柳河	1144	
	3.东辽河上游森林生态区	东辽、辽源	289	
中部平原生态区	1.松花江中下游生态亚区	扶余、榆树、农安、德惠、九台、长春、伊通	2214	3208个 34.50%
	2.辽河中游生态亚区	公主岭、双辽、梨树、四平	994	
西部草原湿地生态区	1.松花江及嫩江下游生态亚区	白城、镇赉、大安、乾安、前郭、松原	1054	1679个 18.05%
	2.洮儿河中上游及松花江分水岭生态亚区	洮南、通榆、长岭	625	

1.吉林省村庄分类布局结构示意图

等特征对9300个乡村聚落（行政村和自然村）进行空间落位，经过数据修正、识别，对具备进行定量分析研究价值的8134个基础乡村样本。建立起了吉林省乡村的聚落数据库，进一步对不同类型的聚落发展过程和规律、村落选址和格局、空间特征及其形成机制进行精准的系统性研究。

1.乡村聚落总体分布特征

总体上看吉林省乡村聚落分布不均衡，运用ArcGIS软件核密度分析功能分析吉林省9300个乡村聚落离散点的聚集状况，通过离散点数据进行内插分析，再加上基于GIS地图法，选取山脉、交通、水系等等影响因子进行逐项叠加，得出吉林省乡村聚落核密度分析图。从宏观角度来看，吉林省中部地区村庄比较密集，特别是长吉次区域和南部门户次区域村庄分布比较集中，东部和西部地区村庄分布比较疏散。

按照《吉林省城镇体系规划（2011—2020年）》的6个次区域来分析，长吉和南部门户次区域村庄总体分布比较均匀，通白次区域村庄主要按照中朝边境和河流的走向分布，总体分布比较集散，图们江次区域村庄大多按照河流的走向分布，主要集中在大的县市周边，属于集散式分布；西部次区域村庄按照河流的走向分布的集散式分布，长白山次区域村庄主要集中在抚松县周边随机分布。从总体上看，吉林省村庄都是集聚在规模较大的县市周边，形成一个个的点，再通过河流、公路以及边界互相串联形成线，再由这些线交错纵横形成不同的面域，构成了吉林省整体空间结构。

2.乡村聚落空间聚集度分析

吉林省主要平原有松嫩平原和辽河平原，村庄的分布大多都是按照大的地理自然区域和交通地区发展轴分布的，在长吉都市整合区形成最大的集中节点，白城、四平、梅河口、通化、抚松、延吉地区连接长春和四平两点为中心形成网状发展轴线。通过对于吉林省的乡村聚落空间形态、乡村布局、景观系统、建筑特色与服务设施等方面，进行各区域聚落分布与环境的基本特点和分布规律的深入研究（表2）。

3.乡村聚落社会融合响应关系分析

在城乡统筹发展的背景下，吉林乡村聚落由于经济活动的复杂化，农业生产的产业化，逐步呈现出空间布局的集聚性，社会构成的异质性，社会交往的开放性等新形式。研究团队通过对吉林省300个乡村田野调查发现，总体上来看吉林省乡村的社会空间呈现出中部极化、四周辐射的圈层结构。吉林省的乡村社会呈现出中心极化现象，乡村的经济社会发展在省内并没有均质的展开，呈现出辐射状结构。

特别是中部地区的长春和吉林地区总体上处于较高水平，集合了人口、经济、地理诸多优势，乡村的发展和建设情况总体上良好，未来的首要响应的要素仍是经济。西部地区的中心城市空间格局出现向松原、白城等中心城市极化现象，中部附近地区水平高于边缘地区。西部的乡村人口较少，村庄的规模较大，耕作的半径也大，只有通过发展设施农业以及集体农业才能够更好地实现社会的融合发展，减少农业生产对生态的破坏。东部地区以市、县划分的乡村人均收入分布表现出区域中心城市的距离和乡村经济社会水平差异。东部地区生态响应与地理空间响应尤为重要，保护自然生态，经济发展与社会和谐同步进步，用生态促进发展。

三、乡村振兴指导下的吉林省乡村建设模式

为顺应村庄发展规律和演变趋势，吉林省自然资源厅按照“县域统筹、上下结合、因地制宜、尊重民意”的原则，以县为单位，把9300个村庄划定为城郊融合、集聚提升类、特殊保护、兴边富民、稳定改善和搬迁撤并6类，分类布局统筹考虑资源、交通、产

表2 吉林省不同地区乡村聚落空间特色及问题梳理

特色要素	长吉地区	南部门户地区	通白地区	图们江地区	西部地区	长白山地区
空间形态	密集区	密集区	集聚区	集聚区	均质区	稀疏区
乡村数量	3418个	1296个	1476个	982个	2063个	65个
涉及区域	长春地区和吉林地区，包括县级市、县城关镇、其他省级重点城镇	四平地区和辽源地区，主要包括四平、辽源、梅河口和双辽四个中心城市，以及县级市、县城关镇、其他省级重点镇	通化地区和白山地区及县级市、县城关镇、其他省级重点镇	延吉市、敦化市、珲春市以及县级市、县城关镇、其他省级重点镇	松原地区和白城地区（包括前郭县）、白城市，县级市、县城关镇、其他省级重点镇	根据吉政发2006年30号文件所确定的长白山保护开发区管委会规划指导区域内的共计65个乡村聚落
分布特征	长春地区村庄密度0.08个/平方千米，人均耕地面积0.32公顷/人；吉林地区村庄密度0.05个/平方千米，人均耕地面积0.22公顷/人	四平地区村庄密度0.08个/平方千米，人均耕地面积0.34公顷/人；辽源地区村庄密度0.06个/平方千米，人均耕地面积0.29公顷/人	通化地区村庄密度0.06个/平方千米，人均耕地面积0.23公顷/人；白山地区村庄密度0.03个/平方千米，人均耕地面积0.26公顷/人	延边朝鲜族自治州地区村庄密度0.03个/平方千米，人均耕地面积0.52公顷/人	松原地区村庄密度0.06个/平方千米，人均耕地面积0.42公顷/人；白城地区村庄密度0.04个/平方千米，人均耕地面积0.32公顷/人	长白山地区村庄密度为0.005个/平方千米
分布简图	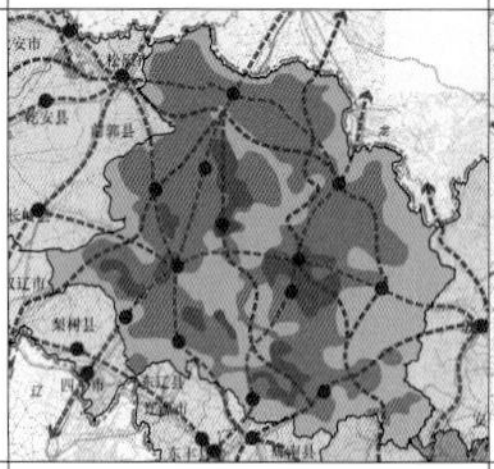	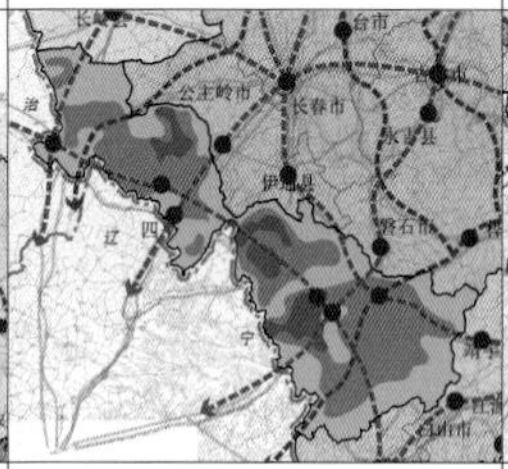	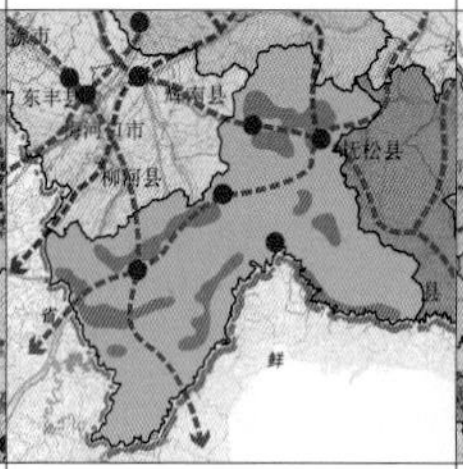	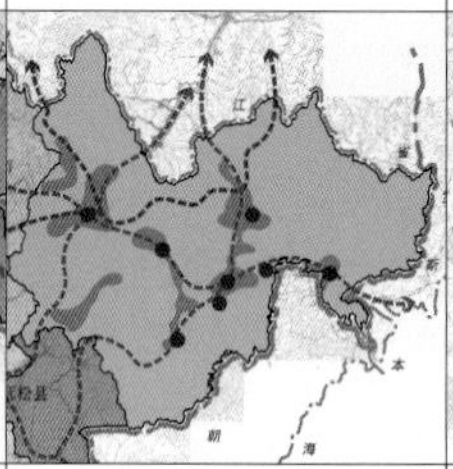	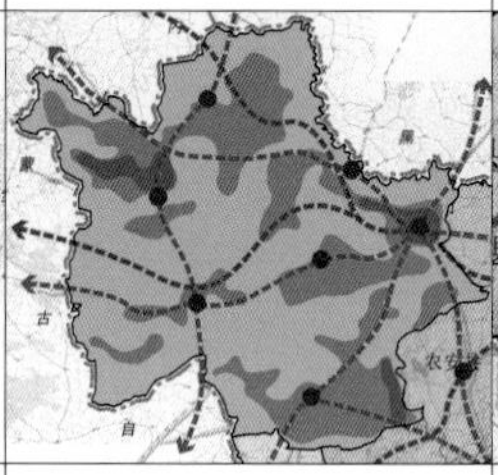	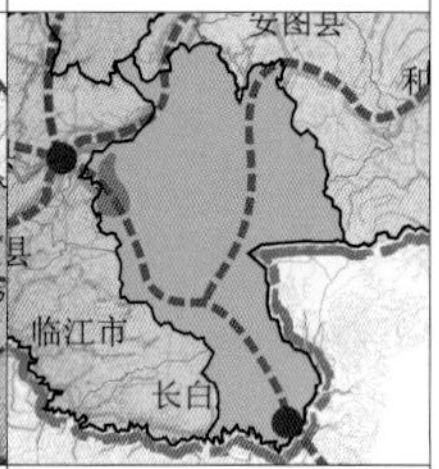
乡村分布特点	该区域的乡村数量较多、耕地面积大、农业人口众多、类型丰富，农业种植成为该区域的主要经济来源。 1.平原地带并且水资源充沛沿水系多为带状或块状布局； 2.依托交通便利优势沿交通干线呈线性布置； 3.对镇区或中心村的依附性较大，围绕镇区布置	该区域地势平坦，乡村数量多、集聚性强，农业人口众多，发展自由度较高，限制村庄发展方向的因素较少，主要为交通干线和河流	地广人稀，地形地貌比较复杂，水系丰富，乡村受地形和地貌的影响较大，交通不便且距离镇区、市区相对较远，造成乡村规模较小，以棋盘式、自然式、带状式等为主	整体上乡村周边都保持着良好的生态环境，在乡村选址和整体布局上受民俗文化影响较大，自由度较高，汉化程度不明显，一直保留着自己民族的生活习俗与居住特点	乡村受地势影响在选址中多与定型地貌结合紧密。 1.乡村大多沿交通干线两侧分布； 2.部分乡村围绕镇区和中心区发展呈现出带状演变； 3.乡村因农业种植被农田包围分布呈现块状演变	乡村大多沿河流、山脉走势分布，乡村内部与周边都保持着良好的生态环境，布局都呈规则型布置
乡村现状存在问题	1.住宅样式单一且缺少特点，少数民族特色逐渐丧失，导致“千村一面”； 2.公共空间部分广场规模偏大，缺少基本功能分区，造成土地和资源的浪费； 3.基础设施不健全，缺少照明设施，排水系统简陋破旧	1.乡村数量较多，空间形式较为单一； 2.缺乏公共空间，配套设施不齐全，影响村民的正常使用； 3.乡村快速发展中片面追求经济利益，传统文化遭到严重破坏	1.自然环境受到的破坏，周边乡村生态环境不断恶化，对生产和生活的可持续性造成威胁； 2.多民族聚居，造成传统文化流失，民族特色在联姻、混居中逐渐流失	1.乡村布局缺乏整体性，分布散乱，缺乏合理的布局； 2.乡村土地利用率较低，耕地面积逐年减少； 3.传统文化被破坏，古建筑大部分被新建筑所代替，没有合理的保护和修缮	1.以草甸、沙地、盐碱地为主导致低密度的乡村低分布密度，致使大量土地资源浪费； 2.近期的建设的发展中不同类型的节点皆被统一模式的广场所代替，缺少宜人的尺度和界限； 3.公共基础设施建成后缺乏维护，人居环境质量较差	1.村庄分布散乱，村落之间联系不紧密； 2.主要依托长白山旅游资源，产业结构单一； 3.经济落后，配套服务设施不齐全，村民生活水平较差

材料来源：根据研究团队多年的田野调查资料以及吉林省自然资源厅提供的乡村统计数据

业、人口等因素，在县域内综合平衡。

1.基于保障粮食安全，完善乡村空间规划指引和管控，打造成山水林田湖草相互协调、人与自然之间和谐共生之生态保护和建设体系

吉林省保障粮食安全的基础在于夯实产业根基，大力气推进以产业强村带动脱贫攻坚成果与乡村振兴形成有机的衔接。作者有幸以吉林省乡村振兴战略规划专家身份，参与《吉林省乡村振兴战略规划（2018—2022年）》的编制与修订、论证与风险评估。该项工作经过多轮的意见征求和社会公开反馈，整个规划是进一步细化实化省委省政府的工作重点和政策举措，划分为规划背景和总体要求、发展布局及重点任务、保障措施共4部分，包含11篇45个小节，其中涉及规划建设领域内容共计4章12小节。

（1）顶层设计

该项规划为了保证规划编制科学性、系统性及指导性，从宏观性、全面性和规范性的角度，在工程技术举措方面强调规划编制的政策性、预期性、政策性和实施性。通过20~30年的努力，将吉林省建设成为保障国家粮食安全绿色大粮仓和食品安全大厨房、休闲康养生态宜居大花园、关东文化繁荣兴盛大舞台、治理有效和谐有序大家庭、携手进步共

同富裕大康庄。

从本人的亲身经历的吉林省田野调查到参与宏观上的战略方针的制定，再次重新解读吉林省的乡村振兴战略，从而探索守护白山松水，建设宜居家园，走吉林特色的乡村振兴之路，必须在整体上在寒地乡村振兴的实践基础上，对吉林省省情再认识，抓住吉林省的长白山独特生态优势，在重视林业生产和农业种植的基础上，进一步促进吉林省农业产业化和市场化的问题以及农业资源的再利用问题。

（2）粮食安全

吉林省强调在“乡村振兴战略”的总体要求下，按照统筹城乡发展，跨入全面推进城乡融合新发展阶段总体要求，加速推进传统农业向着现代农业的转型，传统的聚落向着农村社区的转型，传统农民向着现代农民转型。打造吉林特色的乡村振兴之路需从土地资源集约（粮食保障问题）、绿色经济构建（食品安全问题）、空间体系重构（生态保护问题）、地域文化传承（文化培育问题）共四个层面实施全面乡村振兴战略着力点，贯彻落实乡村振兴战略。基于保障粮食安全，吉林省2020年为完善乡村空间规划指引和管控，全省耕地保有量要求不低于9100万亩，永久基本农田保护面积不低于7380万亩，严格控制城市空间在2410km²，农村居民点占地控制在5510km²，国土开发强度控制在6.14%。

2.筑牢“三农”基础，强化乡村“造血”机能，以产业化强村带动开拓脱贫攻坚成果与乡村振兴有机衔接

吉林省是中国的产粮大省，中部地区是国家粮食主产区，乡村分布密度高，在全国产粮大户中吉林省占据了前5名，前10名中有7个，前100中有12个，分别是为榆树市、农安县、公主岭市、梨树县、扶余市、前郭县、长岭县、德惠市、九台区、舒兰市、双辽市和伊通县，这些产粮地区涉及村庄3464个，占到37%的全省村庄比例，周边的乡村主要围绕农业生产来组织聚居空间。

（1）政策配套

为夯实筑牢“三农”基础，让乡村具有“造血”功能，增强内生发展动力和蓬勃活力，基于保障粮食安全和配合吉林省乡村振兴战略的落实，吉林省先后出台8个专项规划，吉林省农产品供给保障能力专项规划、吉林省乡村产业振兴专项规划、吉林省农村基础设施建设专项规划、吉林省农村公共服务专项规划、吉林省乡村生态振兴专项规划、吉林省乡村人才振兴专项规划、吉林省农村基层组织建设专项规划和吉林省乡村治理专项规划等配套规划。

（2）梨树模式

为进一步促进粮食生产的发展，保护黑土地宝贵资源，吉林省制定了《吉林省保护性耕作推进行动方案（2020—2025年）》《吉林省2020年保护性耕作实施方案》，吉林省总结出保护耕地的玉米免耕栽培技术，形成保护黑土地的“梨树模式”，以整体推进县为重点，到2025年，推广保护性耕作4000万亩，占适宜区域耕地面积70%左右 。截至2020年底，参与保护性耕作免耕播种作业的合作社达1310个，实施保护性耕作面积由2015年的450万亩增加至1852万亩。吉林省下一步积极推进构建生态环境友好城镇空间格局，将强化东部与西部人口向中部地区的集聚、向中心城镇的集聚，实施退耕还林、还草和还湖。

3.构建“三区两域两带”的生态保护格局，有效利用土地资源，分区引导“三生”空间建设，强调发展集约型农业

根据2000、2020年两个年份段国家基础信息地理中心地表覆盖遥感制图数据（GlobeLand30）分析，吉林省分为8类地表覆盖的类型，由东至西地表覆盖类型由山地景观向草原景观转变，通过数据校正，吉林省内耕地地表覆盖类型面积最大的为86443km²，占总面积的46.12%。

（1）技术引领

近年来受经济的快速发展的影响，吉林省乡村聚落生态系统不断受到蚕食，地处长白山中山低山区的东部地区水土流失成为东部山区面临的主要问题；西部地区沙化和盐碱化最为严重；中部地区的耕地质量成为最为关注的因素。

为构建“三区两域两带”的生态保护格局，2021年吉林省自然资源厅陆续出台《吉林省县（市）域国土空间规划乡村建设专项规划编制技术导则（试行）》《吉林省村庄规划编制技术导则（试行）》（吉国土资规发〔2018〕122号）《吉林省村庄分类布局工作指引》《农村集体建设用地和房屋调查技术规程》（DB22/T 2298—2015）《吉林省村庄规划工作方案》《吉林省村庄规划数据库指引》《关于严格规范村庄撤并工作的若干措施》等规定，特别是在《吉林省村庄规划编制技术指南（试行）》中详细规定现状调查样表、规划文本附表、管制规则样式、主要图纸内容及参考样式、驻村规划日志、规划图式。为逐步实现村级建制达到“规模适度、布局合理、管理有序、服务完善、乡风文明、宜居宜业”的乡村振兴目标。2021年吉林省自然资源厅委托权威技术团队进行15个乡村规划作为规范样本，在全省进行推广和示范，以便规范村庄规划编制技术成果。

（2）摸清家底

《吉林省村庄规划数据库指引》中着重强调从省市县域掌握现有农田、山林、道路、水面及文化遗产和村庄的具体数据，对基本的情况进行全面系统的梳理，为下一步的乡村振兴的空间规划指导和管控奠定扎实的基础。

（3）分区指引

《吉林省村庄分类布局工作指引》中根据地形、经济、文化分区，充分尊重现状土地的用途和功能，根据生产及生活各功能，综合生态环保、产业发展和人居环境的布点及各项设施配置的要求，制定新功能分区规划，划分生产、生活及生态空间。

（4）土地流转

吉林省地方标准《农村集体建设用地和房屋调查技术规程》中，以土地的整理、建设标准的农田作为主要目标的农田基本建设，加大对农村的生态型农业、林业技术的推广力度，鼓励成立土地整治公司和农机服务专业合作社，进行连片整理，建议重点扶持100亩以上面积规模的农场，鼓励土地经营权入股，强调发展集约型农业。

4.拓展农业功能，发展绿色经济，构建农村产业体系、生产体系以及经营体系，提高农业生产经营的活力

吉林省面积辽阔，各地区乡村发展水平不一致，大力发展特色产业来积极引入新业态和新模式，目前推广和拓展“梨树模式”及水肥一体化等技术保护黑土地，达到节约土地、空间和资源的目的。

（1）推广模式

吉林省“一增一减”农业供给侧结构性改革成为提高农业生产经营活力的主要举措，提高农业生产经营活力中的“增”是做强做大特色的产业，增加对山葡萄、人参、中药材、有机草莓等各类型特色果蔬的种植面积；“减”是减少玉米等种植对于产业发展和增收贡献值较小的面积，不断衍生出“互联网+”“旅游+”“生态+”等模式，建造生活环境优美整洁、生态系统健康稳定、人与自然共生和谐美丽乡村。

（2）产业重组

通过农业与区域优势结合，发展区域特色农业，积极促进一二三产融合的产业形态，打造产业体系，生产体系及经营体系。产业体系的重点是优化产业结构，发展高附加值农产品。生产体系重点是提高农业科技水平和物质装备技术。经营体系的重点是培育新型经营体，带动多种形式规模经营，提升农业生产经

营活力。

（3）生态农业

坚持高效生态农业之路，发展规模经营。细化农业产业分类，从粮食生产过渡到蔬菜、果品及苗木等直至休闲观光产业，使之成为农民增收的重要渠道。

（4）规模经营

强调农业与装备结合，从机械化农业和设施农业，发展到商品性农业和外向型农业，直至发展质量型农业和品牌农业。

5.梳理乡村空间体系，加强关键要素的控制，通过空间规划实施差异化发展，科学推进分类村庄建设

通过梳理吉林省乡村空间体系，强化地理要素的影响，中西部平原地区的乡村聚落人口规模大、聚集密度高，河流和主要道路成为吸引乡村聚落聚集的要素，多样化的经济合作形式能够将产业相近的居民点进行集中统一建设。吉林省东部丘陵地区乡村聚落受地形条件限制，呈现相对集中的态势，道路或山谷中的平地成为吸引乡村聚落聚集的要素。《吉林省村庄规划工作方案》中强调合理优化村庄布局，突出县域统筹，统筹各类资源。坚持绿色发展，优化用地结构布局。坚持目标引领、问题导向，充分尊重民意，强化分类推进。

（1）分类指导

根据各县地域的不同地貌地形、差异的经济发展水平、不同文化习俗等因素，实现集约节约使用土地，按分区和分类的总体思路，解决乡村振兴发展的问题，实行分区管控，开展分类施策，防止建设性的破坏和破坏性的建设 。《吉林省村庄分类布局工作指引》以行政村为基本单元，统筹考虑村庄现状条件和发展潜力，将村庄划分为集聚提升、城郊融合、特色保护、兴边富民、稳定改善和搬迁撤并6种类型。

（2）优化配置

节约用地，通过空间规划指引实现设施共建共享，实施差异化配置，体现地区差异，进一步细化基层公共服务设施配套标准。

（3）空间管控

通过空间规划实施差异化发展，依据乡村的整体风貌特色、地貌与环境条件、文化传统等，对市县地域内乡村的河湖水系、山水田园、农业种植、乡村环境、农房建设、传统民居、建筑风格、庭院院落、河堤桥梁等构成要素进行总体上的系统控制、具体管控和建设引导。

6.再造乡村活力，培育地域性的农耕文化，完善文化场所、路线和空间的组织，形成各具特色的田园农场和乡村社区

长期以来吉林省作为多民族文化聚合、多元文化类型并存的地区，有着独特的地域文化生态系统，注重营造乡土气息浓郁、地方特色鲜明的乡村风貌成为其乡村振兴的关键。而再造乡村活力，一方面需保护既有自然地形地貌、经济发展模式和气候条件的地域差别，另一方面还要强调各自乡村建设实践类型的建设理念、方法和发展路径特征。

（1）田园风光

保护村落传统肌理与风貌，充分考虑区位、地形、生态、土地等因素，在针对吉林省内不同民族的聚居区域建筑和村落全面认知的基础上，构建建筑文化的地理差异与东北民居相关联的因素之间的内在联系，对乡村的风貌要充分尊重民族、乡土、地域特征。

（2）文化活力

完善文化场所、建筑、空间进行保护，而且亟待挖掘、抢救吉林省传统村落和传统建筑，强调完善文化场所、路线和空间，对地域、传统和迁移文化进行再梳理、以多民族文化路线对核心对特色的乡村布局提出保护和完善建议。

（3）文化传承

基于非物质的文化活动民族性和地域性，强化非物质文化的活动与乡村的形态、与村民的生产生活关系，通过对于乡村独特的非物质文化的产生与发展、演变的过程、传承的现状进行分析，建立对传承场所、传承人、传承实物和特有原材料进行保护、扶持与管理措施。

在工业化与城镇化主导的背景下，基于保障粮食安全和生态维护为基础，吉林省广大地区只有守护白山松水，走吉林特色的乡村振兴之路，才能使乡村真正成为与城市相得益彰的宜居空间。

参考文献

[1]吕静, 刘冬洋, 徐凯恒. 基于定量分析的吉林省乡村聚落空间聚集度与地理要素响应研究[J]. 建筑技术，2018 (2): 191-195.

[2]吕静, 岳励.吉林省乡村聚落演变动力因素研究[J].吉林建筑大学学报，2016 (1): 66-69.

[3]方明.用乡村空间规划指引美丽乡村建设[J]. 城乡建设，2018 (1): 34-35.

[4]吕静, 王爱嘉. 吉林省乡村聚落与空间系统解析研究[C]//新常态：传承与变革——2015中国城市规划年会论文集（14乡村规划）, 2015(9): 410-418.

[5]徐凯恒. 基于社会融合的吉林省乡村建设绩效评价研究——以吉林省239个乡村的调研为例[D]. 长春: 吉林建筑大学, 2017.

[6]左雨晴. 给大地盖上棉被——黑土地保护性耕作的“梨树模式”[N].吉林日报 农村报, 2021.07.23.

[7]孙翠翠. 粮食安全的“任务书” 黑土地保护的“施工图”[N]. 吉林日报, 2021.07.29.

[8]我省不断加大保护性耕作推进力度[N].吉林日报 农村报, 2021.01.21.

[9]吉林省委省政府. 吉林省乡村振兴战略规划（2018—2022年）[EB]. 2018.

作者简介

吕　静，吉林建筑大学建筑与规划学院教授、硕士生导师；

徐浩洋，吉林省地理信息院工程师。

省际边界地区小城镇的发展困境、动力与规划策略
——以吉林省万宝镇为例

Small Town Development Dilemmas, Dynamics and Planning Strategies in Inter-Provincial Border Areas —The Case of Wanbao Town

高玉展 王丽娟 张 立 谭 添
Gao Yuzhan Wang Lijuan Zhang Li Tan Tian

[摘 要] 省际边界地区小城镇的发展建设受到行政管理、资源禀赋与现有建设水平等限制，其各方面发展往往滞后于区域平均水平。本文选择吉林省、内蒙古自治区交界地区的吉林省白城市万宝镇作为案例，系统梳理了万宝镇的发展基础与困境，包括区域联动不足、交通联系不畅、产业发展衰退、人口收缩严重等，继而从区域产业导入、交通设施支撑、空间资源活化、镇村融合建设四个方面提出了省际边界地区小城镇的规划策略，为其他类似小城镇的健康发展提供参考。

[关键词] 省际边界；小城镇；规划策略

[Abstract] The development and construction of small towns in inter-provincial border areas is restricted by administrative management, resource and current construction levels, and their development in various aspects often lags behind the regional average. This paper selects Wanbao Town in Baicheng, Jilin Province, a border area between Jilin and Mongolian provinces, as a case study, and systematically compares the development basis and difficulties of Wanbao Town, including insufficient regional linkage, poor transportation connection, declining industrial development and serious population shrinkage, etc. It then proposes a planning strategy for small towns in inter-provincial border areas in four aspects: regional industry introduction, transportation facility support, spatial resource revitalization and town and village integration construction, so as to provide a reference for the healthy development of other similar small towns.

[Keywords] inter-provincial borders; small towns; planning strategies
[文章编号] 2024-94-P-051

一、引言

省际边界区域通常远离中心城市辐射，处于地区发展的“洼地”，整体发展水平较低且区域间协调发展难度大。同时，省际边界区域位置相连、资源禀赋相近、文化习俗相似且省际交往频繁，具有一定区域协同发展的基础[1-2]。2018年中共中央、国务院发布《关于建立更加有效的区域协调发展新机制的意见》，提出加快构建大中小城市和小城镇协调发展的城镇化格局，要求加强省际交界地区合作。党的二十大报告进一步提出了推进城乡融合和区域协调发展。省际边界区域中的小城镇作为区域发展的最基础行政单元，在发展较为缓慢的同时，受到省际边界区的叠加影响，发展不平衡的现象更加显著。本文以吉林省白城市万宝镇为例，分析其作为省际边界区域所具备的典型特征，梳理总结发展面临的主要问题，进一步探寻其发展动力，继而提出规划应对策略。

二、相关研究概述

1.省际边界区域的发展特征

自20世纪80年代起，我国学者就开始对省际边界区域开展了相关研究。现有对于边界区域的研究，涵盖全国的省际边界区域、多省交界区域以及特定省际边界区域等各类区域层面，涉及经济学、地理学、城乡规划学等多个领域，研究内容包括省际边界区域的识别与划分、区域发展的动力机制、空间格局、城镇化发展战略以及空间规划策略应对等方面。

省际边界区域往往具有“发展基础同质性、发展水平异质性”的特征。一方面，省际边界区域的划分主要依据行政边界划定，边界区域的城镇在地理区位、资源条件、文化背景、产业结构等方面具有明显的同质性[1, 3]。另一方面，省际边界区域作为“核心—边缘”体系中的边缘地区，处于“异质地域”的公共交接地带[2]。省际边界对基础设施、经济要素、产业扩张、生态环境等要素形成“切变”效应，最终存在一定的发展政策差异，甚至造成了边界区域的城镇具有相同资源禀赋但发展水平差异巨大的现象，在省际边界区域的城市之间表现为“强强型”“强弱型”和“弱弱型”竞争关系类型[4]。

2.省际边界区域发展的影响要素

既有研究对于省际边界区域发展影响要素的分析主要聚焦宏观政策、边界区域和内在制约三个方面。

宏观政策层面，虽然省域内部政策的推进具有一致性，但省际间的政策具有差异性。省际边界两侧的城镇在不同政策影响下往往会形成发展差异[4-5]。另一方面，以中心城市及其周边区域为发展重点，进一步向外围区域扩展的区域发展策略往往造成省际边界城市接受中心城市辐射带动的作用较小[4]。

边缘区位层面，既有研究普遍认为省际边界的阻隔机制是影响边界区域发展的重要原因[6]。定量分析研究则表明，行政边界并未对人员、货物等要素的流动形成实质的阻碍[5]。但地处省际边界区域的城市在城镇体系发展中长期被忽略，核心城市建设滞后，城市间交通连通度远低于省域内部经济核心区的城市，难以形成通达的交通网络[7]。区域中的中小城镇在交通地位、交通量等方面受同区域大城市限制严重，以承担过境交通为主，无法充分发挥区位优势并形成区域级物流枢纽[8]。

内在制约层面，主要包括资源禀赋、基础设施建设、产业结构等。我国省际行政边界的划定主要依托地形特征线，并以保证民族聚居区完整性为基本原则。行政区的划分通常选择山脊线、山谷线和河流等地形特征线[9]。这种划分形式虽能使边界区内部形成丰富的自然资源，但也导致边界区域实际可利用的资源大大弱于核心区域[10-12]。边界区域的基础设施建设往往也滞后于区域平均水平[13]。尽管省

际边界区域的城镇资源禀赋相近，但在缺乏外部生产要素投入的情况下，边界区域的产业结构同质化现象一般较为严重[1]。

3.省际边界区域的发展策略

针对省际边界城镇发展策略的研究主要聚焦城镇类型划分、省际边界区域的城镇空间结构和省际边界城镇的规划策略等方面。

省际边界区域小城镇的分类研究主要从定性和定量两个方面展开，定性分析方面主要包括基于规模和竞争力的竞争关系类型研究[4]、基于城镇竞争合作模式的发展阶段差异类型研究[14]、基于集镇空间关系的空间结构类型研究等[15]。定量分析方面，主要包括基于城镇经济发展水平差异的全局或局部空间自相关等分析经济差异的时空格局演变研究[6, 16]和基于地理探测器分析驱动因素，按主导因素划分省际边界类型的研究等[12]。

关于省际边界区域的空间结构，既有研究结合不同理论模型形成了不同的解释理论，主要包括边界的“切变”效应[4]、“核心—边缘”效应下通道的屏蔽状况和开启程度的影响[17]、“增长极”理论中大城市的虹吸效应影响[18]等理论。

关于省际边界城镇的规划策略，相关研究则分别从行政体制建设、空间规划引导、城镇体系构建与中心城镇建设、产业集群发展、基础设施合作共建、生态环境协同保护等方面，提出了省际边界城镇的针对性发展策略[11, 15, 17, 19-20]。

三、省际边界地区小城镇的发展特征

1.万宝镇基本概况

万宝镇地处吉林省和内蒙古自治区行政边界交界、吉林省白城市洮南市西北部，一直是周边三乡四镇的经济中心，具有较为典型的省际边界城镇的特征。

万宝镇地处兴安盟乌兰浩特市和吉林省白城市交界，镇区距内蒙古兴安盟乌兰浩特市、突泉县仅50km，距白城市、洮南市约110km，吉蒙边界公路县道X106穿过镇区，地势总体较为平整。

万宝镇下辖3个社区、17个行政村，户籍人口3.11万人，常住人口1.80万人，是洮南市人口第二大镇。万宝镇域内煤、铁、钼、铜、石、沙等矿产资源比较丰富，故称“万宝之地”，镇以此得名，原省属万宝煤矿坐落在境内，现已关停。同时，万宝镇是洮南市的农业大镇、周边乡镇的粮贸加工中心，耕地面积1.42万hm^2，农业种植以玉米、大豆为主，兼种杂粮杂豆。近年来以肉牛养殖为主的畜牧产业发展势头良好，种养循环产业发展基础初具。

万宝镇的发展主要分为两个阶段：20世纪50年代到2010年左右，万宝镇作为重要的煤炭生产基地，主要定位为资源型城镇，城镇发展繁华一时。2010年至今，万宝煤矿受煤矿合并、开采难度加大、成本上升等因素影响而关停，城镇经济发展逐步陷入停滞，人口迅速收缩，进入停滞收缩阶段。根据《洮南市国土空间总体规划（2021—2035）》，万宝镇定位为洮南市副中心、工贸型城镇，北部片区综合服务中心，区域性商贸物流中心，发展方向为绿色转型发展示范。

2.万宝镇发展困境

万宝镇作为典型的省际边界小城镇，近年来发展呈现收缩态势，其面临的困境主要体现在以下四个方面。

（1）地处省际交界边缘地区，中心城市带动辐射弱

万宝镇处于两省交界区域，距离两省的中心城市乌兰浩特市和白城市较远，而两座中心城市在其所属省份的定位均为一般性城市，经济发展水平均属于省内中下游，故对其所辖小城镇的带动辐射能力较弱（表1）。

（2）区域路网以高等级道路为主，区内道路体系不健全

万宝镇所处省际交界区域的高等级道路建设较为完善，G111（京漠线）经突泉县至乌兰浩特市，G111辅道过境白城市北部胡力吐蒙古族乡，G12（珲乌高速）与G320经由白城至乌兰浩特。各乡镇主要依托过境县道连接国道或高速，实现与周边县市的联系。万宝镇的主要对外联系通道较为单一，仅依托东西向县道X106，向东连接珲乌高速，可到达乌兰浩特市和白城市、洮南市，向西进入突泉县后间接联系G111，可到达突泉县和乌兰浩特市。与其他乡镇主要通过乡道连接，城镇之间沟通效率较低。

（3）产业动力不足，面临发展困境

随着万宝煤矿的关停，农业种植、畜牧养殖和粮贸加工成为万宝镇的主要产业。万宝镇种植业以玉米、豆类等粮食作物种植为主，兼种杂粮杂豆和果蔬等。规模化种植以大户承包为主，东南部主要产粮村农业机械化水平较高。受吉林省“千万头肉牛工程”政策带动，以肉牛养殖为主的家庭农场发展势头良好，但目前仍以村干部带动、散户养殖为主，规模化水平较低。虽布局了牲畜屠宰场和交易中心，但由于主要通道等级较低、交易规模不足，未能较好地发挥其作用。服务业方面，万宝镇一直承担着辐射周边乡镇的粮贸加工职能，但周边城市粮贸园区的建设压缩了万宝镇的粮食贸易规模。随着煤矿关停后职工的大量外流，原来城镇的商贸服务业发展陷入衰退。

（4）人口加速外流，镇村均在收缩

根据第七次人口普查数据，万宝镇城镇化率36.36%，10年间人口减少了2万人，占全镇户籍人口的58.33%。其中，万宝煤矿所在的红旗社区，人口流失比例达到80%以上。乡村人口流失情况同样不容乐观，各村人口平均减少53%。由于采煤产业的衰落，加之农牧产业就业带动和吸引力不足，大量城镇人口尤其是青壮年劳动力流向洮南、白城乃至长春等区域高等级城市，超过半数村庄两栖人口比例在40%以上，人口增长和城镇化动力严重不足。

四、省际边界地区小城镇发展的动力要素

万宝镇发展的动力要素可聚焦规划定位、区域联动、镇村融合和资源盘活四个方面。

1.上位规划定位较高，聚焦建设洮南市副中心

根据《白城市国土空间总体规划（2021—2035年）》，洮南市属于杂粮杂豆发展片区，主要发展杂粮杂豆和畜牧业养殖等特色产业，洮南市被定位为白城市的次中心城市，万宝镇定位为重点镇。根据《洮南市国土空间总体规划（2021—2035）》，万宝镇作为洮南市的一主一副双核中的“副中心”，未来主要发展杂粮杂豆种植基地、林下经济种植基地和杂粮杂豆交易市场等，形成北部片区综合服务中心和区域性商贸物流中心，致力于成为绿色转型发展示范的工贸型城镇。从整体职能定位来看，万宝镇将继续承担中心镇、重点镇的职能（表2）。

2.区位优势突出，可聚力周边资源谋求新动力

万宝镇所处的吉林省、内蒙古自治区边界区域具备发展农牧产业、绿色（矿类）产业、新能源产业的基础和优势，对未来万宝镇的农牧产业发展和绿色转型具有较大助力。首先，因煤而兴的万宝镇一直是周边万宝乡、东升乡、野马乡、九龙乡、东杜尔基镇、永安镇、俄体镇三镇四乡的经济中心，甚至可以辐射至扎赉特旗，在粮贸加工、综合服务、商业贸易等方面发挥着重要作用；其次，周边乌兰浩特市、突泉

县、科尔沁右翼前旗等城市的规模化肉牛养殖、屠宰加工、新能源产业发展势头良好，是万宝镇可以进一步紧密依托的重要资源；最后，万宝镇所属白城市、洮南市近年来聚焦肉牛养殖、杂粮杂豆种植、新能源产业和绿色产业，不断推动城市经济转型发展，也为万宝镇提供了转型发展基础。万宝镇可充分集聚周边资源，积极融入区域中心城市产业集群、发挥服务三镇四乡的职能，构建省际边界区域的“次中心地”，在新能源、畜牧产业发展方面积极挖掘新发展动力（表3）。

3.顺应发展基础与趋势，统筹整合镇村资源

从调研来看，万宝镇农民具有较高的务农热情，同时受近年来政策激励引导，万宝镇农牧产业发展势头较好。种植业方面，镇内基本形成以合作社为基础的南部洼地规模化种植片区、集中成片的粮贸加工区和放牛山小米加工合作社省级品牌。畜牧业方面，形成了由村庄能人带动的养殖业大村、万宝畜牧交易市场和共同村屠宰场以及固废肥料加工厂，形成了以种带养、以养促种的循环产业发展雏形。同时，万宝镇一直具备服务周边地区的商贸产业基础和氛围。总体而言，尽管万宝煤矿关停后带来了经济发展停滞的难题，但万宝镇已经具备现代农牧循环产业发展的雏形，具有发展现代种植、养殖、农副产品加工、物流商贸的基础优势和潜力，可进一步理顺镇内的资源禀赋和生产基础，打通村庄之间的农牧合作渠道，优化农业发展格局，实现镇村协同、产业联动。

4.大量国有资产闲置，有较为充足的建设用地资源

万宝煤矿关停后形成大量闲置的国有资产，也是建设用地紧约束背景下可资利用的重要资源。生产建设用地方面，矿区原有的采矿矿井、矿区水泥厂、小型电厂、铁路转运站等生产建设用地一直处于闲置状态。居住用地方面，由于原有煤矿职工大量外流，红旗社区的原职工宿舍大量闲置，红旗社区所在永红村，人均建设用地面积高达1200m²/人，且宿舍区的建设水平低、人居环境较差。规划可将建设用地资源用于当地产业发展，也可探索将结余用地指标异地交易途径换取建设资金，可为万宝镇下一步发展注入新动力。此外，设施配置方面，按照服务原有3万城镇人口配置的公共服务设施和市政基础设施（如洮南市第三人民医院、万宝镇污水处理厂等设施），虽服务现有人口存在一定超配现象，但同时也是辐射周边、建设洮南市副中心的重要支撑。

1.镇区及分村人口变化情况（数据来源：万宝镇总体规划（2012—2020）、洮南市第七次人口普查数据等）
2.分村两栖人口占比（数据来源：万宝镇2021年村社会经济基本情况表）

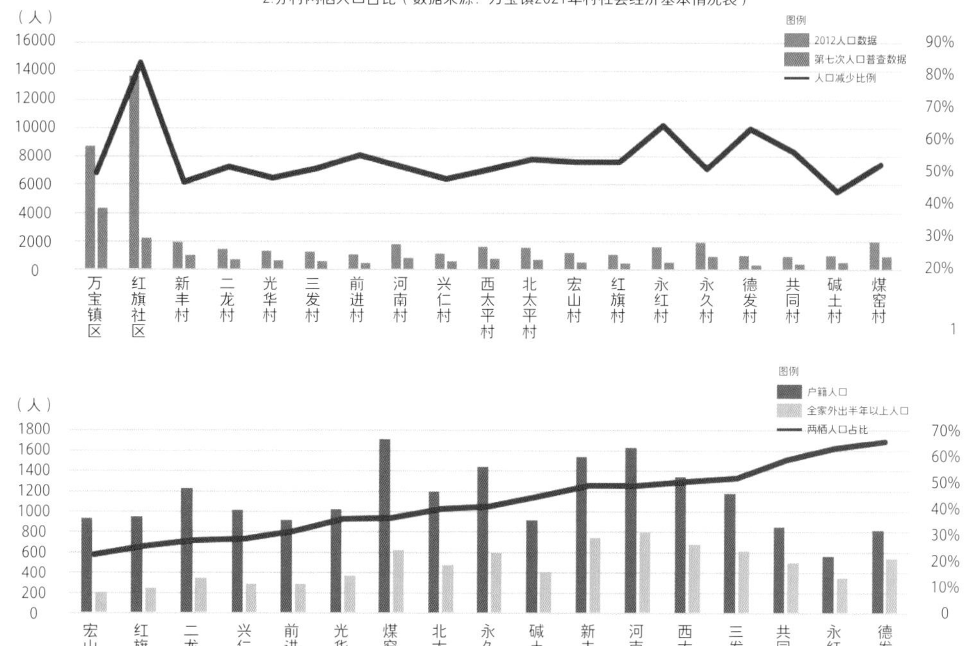

表1　万宝所处省际边界区域中心城市主要经济指标

中心城市	发展定位	2020年地区生产总值（GDP）	2020年城市建成区面积	2020年总人口（普查）	2020年一般公共预算支出	2020年省内排名（按GDP计算）
白城市	东北地区西部生态经济带中心城市 吉林省西部国家级清洁能源与绿色产业基地 生态与文化旅游城市	510亿元	46.91 km²	1551378	2803285万元	7/9
兴安盟	生态优先、绿色发展示范区 边疆稳定、民族团结模范区	547.92亿元	112.13 km²	1416929	2869789万元	11/12

表2　洮南市对于万宝镇的定位要求

城镇发展格局	农业发展格局	生态安全格局
空间定位：一主一副中的“一副”，发展方向为绿色转型发展示范，工贸型城镇； 产业总体格局：万宝镇副中心是双核之一，定位为北部片区综合服务中心、区域性商贸物流中心培育农业基地和商贸市场	农业空间格局：属于北部特色农业发展区； 种植养殖业：现代生态农业示范区，以绿色农业、特色农业为主，发展杂粮杂豆种植基地、林下经济种植基地； 商贸服务业：建设杂粮豌豆市场； 旅游业：位于全域旅游主线，洮南市旅游次核心	生态安全格局：属于西部绿色生态屏障 提供的生态服务价值包括：土壤保持功能、气候调节功能、生态系统产品提供、生态旅游服务

表3　万宝镇周边区位资源

第一圈层	第二圈层	第三圈层
洮南市（万宝乡、东升乡、野马乡）、突泉县（九龙乡、东杜尔基镇、永安镇、俄体镇）	洮南市西部其他乡镇，兴安盟乌兰浩特市，突泉县东部乡镇、科尔沁右翼前旗等城镇	白城市市辖区，洮南市其他乡镇，洮南市，科尔沁右翼前旗主要乡镇
人口规模：约18万人 耕地面积：约7.5万hm² 圈层主要产业：农牧业、清洁能源	人口规模：约50万人 耕地面积：约27万hm² 市（盟）县（旗）主要产业： 突泉县——玉米水稻种植业、肉牛养殖业、有色金属冶炼、清洁能源、休闲旅游 科尔沁右翼前旗——肉牛养殖业、牧饲产业 乌兰浩特市——肉牛养殖与贸易、清洁能源及其装备制造、农机装备制造	人口规模：约117万人 耕地面积：约69万hm² 市县主要产业： 洮南市——医药研制、新能源、农畜产品加工、纺织服装、食品加工、新型材料 白城市——清洁能源、装备制造、农产品加工、特色旅游

数据来源：各市县统计年鉴、社会经济统计年报

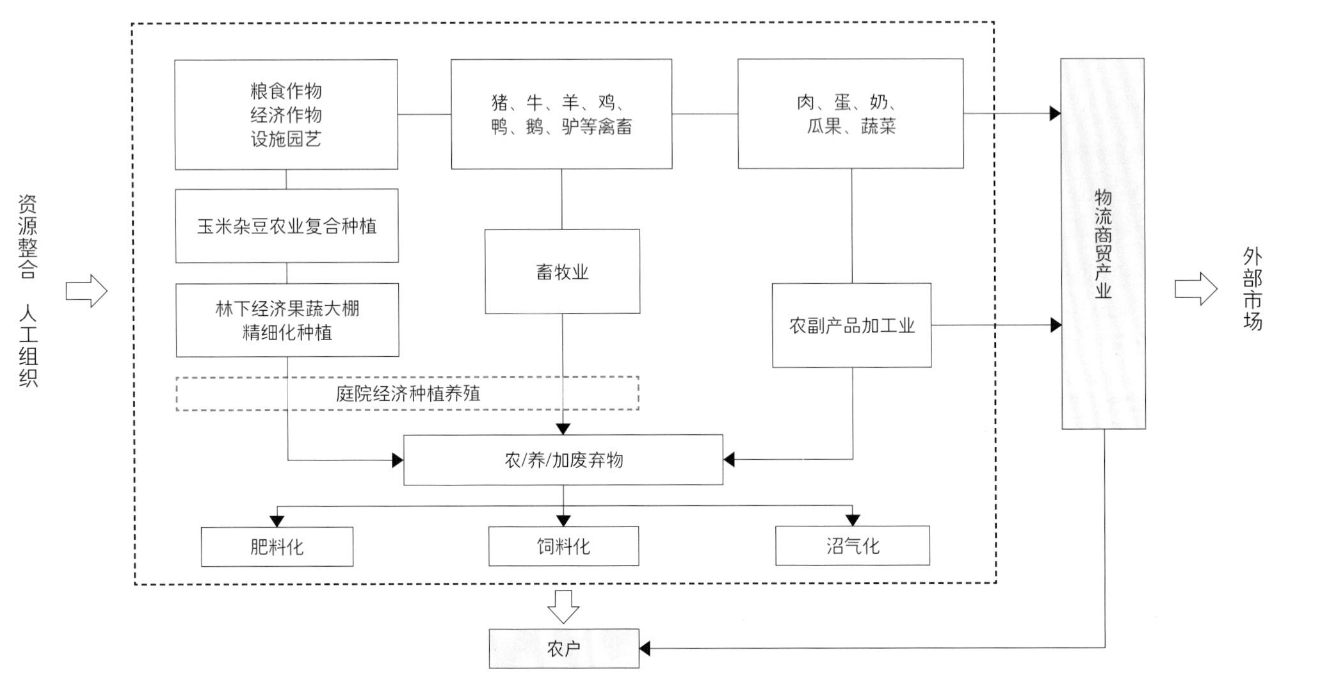

3.种养循环产业发展模式图

五、省际边界地区小城镇的规划应对策略

本次规划提出的主要策略包括：融入区域、强化支撑、镇村融合和资源活化。

1.对接区域，聚力资源，谋划产业发展方向

通过对区域中心城市的产业发展方向和规模进行分析，可以发现，万宝镇所处省际交界区域具备较为一致的产业发展基础和导向，即粮食产业（杂粮杂豆）、畜牧产业、新能源产业和绿色（矿类）产业。基于以上分析结论和万宝镇发展基础，本次规划提出万宝镇产业发展的主要方向包括粮贸产业、畜牧产业和能源产业，需要延伸发展商贸产业，适度发展民生产业。

粮贸产业方面，结合现有万宝镇杂粮杂豆的种植优势和敖牛山小米加工品牌，延伸农产品生产、加工和固废循环利用的产业链条。商贸产业方面，结合上位规划建设杂粮杂豆交易市场，形成白城市西北部的杂粮杂豆贸易副中心，从服务周边三镇四乡和广大乡村地区的角度出发，扩大现有镇区商贸街区范围，进一步谋划建设小商品市场。畜牧产业方面，积极响应吉林省“千万头肉牛工程”，布局规模化肉牛肉羊养殖场与饲草加工基地，积极联合内蒙古乌兰浩特市、突泉县等大型畜牧交易市场、屠宰场，做好兴安盟大型交易市场的交易及中转节点和精深加工原材料供应基地。新能源产业方面，一方面，谋划万宝煤矿部分矿井复工复产，发展清洁煤炭产业；另一方面，结合白城市与兴安盟，积极布局风电、光电等新能源产业的发展趋势，利用荒山草地、未利用地等积极发展风电、光电基地，建设零配件生产基地等。民生产业方面，考虑万宝煤矿遗留职工与乡村地区劳动人口老龄化现状，可以进一步发展纺织轻工等劳动密集型产业，带动无法外出务工的低技能劳动力就业。

2.强化交通设施支撑，便捷联系中心城市

在交通设施支撑方面，应当强化与区域大通道G111的之间联系，一方面应打通万宝镇区—德发村的北向通道，提升X106县道万宝段的南北向通勤能力，节约货流交通时间，形成巴乌发展轴的商贸物流节点，重点对接乌兰浩特市、突泉县等市县的高等级农牧市场。另一方面，强化X106段的通勤能力，远期规划县道X106改线以绕道镇区，争取县道X106等级提升，提升镇域主要通道的交通能力，构建省际边界区域的高等级通道，满足周边乡镇的商贸物流需求。

3.镇村融合，谋划城乡一体的生产力布局

基于产业发展方向选择，本次规划提出四条产业空间布局优化路径，推动形成镇村一体的生产力布局。一是以做强现代农牧业为目标，规划种植—养殖—农废加工循环农业的产业发展空间，引导形成由北部生态种养片区、南部规模化种植片区、南部规模化养殖片区和多个种养基地、三个综合种养服务中心构成的 “三片多点”的种养产业布局，构建镇域循环农业体系。二是依托交通基础设施的建设支撑，做强粮贸、畜牧交易、商品贸易，整合镇区—二龙锁口村粮贸加工片区，建设杂粮杂豆交易市场，发挥已建成的万宝镇畜牧交易市场和屠宰场，对接兴安盟、白城市和洮南市畜牧交易市场与综合商贸市场，面向周边乡镇，做强杂粮杂豆交易、畜牧交易和商品贸易。在镇区布局综合商贸中心，促进小商品、纺织品等专业化交易市场建设。三是利用闲置的矿区低效用地，积极争取新能源装备制造、零部件加工等项目，实现主导产业的转型升级。结合镇域内高龄劳动力、妇女劳动力较多的现实情况，鼓励利用闲置职工宿舍等适度发展手工制造、纺织等民生产业。四是依托敖牛山风灵谷市级旅游重点项目，带动周边地区农旅融合发展，推进万宝煤矿工业遗产的更新整治，结合流域生态修复推进景观建设，建设那金河生态景观廊道。

4.盘活低效闲置资源，支撑新产业发展

在低效空间资源活化方面，差异化施策，实现有序盘活四类低效资源。一是盘活万宝煤矿闲置矿区工矿用地，根据《洮南市矿产资源规划》推动万宝煤矿部分矿井复工复产，推动部分低效闲置用地

盘活，布局综合商贸、新能源零部件制造等产业。二是推进煤矿职工遗留职工宿舍更新整治，结合现有职工的生活需求和发展需要，布局发展轻工纺织等民生产业。三是逐步推进农村宅基地减量化，收储建设用地指标，作为城镇建设和乡村振兴的流量指标，主要保障乡村地区产业、设施、住房等用地需求。四是充分利用万宝镇西北部敖牛山丘陵地段的其他草地、未利用地等，结合国家新能源政策及两省新能源产业发展，布局光电、风电基地，带动新能源产业发展。

六、结语

省际边界区域的小城镇发展与规划需要从区域视角入手分析，总结现有区域的发展特点与优势条件，制定适当的区域发展政策，集聚边界区域的生产资源，构建省际边界区域的“次中心地”，从而实现省际边界区域的协同发展。万宝镇规划聚焦省际边界地区的小城镇发展面临的困境，从区域联动、强化支撑、镇村一体、资源盘活四个方面提出具体规划策略。区域联动方面，分别从万宝镇可辐射的周边三镇四乡层面、辐射带动万宝镇的省际中心城市层面展开分析，明确了规模化种植养殖、粮贸、商贸、新能源产业以及适度发展民生产业的产业发展主要方向；强化支撑方面，提出加强区域交通联系效率和改善镇域内部交通环境的发展策略，强化万宝镇区北向联系G111通道、提升道路等级，县道X106改道绕行镇区北部，提升现有县道运行效率，同时改善过境交通对镇区的割裂影响；镇村一体方面，基于主要产业选择，在镇区、村庄统筹布局农业生产基地、粮食加工厂、粮贸交易市场、养殖基地、屠宰场、牲畜交易市场、饲肥场等，构建镇村一体的生产力布局；资源盘活方面，充分利用万宝煤矿关停后产生的大量闲置国有资产，因地制宜发展新能源产业、民生产业等。通过以上四大核心策略，谋定万宝镇未来发展方向，激发新的发展动力，承担洮南市副中心的总体定位，也为其他省际边界地区的小城镇的发展策略和路径选择提供一定参考借鉴。

参考文献

[1]张亮, 刘文成. 我国省际边界区域发展问题及对策研究[J]. 经济纵横, 2015(7): 90-93.

[2]郑硕, 张晓巍, 宋蕾. 省际边缘区小城镇新型城镇化发展路径研究——以山东省定陶县为例[J]. 小城镇建设, 2014(7): 31-38.

[3]尚正永, 刘传明, 白永平, 等. 省际边界区域发展的空间结构优化研究——以粤闽湘赣省际边界区域为例[J]. 经济地理, 2010, 30(2): 183-187.

[4]朱传耿, 王振波, 仇方道. 省际边界区域城市化模式研究[J]. 人文地理, 2006(1): 1-5.

[5]ZHANG X, LI C, LI W, et al. Do Administrative Boundaries Matter for Uneven Economic Development? A Case Study of China's Provincial Border Counties[J]. Growth and Change, 2017, 48(4): 883-908.

[6]仇方道, 佟连军, 朱传耿, 等. 省际边缘区经济发展差异时空格局及驱动机制——以淮海经济区为例[J]. 地理研究, 2009, 28(2): 451-463.

[7]韩玉刚, 叶雷. 中国欠发达省际边缘区核心城市的选择与区域带动效应——以豫皖省际边缘区为例[J]. 地理研究, 2016, 35(6): 1127-1140.

[8]梁华石, 葛幼松, 陈强. 冀鲁豫省际边界城镇区域协调的几点认识[J]. 小城镇建设, 2009(10): 39-43.

[9]帅方敏, 王新生, 朱超平, 等. 中国省级行政区边界形状的GIS分析[J]. 地球信息科学, 2008(1): 34-38.

[10]黄泽颖. 省际边界镇推进城镇化的困境与对策研究——以界址镇为例[J]. 江西农业学报, 2014, 26(1): 143-146.

[11]刘冰洁. 渝黔省际渝东南小城镇总体规划编制的思考——以重庆市秀山县雅江镇规划评估为例[C]//第二届山地城镇可持续发展专家论坛论文集. 2013: 9.

[12]刘海龙, 张丽萍, 王炜桥, 等. 中国省际边界区县域城镇化空间格局及影响因素[J]. 地理学报, 2023, 78(6): 1408-1426.

[13]曹小曙, 徐建斌. 中国省际边界区县域经济格局及影响因素的空间异质性[J]. 地理学报, 2018, 73(6): 1065-1075.

[14]王印传, 马帅, 曲占波, 等. 省际边界城镇发展研究——首都经济圈省际边界城镇类型探讨[J]. 城市发展研究, 2014, 21(1): 96-101.

[15]王兴平. 省际边界小城镇整合发展策略研究——以苏皖边界小城镇为例[J]. 现代城市研究, 2008(10): 46-53.

[16]张学波, 杨成凤, 宋金平, 等. 中国省际边缘县域经济差异空间格局演变[J]. 经济地理, 2015, 35(7): 30-38.

[17]郑硕, 张晓巍, 宋蕾. 省际边缘区小城镇新型城镇化发展路径研究——以山东省定陶县为例[J]. 小城镇建设, 2014(7): 31-38.

[18]张飞, 闾海. 南京大都市边缘区小城镇发展问题及策略研究——以句容市宝华镇为例[J]. 小城镇建设, 2018, 36(8): 11-18.

[19]刘新宇. 基于区域协调的边界城镇总体规划探索[J]. 小城镇建设, 2011(1): 44-48.

[20]卢道典, 许红梅, 涂志华, 等. 省际边界小城镇发展面临突出问题与整合研究——以苏皖交界的砖墙镇和水阳镇为例[C]//面向高质量发展的空间治理——2020中国城市规划年会论文集（14区域规划与城市经济）. 2021: 8.

作者简介

高玉展，同济大学建筑与城市规划学院硕士研究生；

王丽娟，上海同济城市规划设计研究院有限公司规划师；

张　立，同济大学建筑与城市规划学院副教授、博士生导师，中国城市规划学会小城镇规划学委会秘书长；

谭　添，同济大学建筑与城市规划学院硕士研究生。

国家公园背景下长白山区域小城镇发展及规划编制策略研究

Research on the Development and Planning Strategy of Small Towns in Changbai Mountain Region Under the Background of National Parks

高 璟
Gao Jing

[摘 要] 建立健全国家公园体制，是建立新时代自然保护地体系的核心工作。国家公园往往横跨多个市县级行政区域，需要协调自然保护地专项规划和市县镇等多个层级国土空间规划之间的关系。乡镇国土空间规划在落实国家公园保护要求等方面具有更明显的实施性，在空间规划体系中战略—格局—区划—要素的技术逻辑中更聚焦于从区划向要素管控的末端环节。本文以长白山区域建设国家公园的愿景为例，提出了环山城镇在城镇圈、城镇和村庄三个层面的空间发展策略，提出了在规划编制中落实摸清土地家底、夯实管理边界、细分土地要素、聚焦实施应用的四个工作环节，最终通过国家公园导向下人口、用地和产业发展关系的协调来实现国家公园建设的总体目标。

[关键词] 国家公园；长白山；小城镇；乡镇国土空间总体规划

[Abstract] Establishing and improving the national park system is the core work of establishing a natural reserve system in the new era. National parks contains huge area and it is necessary to coordinate the relationship with territorial spatial planning at multiple levels. Township territorial planning has more obvious implementation in implementing the protection requirements of national parks and focuses more on the end link from zoning to factor control. Taking the vision of building national parks in Changbaishan as an example, this paper puts forward the spatial development strategy of towns around the mountain at three levels of urban circles, towns and villages, and puts forward four working steps to clarify the land background, consolidate the management boundary, subdivide the land elements, and focus on the implementation and application. Finally, it achieves the overall goal of national park construction through the coordination of population, land use and industrial development under the guidance of national parks.

[Keywords] national park; Changbai Mountain; small town; township territorial master plan

[文章编号] 2024-94-P-056

一、传导与衔接：国家公园与域内城镇发展及规划编制的关系

国家公园体制的建立，是美丽中国和生态文明建设中具有全局性和标志性的重大制度创新[1]。2013年十八届三中全会首次提出了建立国家公园体制的目标，2019年《关于建立以国家公园为主体的自然保护地体系的指导意见》标志着国家公园体制的顶层设计初步完成，明确了国家公园在全国自然保护地体系中的主体地位。2021年10月12日，习近平主席在联合国生物多样性大会领导人峰会上正式宣布设立三江源、大熊猫、东北虎豹、海南热带雨林、武夷山等第一批国家公园。

国家公园是指以保护具有国家代表性的自然生态系统为主要目的，实现自然资源科学保护和合理利用的特定陆域或海域[2]。国家公园往往是自然生态最重要、自然景观最独特、自然遗产最精华、生物多样性最富集的部分，保护范围一般较为广泛，保护对象的生态过程较为完整，代表了中国自然保护地体系的总体形象和价值。第一批正式设立的5个国家公园保护面积达到了23万km^2，其中即使是最小的武夷山国家公园，面积也达到了1280km^2，涉及福建省武夷山市、建阳区、光泽县和邵武市4个县（市、区）。

《建立国家公园体制总体方案》中明确指出“国家公园是我国自然保护地最重要类型之一，属于全国主体功能区规划中的禁止开发区域”。同时，国家公园因为对生态系统保护的完整性要求，往往地域广阔，跨越了多个市县。禁止开发区域的主体功能定位和较为广阔的保护范围对区域内城镇的发展带来了巨大的挑战。传统粗放的空间和资源利用方式在新政策之下必然直面着转型的要求，空间的精明收缩和资源的科学利用将是这些国家公园域内城镇发展的必然选择。

以国家公园为主体的自然保护地体系规划属于空间规划体系中的专项规划序列，和国土空间总体规划之间应具备纵向传导、横向衔接的逻辑关系。对国家公园而言，按照其设立、管理、实施和考核的工作要求，应当通过国家公园总体规划的编制提出国家公园的保护体系、服务体系、社区发展、土地利用协调和管理体系的主要内容和技术方法，作为指导国家公园建设管理的空间纲领。因此，国家公园总体规划应当作为域内市县镇国土空间规划的上位专项规划，在各级国土空间总体规划的编制中传导落实其相关保护目标、内容和要求，实现从自然保护地部门政策到法定总体规划实施效力的转化。

二、战略—格局—区划—要素：建立国家公园总体规划到乡镇国土空间规划的传导逻辑

国土空间规划体系吸收了主体功能区的战略和格局思维、土地利用规划的区划思维和城乡规划的要素管控思维，形成了从战略—格局—区划—要素的技术逻辑，并体现在五级三类空间规划体系的不同层面。国家公园总体规划重点体现了战略—格局—区划的管控思路，而在乡镇国土空间规划的编制中进一步落实传导逻辑，体现出了从区划—要素的传导逻辑。

区划管控在国家公园总体规划中主要表现为国家公园边界和管控区的划定，管控区依保护等级区分为核心保护区和一般控制区，依管理目标区分为功能

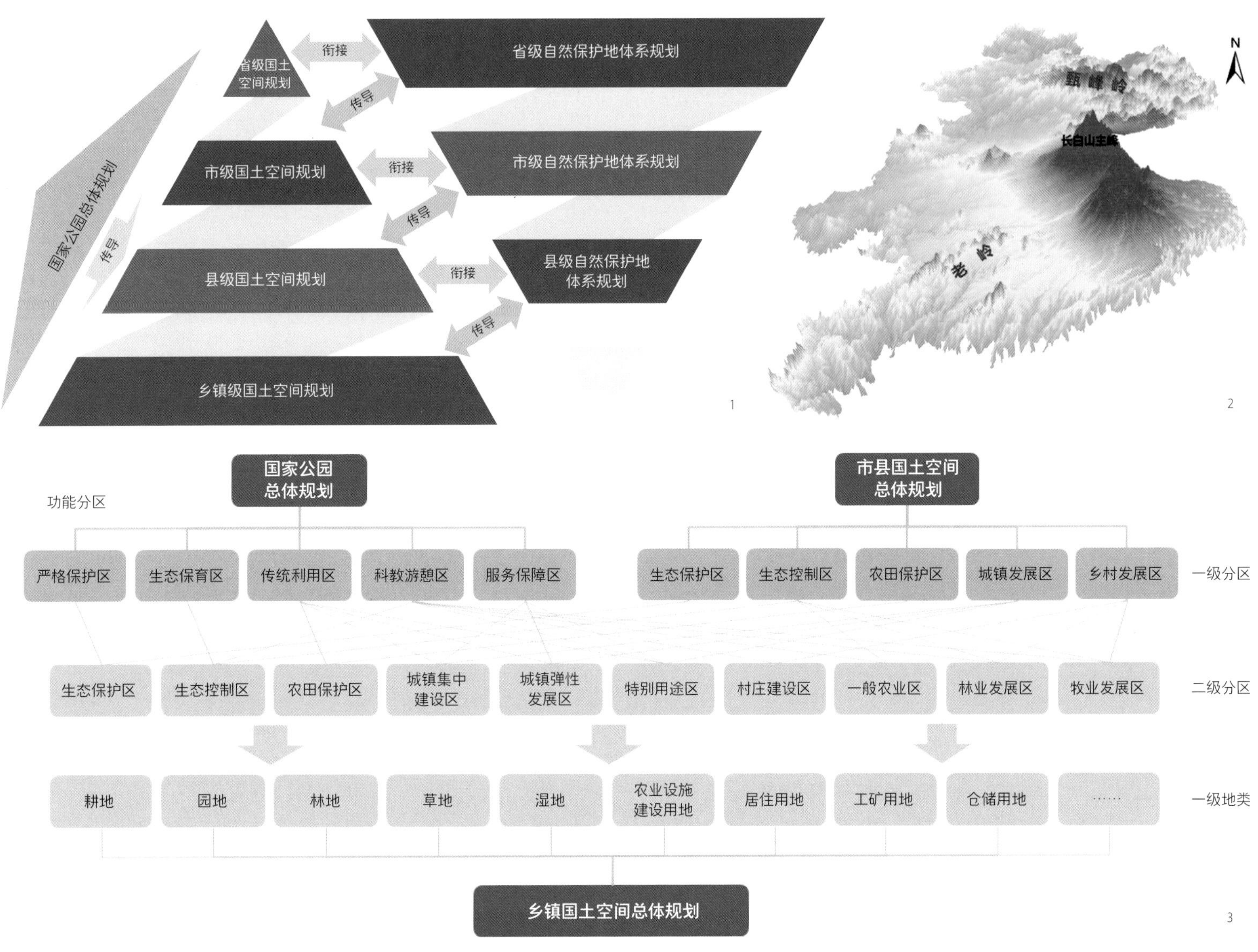

1.国家公园和行政区域的通常关系示意图　2.长白山区域数字高程模型图　3.功能分区响应结构图

区，包含严格保护区、生态保育区、传统利用区、科教游憩区、服务保障区等，并根据功能区主题提出相关空间用途管制要求。

区划管控同样是市县级国土空间规划编制的重点，依据主体功能格局和三条控制线划定深化而成的全域功能分区是体现国土空间规划全域自然资源要素统一管理的重要依据。市县级国土空间规划的一级分区包含生态保护区、生态控制区、农田保护区、城镇发展区和乡村发展区，并在一级分区的基础上向下细分为二级分区，整体实现从战略—格局—分区的管制深化。而乡镇国土空间规划则需更进一步，实现从区划向要素管控的全面落实，以土地利用要素的具体性、确准性为抓手实施规划建设管理，体现具体指导乡镇具体规划实施的可操作性。

理论上，国家公园的管控要求会先行传导至市县国土空间规划，再按照国土空间规划体系的传导逻辑向下传导至乡镇级国土空间规划。但由于国家公园总体规划与国土空间规划的区划分类差异，以及国家公园地位的特殊性和严肃性，为了有效实现国家公园的政策意图，国家公园总体规划本身也对土地利用要素的细化和用途管制提出了更多要求，在核心区对自然生态系统和重要生态功能加以保护、对生态用地向建设用地转化严格限制，在一般控制区细化土地使用要求，促进功能完善和结构优化。

综合以上技术逻辑，国家公园内的乡镇国土空间规划编制应当落实国家公园总体规划和上位市县国土空间规划的双重区划传导，整体体现出从国家公园和上位国土空间规划的双重战略意图—空间格局—空间区划转译到乡镇国土空间规划实现土地要素管控的技术传导逻辑。而在乡镇国土空间规划的具体编制中，一方面落实传导要求，加强从战略—格局—区划—要素的整体管控逻辑的层层深化，另一方面要着实体现提升乡镇生态系统服务能力、保护完整自然生态系统的目标，以土地利用要素为抓手加大在镇级层面对具体保护开发行为及其用途管制的管控力度，保障和支撑国家公园整体生态系统服务能力的提升。

三、长白山区域的现状特征和总体战略

长白山是东北地区最具有建设国家公园潜力的自然保护地，也正处于推动建立国家公园的进程中。长

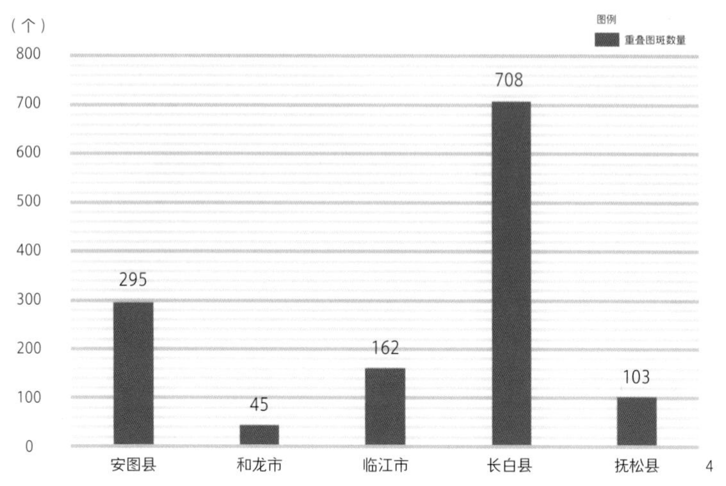

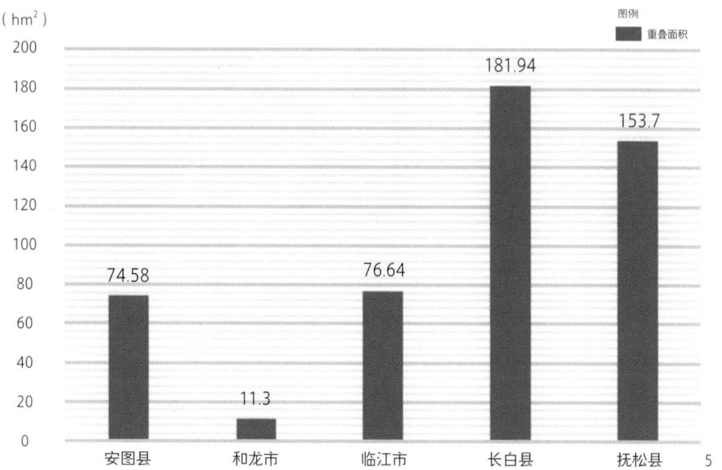

4-5.村庄居民点用地与自然保护地重叠图斑数量及面积
（资料来源：《长白山区域国土空间规划（2021—2035年）》）

白山是北半球同纬度生物多样性最丰富的地区，拥有完整的森林生态系统和明显的植被垂直带谱，是全国乃至东北亚地区生物多样性保护关键区和重要水源涵养区，是东北虎、梅花鹿等珍稀濒危野生动物的主要栖息地和人参、中国林蛙的主要种植养殖区。因此，长白山成为了联合国“人与生物圈”保护地、首批国家级自然保护区和国家5A级旅游景区，被誉为世界少有的“物种基因库”和“自然博物馆”。

长白山周边地广人稀，环山的抚松县、临江市、长白县、安图县和和龙市中，人口密度最高的和龙市为68.53人/km^2，最低的长白县仅为12.77人/km^2。人口最多的抚松县仅有28.2万人，其余县市均不足20万人。各县市人口仍在不断减少，老龄化程度均超过了20%。从空间布局上看，人口的流动呈现出从远山区向近山区流动的趋势，近山的泉阳镇、露水河镇等部分近山城镇产业基础较好，因矿泉水、木材等资源开发有较多就业机会，更因为长白山旅游带动了旅居人口和旅游产业的快速发展，逐步吸纳了周边乡镇人口，体现了比远山城镇更丰富的可持续发展能力。

从城乡布局特征来看，长白山区域以山地为主，城镇和村庄居民点规模较小，县城之外的城镇常常仅一两千人略多，村庄数百人而已，位置多沿山谷、河谷等地势低洼平坦地区分布，少量分布于山地、海拔较高区域。部分村庄居民点位于自然保护地核心区域内，位于林区深处的村庄也面临滑坡、泥石流等一系列自然灾害的威胁。从历史趋势判断，长白山环山五县市城乡建设用地在2012—2018年间明显增长，其中建制镇增量470hm^2，占比33.7%；村庄增量715hm^2，占比51.3%，合计占比达85%，城乡用地的粗放扩展可见一斑。林地和耕地同步分别减少1227hm^{2}和1662hm^2，园地和草地也少量减少，生态空间受到建设空间的严重挤压。同时，城乡建设用地的土地产出效率较低，单位建设用地（除村庄）GDP产出2.7亿元/km^2，仅为全省平均水平51%。受国家公益林禁采的影响，4.02km^{2}的林业设施用地目前大部分处于闲置状态。

受气候变化和人类活动的影响，近年来长白山区域生态系统质量虽总体向好，但局部生态系统质量降低，安图县和抚松县农业用地周边森林生态系统的等级明显降低，植被退化现象明显，受旅游开发和人类活动影响，例如天池附近的苔原带植被覆盖率已经大幅度下降，裸地、疏林地的面积随之增加。长白朝鲜族自治县内以及临江市南部和抚松县西部的部分地区水土流失退化明显，主要表现为坡耕地、荒山荒坡及侵蚀沟内水力侵蚀为主。更为严重的是，长白山地区栖息地破碎化加剧，对生物多样性造成较大的影响。根据监测研究，长白山自然保护区过去几十年物种多样性持续减少，少数物种种群数量持续减少甚至局部灭绝（表1）。

基于以上现状情况和历史趋势，可以清晰地看到长白山区域的生态保护和城乡空间扩张之间已经形成了较为尖锐的矛盾。城乡建设用地的无序扩张和闲置并存，生态空间的萎缩和生态质量下滑并存，生物系统的多样性减少和物种灭失并存，背离了国家公园建设的初心和目标。

基于现状特征和国家公园建设目标的综合判断，长白山区域城镇的发展首先应当坚持生态优先的原则，核心是提升东北亚核心生态功能区的生态系统服务能力，提升生态系统服务质量和生物多样性水平；其次是提升生态资源的价值空间，推动生态产品价值转换，建立健全生态产品价值实现机制。在生态优先的前提下统筹发展需求，首先是有效规范空间使用和人类活动，打造世界级文旅胜地和世界级名山城镇群，探索将冰天雪地变为“金山银山”的发展路径。其次是在国家公园目标导向下对城乡建设用地进行减量发展、集约利用和效益提升，在城镇圈格局、小城镇和乡村发展方面提出系统而有针对性的转型策略。

以上四项发展战略体现了生态优先、发展服从于保护的基本原则，是未来长白山区域编制国家公园总体规划的核心理念，也反映在每一步战略的具体实施路径中。首先，在提升长白山区域生态系统服务能力方面，结合双评价研究识别国家公园机制下的各类功能区，参照国土空间规划分区，明确区划边界，落实用途管制要求，并通过规划前后生态系统服务能力的核算优化管控手段。其次，全面开展长白山生态产品价值核算工作，对物质产品、生态功能调节服务、文化服务等进行全面核算，提出生态产业化经营、生态产品市场交易、绿色金融和生态补偿、政策制度激励等多方面的生态价值转换手段。此外，在打造世界级旅游胜地方面，按照“核心限容、圈层布局、特色突出”的策略，形成“山上—近山—环山”渐进式圈层结构，打造“山上生态观光保护区、近山休闲度假风

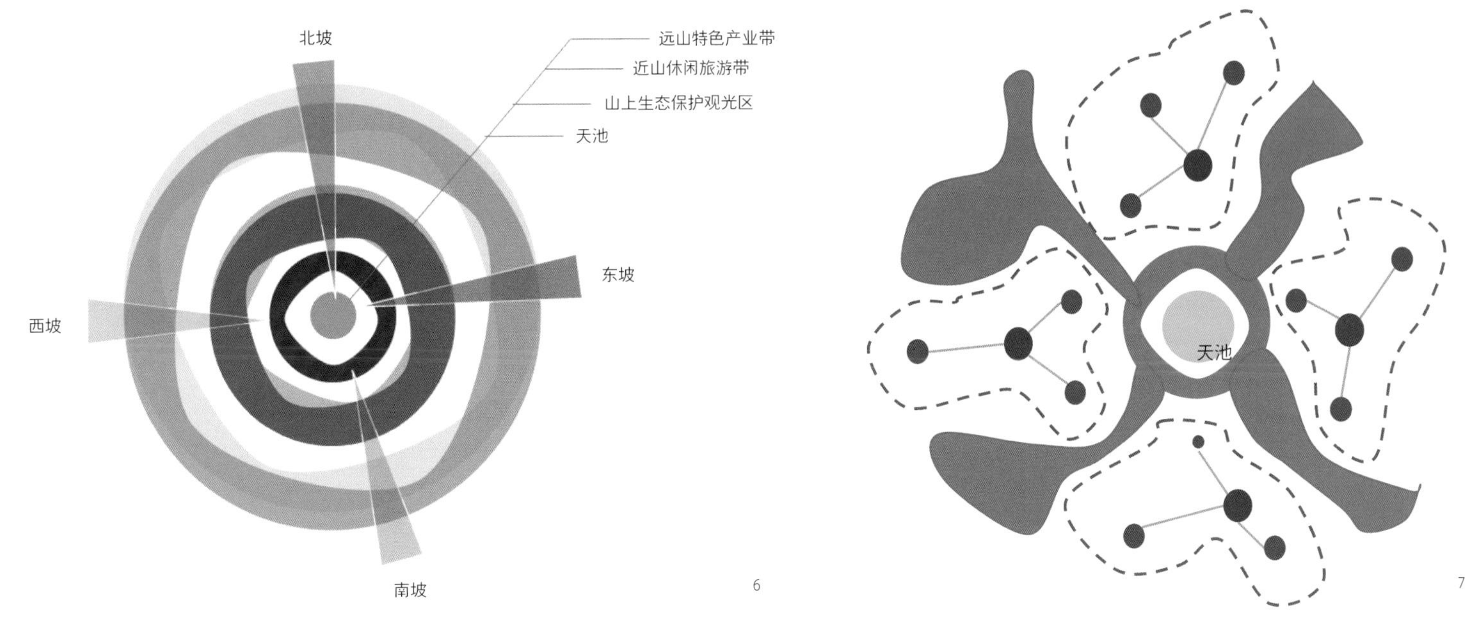

6.长白山圈层格局示意图　7.长白山城镇圈模式示意图

景带、环山特色产业发展带”，构建环山协同、山水协同、四坡协同的整体旅游格局。

四、国家公园导向下长白山区域城镇空间发展策略

在以上四项战略实施的同时，长白山区域小城镇及其乡村地区的发展面临着从产业到空间上的系统变革，集中体现在环山城镇群的格局优化和小城镇自身的空间优化两个层面。

1.以城镇圈模式优化环山城镇群空间格局

长白山环山城镇作为该区域城镇化、旅游产业发展的主要空间载体，在未来长白山国家公园的发展中发挥着重要的作用。结合当前国土空间规划的总体背景和国家公园的发展要求，精明收缩、绿色发展的城镇圈模式是破解当前撒面粉似的自发发展格局、提升国土空间集约节约水平的必由之路。城镇圈模式是指根据长白山周边现状城镇发展潜力评估，以一个或少数多个中心镇为核心，划定周边30min通勤可达范围，由城镇圈中心城镇为范围内的其他小城镇提供集中公共服务、集聚城乡人口和发展特色产业，促进城镇活力、效率、集约发展。城镇圈内的其他小城镇根据发展潜力评价和空间实际需求进行用地收缩和人口转移，有效集约建设空间，针对退出的建设空间系统性开展生态修复工程。经初步分析，可在长白山环山五县市中划定3个主城辐射型城镇圈、2个旅游门户型城镇圈、1个特色产业型城镇圈和1个边贸发展型城镇圈。针对特色化的城镇圈进行总体格局调整，优化城乡空间组织模式，推动人口、资源和旅游活动向二道白河镇等环山特色城镇的转移，对其他城乡建设空间精明收缩，从而形成底线约束的区域协调发展格局和世界级特色的生态旅游城镇聚集地。

表1　长白山保护区关键动物物种/种群消亡趋势

时间 物种	1985—1989年	1990—1994年	1995—1999年	2000—2004年	2005—2010年	总趋势
东北虎	1985—2009年期间未发现东北虎					20世纪80年代初已消失
亚洲黑熊	9.1只/100km^2	3.4只/100km^2	3.7只/100km^2	1.6只/100km^2	0.6只/100km^2	1986—2010年间下降93.4%
棕熊	2.1只/100km^2	2.9只/100km^2	2.6只/100km^2	1.8只/100km^2	2.1只/100km^2	总体呈下降趋势
猞猁	2.3只/100km^2	0.8只/100km^2	0.9只/100km^2	0.8只/100km^2	0.5只/100km^2	下降79%，濒临消失
豹猫	4.4只/100km^2	3.5只/100km^2	4.3只/100km^2	0.3只/100km^2	0.3只/100km^2	下降86%，急剧减少
水獭	33头全保护区	15头	5头	4头	1头	下降99%，区域性消失
秋沙鸭	7.2只/10km^2	—	—	—	2.2只/10km^2	急剧下降
野鸭	长白山自然保护区几条河流抽样调查，数量锐减					下降趋势
极北鲵	长白山自然保护区小天池，过去曾有一定数量，现濒于绝迹					
细鳞鱼	8.9g/100m^2	4.1g/100m^2	0	0	0	在调查河流消失
茴鱼	7.7g/100m^2	6.8g/100m^2	0	0	0	在调查河流消失

数据来源：《长白山科学研究院科研论文集》，2013

2.以系统性整治修复模式实现小城镇空间转型

长白山环山城镇在空间发展中需要有效落实国家公园核心保护区或一般控制区的管控要求，梳理分析原城乡居民点人为活动的空间分布，逐步消除或限制人为活动对自然生态系统的干扰。因此，在研究分析的基础上需要以系统性山水林田湖草整治修复模式对全域空间进行在土地利用要素深度上的系统梳理，有效腾退低效闲置城乡建设用地实现功能更新或还林还草，加强森林、湿地生态系统和生物多样性的保护以及水土流失的全面治理。对于原有闲置的大量林场用地，做活一些服务生态旅游，减量一些落实生态修复，例如面积大于3hm^2、相对

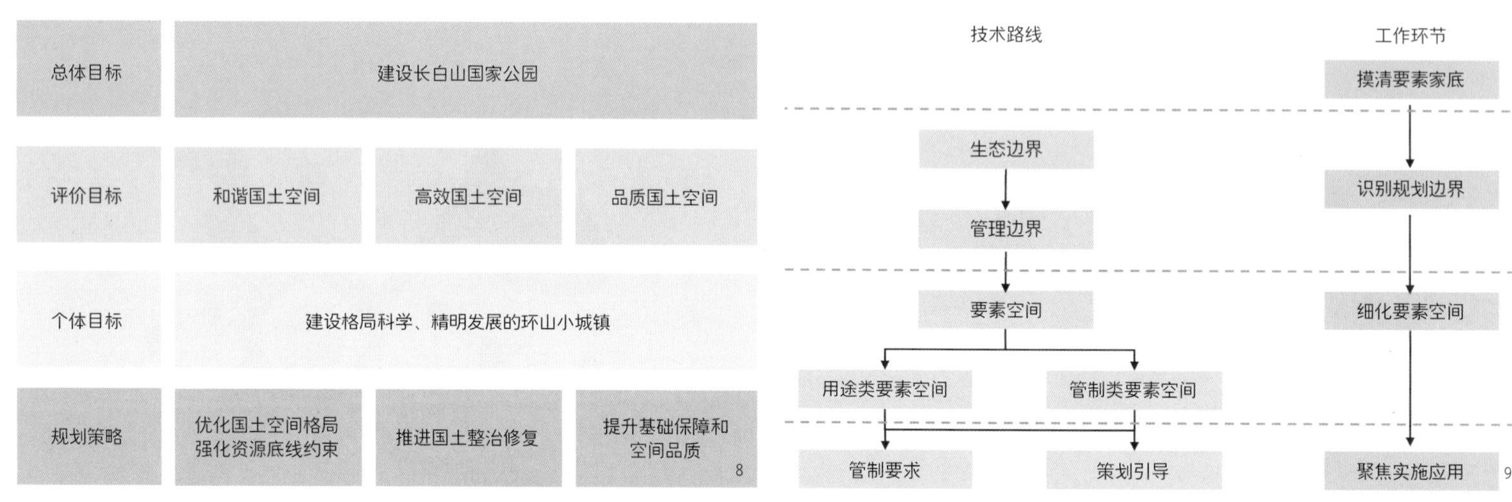

8.工作目标示意图

9.技术路线和工作环节流程图

集中、距离交通干线较近、利用条件较好的土地适当发展生态旅游产业。

3.全面实施乡村生态移民和村庄迁并

长白山区域的乡村生态移民应该不仅包含地质灾害风险高、水土流失严重的乡村，也应该包含经过评估后需进行生态修复还林还草的零散乡村居民点和林场建设用地。尤其是针对生态空间破碎化区域，更应有效引导人口向外部城镇转移，对村庄实施合理迁并和有效集聚，减少人类活动对重点生态功能区域的影响，促进生态空间连续化和生态系统完整化。保留集聚的村庄应充分挖潜乡村闲置土地，做好特色产业服务，提高土地集约节约利用水平，做到高效治理、分类施策、存量优化。

五、国家公园导向下长白山区域乡镇空间规划的编制路径

国家公园导向下，长白山区域乡镇空间规划编制的重点应聚焦于战略—格局—区划—要素逻辑链条的最后环节，即在技术逻辑上重点实现从区划管控向土地利用要素管控的深化，而在工作逻辑上落实在摸清土地家底、夯实管理边界、细分土地要素、聚焦实施应用的四个环节上。同时，基于前述城镇圈格局的优化安排，建议以城镇圈为基本单元，开展城镇圈内连片乡镇空间的规划编制工作。

在技术逻辑层面，首先是在区划管控中从基础的生态边界转译为关键的管理边界，明确管理边界是向土地利用要素传导的前提。生态边界的划定来自生态系统服务功能的初步分析，并叠加社会、经济、文化等软性因子的影响，系统性识别和划定生态边界。然后，根据管理目标的客观需求细化功能分区，考虑社会经济条件下土地权属、土地开发利用可能方式和其他限制条件，深化调整前述生态边界为管理边界，进而利用保护地役权来分离土地所有权、使用权和收益权，限制特定土地利用方式，进行利益相关方资源利用管理。

其次，在管理边界基础上进一步在规划中细分至要素管控层面，具体可分为用途类和管制类要素空间。用途类要素空间一般而言可以确定明确界址、用途和权属，是支撑自然资源和不动产确权登记并落实权利和责任主体的基础。管制类要素空间概念可以和边界清晰稳定的具体地域挂钩，例如生态保护红线、城镇开发边界、永久基本农田和生态公益林等（表2）。要素型国土空间开发保护的重点是基于国家公园特定自然资源的稀缺性，针对具体土地利用要素从落地实施的管理视角进行空间管制，对这些特定自然资源要素在规划期末的存量规模和空间位置进行具体落实。

表2　用途类要素空间和管制类要素空间的说明

分类	作用	功能	举例
用途类要素空间	确权等级	建设	城市建设用地、乡村建设用地等
		非建设	耕地、林地、草地等
管制类要素空间	开发许可	建设	城镇开发边界等
		非建设	生态保护红线、永久基本农田

资料来源：林坚，刘松雪，刘诗毅. 区域—要素统筹：构建国土空间开发保护制度的关键[J]. 中国土地科学，2018, 6 (32)：1-7.

工作逻辑四环节的第一步是摸清土地家底，落实在镇域层面应达到基于要素空间深度的详尽调查，尤其对不符合国家公园定位、需要整治修复的工矿用地、低效用地和分散宅基地等摸清具体位置和规模，摸清可实施土地整治和生态修复工作的家底。

第二步是在以上“一村一梳理”的工作基础上，识别生态边界并落实至管理边界。长白山周边城镇在落实城镇圈格局要求的前提下，必须要响应国家公园提升山水林田湖草生态系统质量和生物多样性、提升区域生态系统服务能力的目标。因此，通过生态系统服务能力分析，明确现状山水林田湖草体系的存在问题，判断生态系统服务能力提升的方向和障碍，从而识别生态边界，转译为管理边界，完成在通常意义上镇域规划所应实现的工作深度。以二道白河镇周边区域为例，通过生态系统服务能力分析识别生态保护区和生态控制区，结合国家公园核心保护区和一般控制区管制要求进行匹配分析，确定基于管理边界的用途管制要求，制定不同镇村的差异化发展策略。

第三步是应用多规融合理念，对细分土地要素建立从用途管制到品质提升的整体规划策略。延续原土地利用规划的耕地保护要求、林业规划的公益林、商品林管控要求、土地整治工作的整治修复要求、城乡规划的风貌、更新和历史文化保护等要求，形成从空间保护、开发、管控、整治到品质提升的系统化规划策略，实现生态系统服务能力和城乡空间环境品质的整体提升。例如对二道白河镇进行土地要素细分管控，明确林地、草地、湿地等非建设用地要素的规模指标、管制政策和整治修复要求，明确不同类型建设用地的性质、强度、风貌和更新要求，充分吸收多规的各自优势，实现协同一致的空间规划逻辑。

第四步是聚焦实施应用。一方面，在可行的条件下开展全域全要素细分管控，在国家公园城镇地域较广、难以全要素细分管控的条件下适当划分村庄单元，尽可能详尽完整提出传导要求，避免规划走样。另一方面，针对提出完善管制要求的土地要素，提供规划导向的发展策略，例如对林场闲置用地等低效建设用地，通过发展策划更好地支撑未来功能更新，无论是还林还草、科研环保或文旅服务的功能调整都应当提出更清晰的策划思路，推动规划有效实施。

六、结语

国家公园体制是中国自然保护地体系的主体，生态系统服务能力和生物多样性水平的提升是国家公园保护的核心要求。由于地域广阔，国家公园不仅需要通过自身规划来系统性提出保护要求，更需要通过所含地域国土空间规划的编制将专项规划要求进一步深化细化和法定化。战略—格局—区划—要素的技术逻辑是这两个体系规划传导和衔接中的核心逻辑，而乡镇国土空间规划的编制在其中聚焦于从区划到要素管控的最末环节，是将上位保护要求真实落地、发挥实际管控效力的关键层级。而在工作逻辑上落实在摸清土地家底、夯实管理边界、细分土地要素、聚焦实施应用的四个环节上，才能有效地落实好各方面的政策和技术要求，保障国家公园的科学发展。

（本文长白山案例部分研究资料来自笔者参与的《长白山区域国土空间规划（2021—2035年）》课题组，在此对参与课题研究的吉林省城乡规划设计研究院、上海同济城市规划设计研究院有限公司、中国科学院生态环境研究中心等课题研究组相关人员表示感谢。）

参考文献

[1]中共中央办公厅，国务院办公厅. 建立国家公园体制总体方案[EB/OL]. (2017-09-26). http://www.gov.cn/zhengce/2017-09/26/conteng_5227713.htm.

[2]中共中央办公厅，国务院办公厅印发. 关于建立以国家公园为主题的自然保护地体系的指导意见[EB/OL]. (2019-06-26). http://www.gov.cn/xinwen/2019-06/26/conteng_5402497.htm.

[3]于涵，王忠杰，蔺宇晴，等. 中国自然保护地规划研究回顾与展望——基于研究层次的视角[J]. 中国园林，2021, 37（7）：66-70.

[4]金云峰，陶楠. 国家公园为主体"自然保护地体系规划"编制研究——基于国土空间规划体系传导[J]. 园林规划设计，2020, 10（75）:75-81.

[5]林坚，刘松雪，刘诗毅. 区域-要素统筹：构建国土空间开发保护制度的关键[J]. 中国土地科学，2018，6（32）：1-7.

[6]赵智聪，杨锐. 论国土空间规划中自然保护地规划之定位[J]. 中国园林，2019, 35（8）：5-11.

[7]彭震伟，王云才，高璟. 生态敏感地区的村庄发展策略与规划研究[J]. 城市规划学刊，2013（3）：7-14.

作者简介

高　璟，上海同济城市规划设计研究院有限公司主任规划师。

人口收缩趋势下的乡村发展及村庄规划策略

Rural Development and Planning Strategies Under the Trend of Population Contraction

徐 达
Xu Da

[摘 要] 随着第七次全国人口普查数据的公布，东北地区人口流失严重的现象已经成为社会所关注的热点话题，人口收缩对乡村振兴战略和东北振兴所带来的深远影响也得到了广泛的关注。在乡村地区“人、地、产”三者关系中，人口收缩已经是不得不面对的一种社会现象。因此，本文以吉林省乡村地区人口变化特征为主要研究对象，分析人口变化对村庄居民点规模、农村社会结构、农业生产方式、农村公共服务等方面规划路径的影响，基于此从乡村布局形态、产业结构以及服务体系等方面提出应对吉林省人口收缩的乡村发展与规划策略，对新时期国土空间规划的编制和乡村振兴战略的有效实施具有非常重要的现实意义。

[关键词] 人口收缩；乡村发展格局；吉林省

[Abstract] With the release of the seven census data, the phenomenon of serious population loss in Northeast China has become a hot topic of social concern and the far-reaching impact of population contraction on rural revitalization strategy and northeast revitalization has also been widely concerned. In the relationship of "people, land and production" in rural areas, population contraction has become a social phenomenon that we have to face. Therefore, this paper takes the characteristics of population change in rural areas of Jilin Province as the main research object, analyzes the impact of population change on the planning path in terms of village residential area size, rural social structure, agricultural production mode, rural public service, etc., and proposes rural development and planning strategies to deal with population contraction in Jilin Province from rural layout, industrial structure, service system, etc, It is of great practical significance to the compilation of territorial planning and the effective implementation of the rural revitalization strategy in the new era.

[Keywords] population contraction; rural development pattern; Jilin Province

[文章编号] 2024-94-P-062

在乡村振兴战略的引领下，国土空间规划体系构建过程中，乡村人口收缩加剧的现象，已然成为吉林省乡村振兴和国土空间规划编制所面临的新境况与新挑战。在此情况下，对吉林省乡村人口收缩现象开展分析，并研判人口变化对乡村社会结构、产业发展、公共服务、乡村治理、空间格局产生的影响，在此基础上对吉林省乡村发展的格局进行展望并提出应对方案，是促进吉林省实现高质量乡村振兴和高标准完成国土空间规划编制的关键所在。

一、吉林省人口收缩现状

1.人口收缩的概念

目前，世界不少国家和地区都历经了常住人口下降带来的人口收缩问题。在21世纪初的十年间，我国有897个县域出现明显的人口收缩状态，且主要集中在东北及资源枯竭型地区，这对当地社会经济及我国人口均衡发展带来了新的挑战。随着经济转型发展和新型城镇化建设，人口的城乡流动和区际流动加速，区域人口局部收缩状态也越来越普遍和常态化。因此，明晰和把握地区人口收缩态势与空间格局，回应人口收缩、制定合理的地区发展策略与规划，对实现区域社会经济的均衡发展和可持续发展具有重要指导意义。

2.吉林省人口收缩特征

（1）乡村人口总量衰减

从第七次全国人口普查的数据显示来看，吉林省人口总量约为2407.35万人，其中：乡村总人口为899.45万人，占全省人口的比重为37.36%。根据历次人口普查数据分析，吉林省的乡村人口自新中国成立初期至今呈现倒“U”形曲线，从20世纪90年代开始，伴随着城镇化的发展，乡村人口持续递减，30年间减少了约600万人，尤其是六普到七普期间，农村人口减少381.02万人，10年间减少29.76%，农村人口呈现出加速收缩的态势。

（2）空间差异明显

全省乡村人口分布上，乡村人口主要集中在中部地区，占乡村总人口63%；西部次之，占乡村总人口22%；东部最少，占乡村总人口15%。户籍人口减少量中部地区>东部地区>西部地区。中部地区长春市减少40万以上，吉林市减少25万以上，西部地区松原市减少20万以上，东部地区通化市、西部地区白城市减少15万以上，其他地区均减少10万人左右。人口减少水平与人口基数相比较，东部地区人口减少占比最高，其中白山市减少约28%，通化市减少约15%，延边州减少约13%。

（3）村庄人口规模衰减

伴随着乡村人口的衰减，尤其是青壮年劳动力进城务工，村庄居民点的实际居住人口持续减少。据七普数据分析，吉林省行政村的平均实际居住人口约为967人，略低于全国989人/村的平均水平。同时在村庄层面出现了“空心化、空巢化、空宅化”等现象，农村户均人口低于3，农村家庭结构趋向于老年夫妇为主。

（4）乡村人口年龄结构失衡

根据数据分析，吉林省乡村人口年龄结构正由“稳定型”向“衰退型”转变，具体表现为老年人口快速增加，中幼年大幅减少，即乡村常住人口呈现出老龄化与低生育率凸显的年龄结构。在年龄结构上，参考五普、六普、七普人口调查数据吉林省农村人口年龄结构，60岁以上老年人占比约为24%。人口出生率则从9.53‰下降到6.05‰，远低于警戒线15‰的水平，而且由于大量年轻人离开农村，导致乡村地区的出生率远低于全省出生率水平，与老龄化趋势相叠加人口结构失衡的程度进一步加剧，农村劳动力面临着进一步的衰减。根据实地调研数据分析，目前乡村地区从事农业生产的人口年龄结构大部分在45岁以上，2015年农村劳动力数量达到峰值760万人，而后开始出现下降趋势，到2019年约为716.17万人，年均递减率为1.5%。这标志着吉林省农村地区已经进入了较高程度的老年社会，乡村地区自然增长率逐年降低，数量上已经进入减量阶段，结构上老龄化、生育率降低问题突出。

乡村常住人口呈现出“人走户留”、户均人口下降的“空心化”在村庄人口空心化程度上，吉林省七普实际居住人口与2019年户籍人口相比较缺口为422.45万人，呈现出“人走户留”的变化特征。分析2000—2019年吉林省乡村人口变化趋势，户籍人口减少162.4万人，年均减少约8万人，常住人口减少222.7万人，年均减少约11万人，且从2014年开始人口递减趋势增强，且差值从2009年开始呈现逐年减少趋势。截至2020年底，全省乡村户数为426.01万户，户籍总人口为129万人，常住总人口为1122.8万人，平均每户户籍人口3.1人、平均每户常住人口2.6人。人口空心化率达到68.04%，户均人口从五普的3.58下降到七普的2.51。

综上所述，吉林省农村人口将大幅减少，尤其是常住人口，这一情况将对耕地流转机制提出更高的要求。随着半城镇化及农民带地入城数量增加，对农村地区保留宅基地及农房的退出及利用政策的落实与实施提出新的挑战。而老龄化程度不断提升、东部守边人口压力增加等，都需要从乡村发展等方面给出应对之策。

二、吉林省人口收缩对乡村发展的影响

1.对乡村社会结构的影响

人口变化是人口自然增长和人口迁移共同作用的结果，根据吉林省人口普查数据，吉林省乡村人口于四普达到峰值（约1500万），此后加速流出，至2020年不足900万。伴随着新型城镇化的实施，乡村人口进一步向城镇集聚，进而带来乡村人口的收缩现象给乡村社会结构带来巨大的冲击。同时结合《吉林省国土空间总体规划（2021—2035年）》的相关专题研究，吉林省乡村人口年龄结构金字塔重心均继续上移，老龄化态势显著，乡村的青壮年劳动力持续流向城镇地区。这将导致村庄进一步呈现出老龄化、衰败化的景象，从而加剧了农村劳动力的不足，从而负反馈到村庄社会结构。同时农村人口结构失衡可能会带来农村社会风险加大（农村养老、留守儿童、留守妇女等）、农业生产面临挑战（劳动力短缺、耕地低效利用）等现实问题。

2.对公共服务体系构建的影响

随着乡村振兴战略的深入实施，村庄将进一步完善和补齐乡村公共服务体系的短板。但是吉林省村庄公共服务设施现状配置不均衡、不平衡，不同类型的村庄如何避免乡村公共服务设施建设重资本投入、成本攀升、效能降低的问题，应结合“精明收缩”的发展情景，对不同村庄类型、规模与布局的村庄实现公共服务设施的均等享受和差异配置，合理配置公共服务设施体系。

尽管绝大多数的乡村面临人口收缩的问题，但是按照乡村振兴的要求，要求进一步完善和补齐乡村公共服务体系的短板，村镇公共服务设施配置的内容主要以行政等级为依据，同等级的乡镇、村庄配置大致相同的公共服务设施。国家和部分省市也出台了一系列规范标准，如《吉林省村庄规划编制技术指南（试行）》《吉林省设立镇标准》等，为村镇公共服务设施配置提供指导，这就面临部分村庄人减设施增的现象，从而进一步带来乡村公共服务设施建设重资本投入的问题，如成本不断攀升、公共服务效能降低的现象。

3.对居民点格局的影响

农村居民点的空间分布可以用形态结构和空间布局两个指标来刻画，两者皆经历了从简单到复杂、从聚集到分化的演变。具体来讲，由于人类活动的干扰对居民点所造成的影响不断增加，农村居民点的外部形态便较为规则，呈现出由条带状或锯齿状向矩形或圆形转化的趋势。并且，随着时间的推移，农村居民点在空间布局上的碎片化程度逐步减小，小规模居民点开始逐渐整合，再加上居民点内部空地的不断填充，农村居民点呈现出聚集的状态，斑块间距离逐渐缩短。以吉林省为例，吉林省农村居民点的分布密度呈现出地带差异，即东部地区的密度高于西部地区，经济发达地区的密度高于经济欠发达地区，并且随着经济的发展，吉林省的农村居住点布局逐渐密集，呈现出城市或经济发达的农村居民点位于中心，其他农村居民点呈“卫星状”分布的特点。

一般来说，绝大多数地区都是伴随着人口的收缩，农村居民点建设用地也随之降低（除少数村庄会出现“人减地增”的“逆向扩张”现象）。因此随着吉林省“精明收缩”战略的实施，未来吉林省绝大部分村庄面临着人减地减的“双减”格局，同时根据王彦美、杨念慈等人的研究发现，随着农村人口的持续减少，农村居民点空间布局的“散、乱、空”现象将更加突出。同时结合《吉林省国土空间总体规划（2021—2035年）》的相关专题研究，未来吉林省村庄格局将呈现出不同的村庄类型分类发展（如绝大多数村庄集聚提升发展，部分村庄突出文化、特色化发展等），同时参照中国农村宅基地转型趋势理论，未来农村居民点用地在城乡用地中的比例，相较于建设用地而言，会表现为逐渐趋于稳定的趋势，即农村宅基地规模将逐步趋向合理化、农村人居环境大幅提升等格局。

4.对农业生产的影响

根据吉林省统计年鉴以及人口普查数据分析可知，吉林省农村劳动力占比逐年下降，外出务工的比例不断增加。但是为保障粮食生产安全的底线任务，采用劳动力需求预测，2035年乡村总人口的劳动力底线约为317万人。同时根据盖庆恩等人的研究，当前中国农村劳动力的流动遵循“男性优先，壮年优先”的基本规律，以及前述吉林省乡村人口年龄结构的研究，随着乡村的精明收缩，未来吉林省乡村劳动力结构重心将进一步上移，集中在40~60岁的人口之间。

在此情况下，人口收缩对乡村农业生产方式带来巨大挑战，需要不断深入相关理论研究与技术研发，并最终推动现代集约化农业的发展，推动农业生产方式的更新。但技术上的变革并不能阻止人口的流失，甚至会解放劳动力，抑制人口回流，而随着农村人口收缩规模与程度的不断加深，农业生产方式所具备的发展活力将大幅降低，并且农村地区将面临严峻的社会与经济问题。因此，未来应加快乡村土地流转、培育新型职业农民以及引入机器人种植等实现新型农业发展。

5.对乡村社会治理的影响

吉林省村庄人口如今已经呈现出空心化的特征，并且根据吉林省未来发展战略的研判，同时立足于吉林省省情实际，人口规模预测结果为2025年农村人口达到736.9万人，2030年625.8万人，2035年528万人（表1）。在此情况下，吉林省人口收缩将对村庄用地空间产生影响，使其出现乡村建设用地总量由增到减，长期内实现减量；城镇开发边界和区域重大项目占用量增加；闲置宅基地数量增多等情况，而此情况无疑将使得村庄规模缩小，呈现点状聚集的趋势，随之而来的则是村庄用地闲置率的不断上升。

表1 2025、2030、2035年吉林省农村人口预测值

年份	情景一		情景二		情景三	
	总量（万人）	农村人口（万人）	总量（万人）	农村人口（万人）	总量（万人）	农村人口（万人）
2025	2259.7	677.91	2302.8	736.89	2289.3	709.68
2030	2167.8	541.95	2235	625.80	2240.3	605.04
2035	2100.8	420.16	2200	528.00	2203.0	528.79

虽然乡村人口在精明收缩，但随着新一轮乡村振兴战略的实施，创新乡村社会治理体系、探索一条符合吉林省情的乡村治理之路是重要的工作基础。根据王景新等人的研究发现，人口“过疏”是农业现代化滞后、乡村萧条衰落的根本原因。但是农村仅仅依靠农业就能生存的时代已经结束，在农业功能尚未拓展到二三产业、农村地域空间尚未形成一二三产业融合发展格局之前，主要依靠外出务工维系家庭生计的格局仍将是农户的集体选择。因此，“城

1.吉林省人口变化图（数据来源：吉林省统计年鉴） 2.第七次人口普查吉林省各市州乡村空心化程度对比图（数据来源：吉林省统计年鉴） 3.吉林省农村劳动力占农村人口比例图（数据来源：吉林省统计年鉴）

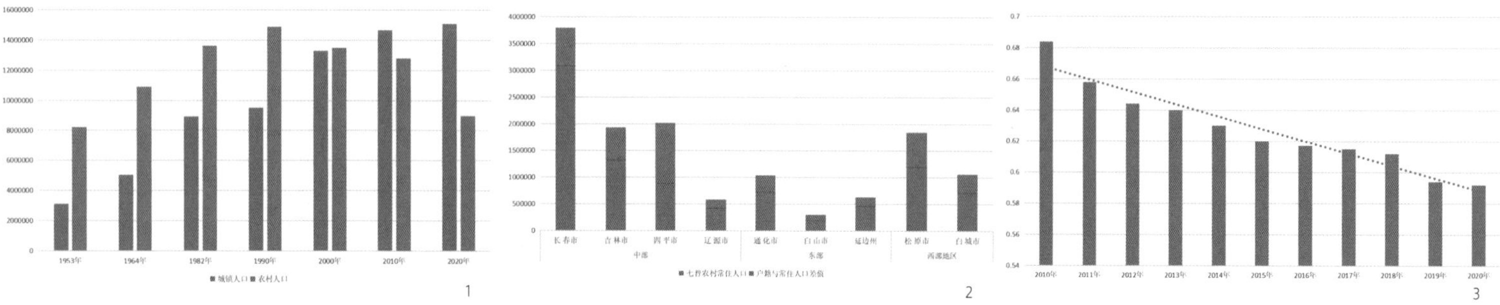

乡两头家”的格局短期内难以根本改变。同时结合国家《“十四五”城乡社区服务体系建设规划》以及吉林省情实际，我们认为人口收缩背景下的乡村治理不仅要关注人地关系的合理性，更要兼顾不同社会群体（如“城乡两头家”群体）的不同情景，进而实现乡村社会治理真正意义上的现代化。

三、人口收缩背景下的乡村发展策略

乡村收缩是人口收缩、空间收缩、产业收缩、文化收缩等多种要素的叠加，同时也是一种必然趋势，但收缩不仅仅是空间集约，还包括土地价值的提升、人均产值的提高、优化资源的集约配置，提升土地利用效率，实现乡村空间结构的优化调整，助推城乡高质量发展，这是乡村收缩的终极目标。

1.县域就地城镇化

随着我国经济实力的不断增强，人口收缩带来的城镇化不同于以易地迁移为主的传统城镇化，县域层面的就地城镇化主要强调农村的就地改造，使农民就地完成生活、生产以及精神文化等层面的城镇化转型。这就要求全国各县、村镇以全域全要素为基础，综合历史、文化、环境等特色要素，了解资源本底，挖掘特色资源，培育发展各县、村镇的主导产业。通过“一村一品、一镇一业”的镇村产业格局带动乡村振兴，在培育发展特色产业的同时促进县域就地城镇化。

吉林省资源丰富，要对区域进行客观的定位，将区域内独特的资源，如人参、鹿茸和貂皮、森林和冰雪等资源，以及蒙古族、朝鲜族等民族特色培育发展生态旅游、民俗旅游、人参加工等主导产业，做到农村产业发展多元化，将资源转化为经济效益。同时，要延伸产业链条，着力打通产业链上下游产业，增加产品附加值，形成产业集群效应。

2.产业结构调整

由于人口要素的转移和人口结构变化，劳动年龄人口逐渐减少以及老龄化的人口趋势，会给经济发展带来重大影响。产业发展、产业结构应及时调整，鼓励以本地农业为核心的产业融合项目，注重一产与二三产业的联动与融合，并且借助“互联网+”“生态+”等新经济的浪潮，真正做到乡村经济与社会的转型。同时，尊重乡村自然生态环境与既有建设肌理，传承乡村特色文化，注入展现本底的乡村旅游文化项目。

在《吉林省乡村振兴战略规划（2018—2022年）》的指引下，深入贯彻中东西“三大板块”战略和吉林省实现农业现代化总体规划部署，加快构建“多点双带三片”的现代农业发展布局，并结合“三区、三园、一体”区域、大中城市周边、交通物流节点、风景名胜区周边、特色保护空间等不同地理区位、交通条件、资源禀赋的村庄，打造吉林省乡村产业特色振兴空间体系，促进产业兴旺发展。构建“四带联三片、多点带集群”的乡村特色产业布局，建设国家绿色现代化“米袋子、菜篮子、大厨房”，及寒地乡村生态文化旅游特色区。加快农业生产、经营方式规模化、集约化、市场化发展，推进城乡融合发展，鼓励人才、资金向乡村流动，依托“农业+”，发展农产品加工、绿色食品制造，发展农业电商物流、休闲农业和乡村旅游，结合良好的生态、文化资源，打造生态产品，发展文化产业。同时发挥中东西部地区三大板块资源优势，加快推进绿色大粮仓、生态安全食品基地、特色农产品基地建设，打造全国名优农产品品牌。

3.服务体系构建

通过合理引导人口、用地、产业、公共服务向城镇和中心村集聚，打破“小、散、乱”格局，统筹整合资源要素，引导居民点向“减量、提质、集约、高效”发展。在乡镇层级结合社区生活圈和规模化农业生产格局，确定构建新型乡村社区的具体安排，构建符合各省不同区域特点的居民点空间布局。同时在乡村设施设置方面考虑未来规模缩减以及居民点适度集中的影响，跳脱城镇型、级配式的设施供给方式，建立与潜力地区识别关系更紧密、更弹性的服务设施体系。

在人口收缩的情境下，在进行乡村设施建设时应着重对规模缩减的趋势进行预测，根据实际情况脱离城镇型以及级配式等传统供给方式的影响，建立与此地区关系更紧密、更具弹性的服务设施体系。在进行交通设施的建设时，以“村村通”为基础外，建设对外通达枢纽、对内便捷成网的体系。并且也应当注意乡村文脉的传承，以此为核心来挖掘乡村地区的文化基因，通过建设具备地域特征的传统建筑来延续乡村文脉，营造乡村精神层面的内涵，实现“望得见水，看得见山，记得住乡愁”的回归。

四、人口收缩背景下的村庄规划策略

1.村庄类型划分与布局优化

以行政村为基本单元，在人口收缩的背景下，统筹考虑村庄现状条件和发展潜力，将村庄划分为集聚提升类、城郊融合类、特色保护类、兴边富民类、稳定改善类、搬迁撤并类6种类型。村庄类型划分应与村庄布局优化和村庄规划编制充分衔接，统筹考虑乡村发展趋势，合理安排乡村产业、公共服务、基础设施布局，科学制定村庄规划编制计划。

村庄应首先确定主要类型，再确定兼容类型。兴边富民类可兼容特色保护类、城郊融合类、集聚提升类；特色保护类可兼容城郊融合类、集聚提升类；其他类不相互兼容。其中，与人口收缩紧密联系的乡村布局策略为搬迁撤并类与城郊融合类。

其中，搬迁撤并类村庄主要包括：①生存条件恶劣的村庄；②生态环境脆弱的村庄；③自然灾害频发的村庄；④人口流失严重的村庄；⑤生态环境保护、重大项目建设确需占用的村庄。

搬迁撤并类村庄应结合生态红线划定、重大工程项目规划建设、环境与安全评估结论，充分尊重村民意愿，审慎确定。行政村内少数自然屯搬迁的，不属于搬迁撤并类，应按行政村的主要功能确定村庄类型。因此，搬迁撤并类村庄居民点的安置应结合拟迁入村庄统筹布局，重点做好村民意愿调查与搬迁撤并论证，科学制定迁并计划和安置方案，明确安置与补偿标准等内容，条件成熟时具体实施。

而城郊融合类村庄主要指：①市县城区和镇区现状人口规模大于3万人的镇区现状建成区以外、部分位于城镇开发边界以内的村庄；②空间上与上述城镇开发边界外缘相连且产业互补性强、公共服务与基础设施具备互联互通条件的村庄。在对其进行布局时，应当结合城镇开发边界划定，从与相邻城镇的产业关联、基础设施与公共服务设施的共建共享、城镇功能的承接等方面合理确定。不得在未经充分论证的情况下，简单将与城镇开发边界相邻的村庄一律划为城郊融合类村庄。

2.产业结构调整

构建乡村新型农业生产方式与产业格局。围绕吉林省“三个五”发展战略，充分发挥吉林地沃、林密、草茂、物丰等资源环境优势，深入贯彻“高质量发展”战略和吉林省率先实现农业现代化总体规划部署，加快构建农牧特加并举、一二三产业融合发展的现代乡村产业体系，推进产业集群集聚发展，打造产业兴旺动力源。

除此之外，也可以创新经营，加快培育新型经营主体，推动农产品加工流通。大力发展农产品加工龙头企业，支持农民合作社、种养大户、家庭农场发展加工流通，鼓励企业打造全产业链，让农民分享加工流通增值收益，创新模式和业态，利用信息技术培育现代加工新模式。大力发展“订单农业”，扩大农产品的市场占有份额，促进农业增效和农民增收，加快推进农村产业兴旺。并且，在产业结构建设中，政府应当牵头建立信息共享平台。利用互联网、物联网建立信息共享平台，为收缩地区提供宣传、展示、供销等多样化职能，有效加强收缩乡村和外部区域经济的联系。

3.完善服务体系

完善服务体系主要包括三个方面：基础设施建设、公共服务设施建设以及社会保障与服务体系。其中，加快基础设施建设需要降低对接区域系统的成本，加快交通基础设施的建设需要强化主要交通核之间的接驳能力，加强公共服务设施的建设则需要着重考虑教育设施的整合与再利用，并且积极应对快速老龄化对医疗和社会福利设施的发展要求。健全社会保障及服务体系，则是指吉林省应当在居民的日常保障与服务方面，提供完善的设施、优质的服务水平以及多样化的就业、生育与养老保障与服务体系。与此同时，可利用互联网平台、交互技术创新工作方式，搭建综合信息一览系统，建立健全完善的社会服务体系。

五、结语

通过上述研究得以发现，吉林省乡村地区的人口收缩在总体上呈现出加剧趋势，在空间分布上呈现出户籍人口减少量中部地区>东部地区>西部地区的情况，在年龄结构上呈现出自然增长率下降、老龄化程度上升、高素质人才流失的情况，在村庄空心化情况下表现为68.04%的人口空心率。而上述情况对吉林省乡村发展格局产生了影响，使居民点出现村庄规模缩小、点状聚集以及用地闲置率不断上升的情况；使得农业生产方式出现农业现代化的正向情况以及加速人口收缩以及乡村地区经济退化的负面情况；使得吉林省乡村服务能力建设呈现出服务体系效能的提升以及多种设施的建设等情况。由此，在综合吉林省农村地区基本情况的基础上，从优化居民点格局、构建新型农业生产方式与产业结构，以及从建设教育设施、医疗设施、养老设施以及基础设施等方式出发完善乡村服务能力等方面对吉林省乡村发展格局进行了考量，提出了具备可行性的乡村发展格局与规划格局的完善思路。

参考文献

[1]刘振，戚伟，刘盛和. 中国人口收缩的城乡分异特征及形成机理[J]. 地理科，2021, 41(7):1116-1128.

[2]高星，赵美冉，申伟宁，等. 东北三省收缩型城市空间分布特征与发展预测研究[J]. 全球城市研究(中英文)，2021，2(2):72-83+191-192.

[3]李佳宸，吴虑. 人口收缩背景下的县域村镇公共服务设施规划策略研究——以岫岩满族自治县为例[C]//面向高质量发展的空间治理——2021中国城市规划年会论文集（18小城镇规划），2021:324-333.

[4]王浦劬. 新时代乡村治理现代化的根本取向、核心议题和基本路径[J]. 华中师范大学学报(人文社会科学版)，2022, 61(1):18-24.

[5]袁银传，康兰心. 论新时代乡村振兴的产业发展及人才支撑[J]. 西安财经大学学报，2022(1):98-107.

作者简介

徐 达，吉林省吉规城市建筑设计有限公司规划五所技术骨干，国土空间规划师，中级规划师。

4-6.第五次人口普查到第七次人口普查到农村人口年龄构成（数据来源：吉林省统计局）

7.吉林省乡村人口年龄金字塔预测（数据来源：吉林省统计年鉴）

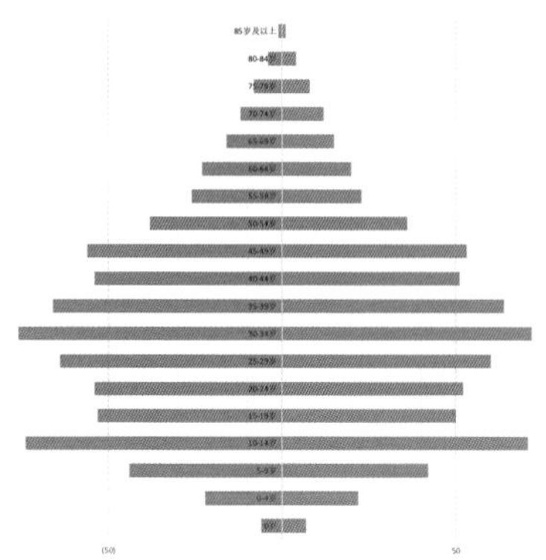

第五次人口普查吉林省农村人口年龄结构 4

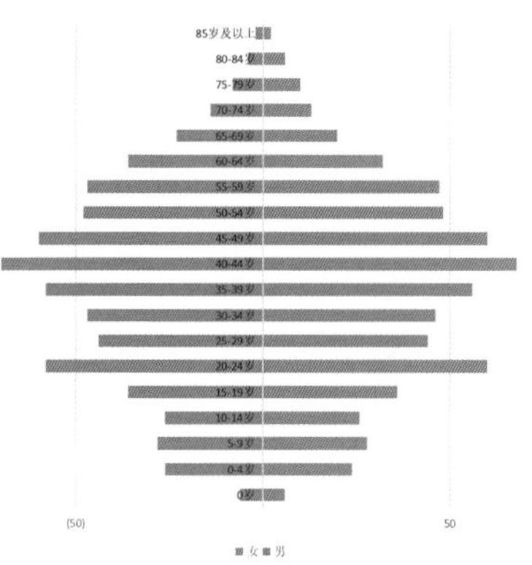

第六次人口普查吉林省农村人口年龄结构 5

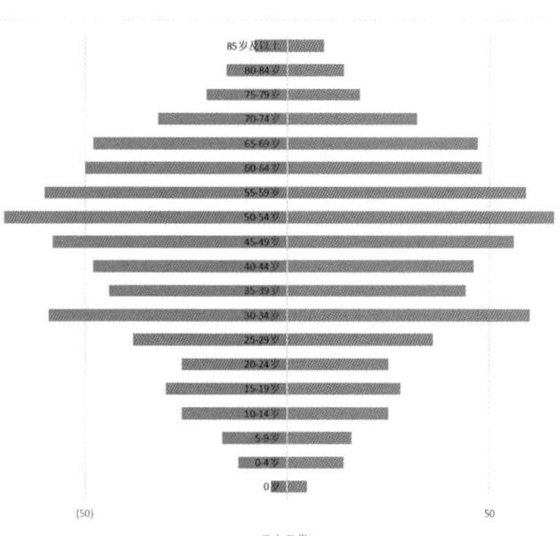

第七次人口普查吉林省农村人口年龄结构 6

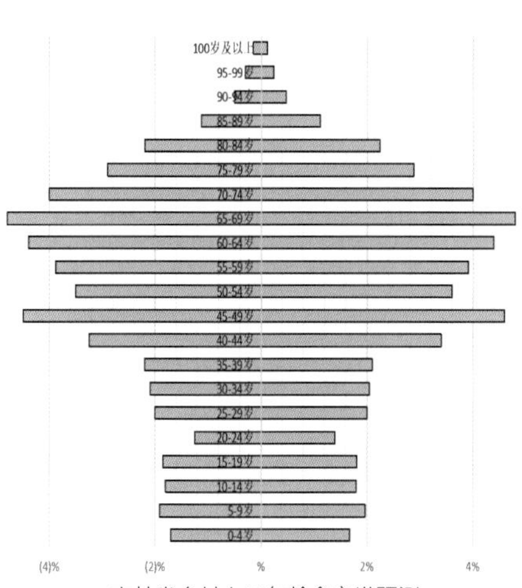

吉林省乡村人口年龄金字塔预测 7

平原农业地区村庄规划编制探索
——以四平市为例

Exploration of Village Planning in Plain Agricultural Area
—A Case Study of Siping City

庄 岩 冯铁宇 张佳欣 王美娇 郑凯航 张伊博
Zhuang Yan Feng Tieyu Zhang Jiaxin Wang Meijiao Zheng Kaihang Zhang Yibo

[摘 要] “十四五”期间是推动脱贫攻坚全面转向乡村振兴的关键时期，随着我国乡村振兴战略的逐步实施和国土空间规划体系的日趋完善，村庄规划编制亟须适应“乡村振兴”和“多规合一”等新背景的要求。我国平原地区地势平坦，灌溉便利，大多适合发展农业，其中东北平原黑土广布，土壤肥沃，是我国重要的商品粮生产基地。本文以地处松辽平原腹地的吉林省四平市为例，对新型城镇化背景下的四平市辖区内村庄布局规划展开研究，并对该地区村庄进行现状调查及布局优化探索，提出适合四平市辖区村庄发展的路径和对策，试图为四平市村庄发展寻求一个人与自然、效率与公平、集中与分散的平衡点，提高区域村庄布局规划的科学性和合理性，以期为其他平原农业地区的规划编制实践提供参考。

[关键词] 乡村振兴战略；平原农业区；村庄规划；四平市

[Abstract] The 14th Five-Year Plan period is a critical period to promote the transition from poverty alleviation to rural revitalization. With the gradual implementation of the rural revitalization strategy and the gradual improvement of the territorial space planning system in China, the village planning formulation urgently needs to meet the requirements of the new background of "rural revitalization" and "multi planning integration". The plain areas in China are flat and easy to irrigate, which are mostly suitable for the development of agriculture. The northeast plain is an important commodity grain production base with rich black soil and fertile soil. The paper takes Siping City, which is located in the hinterland of Songliao Plain as an example to carry out the research on village layout planning in Siping City under the background of new urbanization. Investigate the current situation and optimize the layout of the villages in the area, and propose the path and countermeasures suitable for the development of the villages under the jurisdiction. The research tries to find a balance point between man and nature, efficiency and fairness, and centralization and decentralization for the development of villages in Siping City, so as to improve the scientificity and rationality of regional village layout planning. The research results can provide a reference for the planning practice of other plain agricultural areas.

[Keywords] rural revitalization strategy; agricultural plain area; village planning; Siping City
[文章编号] 2024-94-P-066

一、引言

在新时期的发展背景下，广大乡村地区的生产方式、产业结构、土地制度和人口结构等均需系统性调整[1]。党的十九大报告提出实施乡村振兴战略以来，随着乡村振兴工作的逐步推进，国家和地区逐步出台了诸多政策文件支持。2019年5月中共中央、国务院颁布《关于建立国土空间规划体系并监督实施的若干意见》，明确将村庄规划作为城镇开发边界以外乡村地区的详细规划。2019年1月中央农办、农业农村部、自然资源部、国家发展改革委、财政部发布《关于统筹推进村庄规划工作的意见》，2019年5月自然资源部办公厅发布《关于加强村庄规划促进乡村振兴的通知》，围绕中央精神，深入贯彻习近平总书记对吉林提出的“率先实现农业现代化，争当现代农业建设排头兵”的指示。

吉林省地处我国主要的农业生产基地东北平原，农业开发程度高。2019年1月，吉林省人民政府正式印发《吉林省乡村振兴战略规划（2018—2022年）》，明确推动乡村振兴做好“三农”工作部署。吉林省坚持以乡村振兴战略为抓手推进“三农”工作，贯彻落实农业农村优先发展。2020年7月吉林省自然资源厅正式下发《县（市）域村庄布局专题研究提纲》，充分融合了土地利用规划、城乡规划等规划内容，有效传达上位国土空间规划管控要求，不断深化村庄规划分类指导原则，确定了规划编制成果的组成方式。为落实《吉林省村庄规划工作方案》和《四平市村庄规划工作方案》，扎实推进四平市村庄规划编制工作，服务乡村振兴战略实施，至2021年底，完成村庄分类布局，完成“一村一规划”编制，为实施乡村振兴战略和推进乡村建设行动提供空间保障和资源支撑。

本文对平原农业地区的概念、特点与相关研究进行分析与综述，进而依托吉林省四平市村庄规划发展策略研究与实践，试图探索乡村振兴背景下村庄规划编制模式，以期为其他地区的实践与探索提供一定的参考价值。

二、平原农业地区相关研究进展

1.概念辨析

（1）平原

平原是指地势相对平缓且面积较大较广的区域，主要分为从属性平原和独立型平原两种不同类型。东北平原、华北平原以及长江中下游平原作为我国的三大平原，全部属于典型的独立型平原，由北至南分别分布于我国东部第三级阶梯之上。其中，东北平原占地面积最大，且粮食年产量巨大。

1-2.东北平原农业区实景照片

（2）农业区

农业区是具有农业生产条件、从事农业生产活动的区域，通常以农业耕作为主，是种植粮食以及经济作物的主要地区，在广义上以第一产业主导，具有区域差异性[2]。我国传统上有四大农业区，主要包含为北方地区、南方地区、西北地区以及青藏地区。

（3）平原农业地区

耿明斋教授于20世纪90年代末提出“平原农业地区”的概念，在空间界定与特征等方面进行阐释，指出其地理范围主要包括华北平原、东北平原和黄淮平原地区[3]。此外，王理用GIS方法进一步分析平原农业区，依据海拔50m以下、地势相对高差20m以内、平均坡度小于等于7°的指标，界定“传统平原农业区”在我国空间的分布范围[4]。

2.研究综述

近年来，对平原农业地区领域的相关研究在学术界受到愈加广泛的重视。戴澍以江苏省淮安市为例，探索乡村振兴战略背景下我国东部平原地区农业的可持续发展，构建三层评价指标体系，从时间及空间的维度测算淮安市农业可持续发展水平，进而提出相应对策，以期促进农业现代化发展[5]。肖哲基于城镇化自组织理论，研究其演变特点、动力机制及空间结构，总结出湖北平原农业地区县域城镇化空间范型，以期丰富特色城镇化地域空间理论[6]，进而为规划编制提供一定的理论基础。聂博闻对黑龙江省平原地区镇域乡村空间格局展开研究，通过建设管控、设施布局和生态修补等手段，对镇域乡村空间格局提出优化建议[7]。总体来说，东北平原是我国北方的主要农业区，农业基础好，土壤肥沃，可耕种面积广阔，但相较于其他平原农业区村庄规划的研究，有关东北平原农业地区的村庄规划编制探索仍具有进一步丰富的空间。

三、四平市村庄规划发展策略研究与实践

吉林省四平市地处松辽平原中部腹地，寒地黑土物阜民丰，下辖8个乡（镇），115个行政村，其中，铁东区54个行政村，铁西区61个行政村；共有835个自然屯，其中，铁东区332个自然屯，铁西区503个自然屯。

1.村庄建设现状问题

（1）人口流失现象严重

截至2020年，四平市乡村人口为87.89万人，村庄总面积为1478.64km^2。依据村庄现状调查数据，结合乡村人口流失及四平市城区的发展趋势，对乡村人口规模进行预测，研究发现辖区乡村人口将呈现逐渐下降趋势。农村劳动力的流失，将导致当地的粮食、蔬菜产量下降，农村只剩下留守的老人、孩子，这最终将会影响农村的产业化生产及进程。人口的流失加剧导致四平市市辖区空心村状况普遍存在，且面积较大。空心村一般是指一个农村村庄，相对于内部居住村民，尤其处于平原农业区域，占用过多的宅基地及附属用地，致使大量土地处于浪费和闲置状态。根据各村具体数据样点反映，其数量、规模、分布，从城区中心向周边呈放射性递增，不仅造成大量土地闲置和浪费，由此也带来了很多社会性问题。宏观上，不仅危及粮食生产安全，而且直接冲击国家保护红线；微观上，宅基地、住宅布局杂乱无章，极易引起土地争议纠纷，增加社会不稳定因素。

（2）环境污染现象严重

四平市注重农业生产，为促进增量增产，每年大量使用农药和化肥等物质，这直接加剧了土壤的酸化现象和土地板结现象，板结会使土壤保持水分、养分的能力进一步变差，影响农作物的根系生长，进而降低农作物的产量。此外，化肥中的氮磷化合物随着雨水直接进入到农村周边的水系中，造成了水体的富营养化现象。农业的发展方式如果不能得到及时的改善，将导致当地农业产业在未来的发展道路上面临资源匮乏、生态污染严重的困境。

（3）规划编制有待加强

乡村振兴战略的实施是一项复杂的工程，它涵盖村庄基础设施建设、生态环境建设、产业升级建设、乡风乡俗建设四个方面，面对新形势、新需求，村庄规划编制过程中一些新的问题也随之而来。分析四平当地村庄目前的规划现状和模式，仍然存在分类指导有待提高、规划内容有待完善、建设概念有待明确、编制过程缺乏互动等问题，此类问题不利于乡村建设的可持续发展，如何以规划高效引领乡村振兴亟须思考。

2.村庄分类实施路径

（1）完成村庄分类布局

由乡镇（街道）提议，市、县统筹，综合考虑村庄现状条件和发展潜力，将村庄划分为集聚提升、城郊融合、特色保护、兴边富民、稳定改善、搬迁撤并六种类型。本研究对四平市辖区范围内所有行政村进行分类统计结果如下：特色保护类村庄17个，城郊融合类村庄27个，集聚提升类村庄25个，搬迁撤并类村庄4个，稳定改善类村庄33个，其他类村庄9个。在分类基础上，结合区域自然地理格局、区位、产业、人口等要素，统筹城镇化发展和乡村振兴等各方面要求，突出地域特色，因地制宜进行村庄布局。按照《吉林省村庄分类布局工作指引》要求，完成村庄分类布局工作，成果包括一表、一图、一库、一报告。

（2）分类推进规划编制

在市县党委政府领导下，乡镇政府依据分类布局成果，有序推进、务实规划，分类分批次高效推进村庄规划编制。

①分类实现一村一规划。对于集聚提升类、特色保护类、兴边富民类村庄，按照综合性规划要求优先

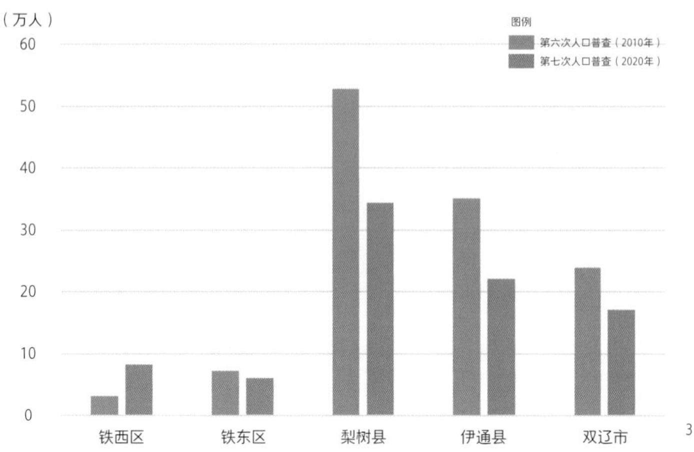

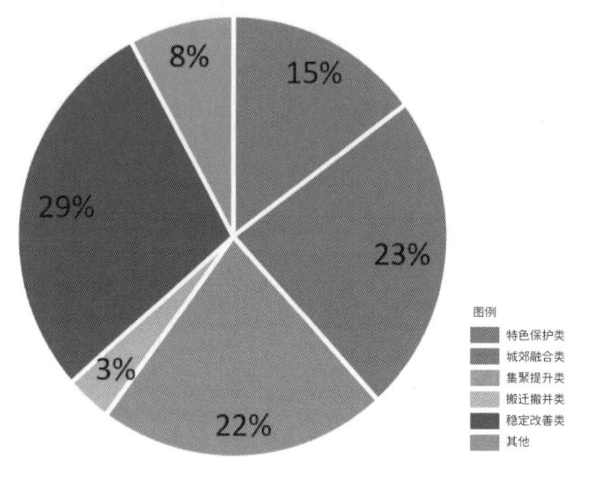

3.四平市乡村人口数据统计图　4.四平市辖区范围内行政村分类占比统计图

开展编制工作；对于城郊融合类村庄，可融合城镇建设用地，统一对村庄和城镇编制详细规划；对于搬迁撤并类和稳定改善类村庄，不单独编制村庄规划，可在乡镇规划中明确国土空间用途管制规则、建设管控和人居环境整治要求。此外在编制过程中，应杜绝外力干预，保障规划的严肃性；在审批过程中，严格规划审批，彰显法律的崇高性。农村住宅用地审批，在坚持“当地村民、一户一宅、标准面积”的前提下，把控好规划用途、格局等重要关口。

②打造村庄规划示范村。四平市各县市区根据村庄实际和发展需求，首先在每一类村庄中选出1~2个基础条件较好的村庄编制综合性规划做示范，高标准选用规划设计团队，编制精品村庄规划，进而为区域村庄规划做样板。过程中注重建设乡村善治单元，应用数字化技术提升乡村治理效能，推进乡村基层管理服务精细化；其次培育“一村一品”的特色产业，打造一批小而精、特而美的特色产品，传承弘扬当地优秀传统文化，繁荣兴盛文明乡风。

③以镇为单元统筹编制。乡镇作为村庄规划的组织编制主体，以镇为单元开展招标工作，突破发展局限，促进要素流动，整合地方资源，对镇区内的产业、生态、文化、旅游等资源进行全面梳理、集中打造、高效利用。在县域、乡镇域范围内统筹谋划村庄发展、基础设施和公共设施布局，衔接好县乡两级国土空间总体规划，编制“多规合一”的村庄规划。

3.村庄规划优化策略

（1）分类引导，精细管理

依据国家、吉林省乡村振兴相关文件要求，明确乡村分类依据，对市辖区乡村发展与建设进行分类指导。其中，集聚提升类村庄遵循“总量管理、边界管理”原则，重点优化和集聚产业发展用地，提升基础设施和公共服务能力；城郊融合类村庄遵循“城乡融合、共建共管”原则，重点推进融入城镇发展，保留村庄风貌特色；特色保护类村庄传承“乡愁、乡风、乡貌”，保护原有村庄格局、风貌，发展特色旅游与特色产业；搬迁撤并类村庄遵循“远近结合、逐步搬迁”原则，引导村民转移到中心村、城镇，进行有序搬迁；稳定改善类村庄则逐步整理闲置土地，提升土地利用效率，改善村庄环境质量。

合理引导居民点集中和集聚发展，进一步提升平原农业区居民点功能，完善公共服务设施。通过空间布局优化，调控村庄空间受到的地势、水源、耕地等自然资源制约，对村庄建设进行精细管理。

（2）因地制宜，凸显特色

充分调研并梳理平原农业区生态本底、资源禀赋、产业基础，合理确定村庄发展定位和目标，尊重自然山水格局，合理划分农村生态生活生产空间，将四平当地的乡土文化产业、建筑、景观充分有机结合。深入挖掘农耕、民俗、非遗、家风等村庄特色资源、传统技艺，在有条件的地区发展文创产业；在传承的基础上对四平当地乡土建筑进行创新，保护当地传统村落和建筑，采用新的建造工艺和节能环保技术，适应现代化的生活需求；继承当地特色乡土景观，利用农具、陶罐等农业元素造景，体现东北平原农业景观的趣味性和艺术性。此外还需要扩大宣传影响，借助互联网、电视媒体等载体，共同推进乡村特色产业的发展。

（3）用地集约，高效利用

自然资源部《关于开展全域土地综合整治试点工作的通知》中提出“以乡镇为基本实施单元（整治区域可以是乡镇全部或部分村庄），整体推进农用地整理、建设用地整理和乡村生态保护修复”，这就需要在平原农业区集中优化乡村建设用地，挖掘土地存量，整理腾退搬迁撤并类村庄建设用地和村庄闲置宅基地，整治改造未利用地，创新当地乡村供地模式，破解乡村产业发展用地难题，为农村新产业、新业态提供发展空间，优化利用功能。撤销合并部分村屯，腾挪游离格局外的村民散户，努力提高土地节约、集约化程度，从规划角度整治四平市辖区内空心村现象。

（4）保护优先，绿色发展

稳定的生态系统是平原农业区农业能够持续发展的基底，严格实施全要素保护，构建四平市全域生态安全格局。落实省市生态安全、粮食安全战略，协调山水林田湖草湿等生态要素保护与村庄发展关系，开展美丽乡村建设。加强对平原农业区乡村历史文化遗存遗迹、传统村落的保护，合理划定村庄建设边界，明确用地、产业、建设活动等管控要求，在保护的基础上引导村庄分类发展。坚持绿色发展，以生态保护作为发展前提，全面推进乡村发展和经济的繁荣。

（5）城乡融合，有序发展

加快城乡融合发展，推进城乡基础设施共建共享，促进乡村资源要素与大市场对接，鼓励人才、资金向乡村流动，由此释放可观的改革红利，带动四平市全域社会经济持续发展。村庄的发展需要产业支撑，依托平原农业区丰富的“农业+”产业，发展农产品加工、绿色食品制造，发展农业电商物流、休闲农业和乡村旅游，结合良好的生态、文化资源，打造生态产品，发展文化产业，不断增强与城镇经济社会的融合，助力乡村全方位提升。

四、结语

乡村振兴战略能够从根本上解决环境矛盾和村庄发展失调的问题，从我国社会主义初级阶段的发展来看，乡村振兴战略是根本需求和客观要求，有利于全面实现小康和社会主义现代化强国。将村庄进行分类布局，能够为实施乡村振兴战略，推进乡村建设行动提供空间保障和资源支撑。平原农业区作为我国农业地域重要的组成部分，具备丰富的研究价值。本文从地处东北平原的吉林省四平市辖区实际出发，发掘现状问题，探索实施路径，指出优化村庄布局是乡村振兴发展的现实需要，提出精细管理、因地制宜、集约用地、生态保护和城乡融合等优化策略，结合六种类型的村庄分类，明确各类村庄规划编制内容、深度和成果表达要求，形成不同类型可复制、可推广的编制模式，完善乡村规划体系，以规划手段为乡村发展赋能，具有重要的现实意义。

参考文献

[1]戴林琳, 余璇, 吕晋美, 等. 国土空间规划改革过渡期村庄规划的编制思路与实践探索[J]. 小城镇建设, 2021, 39(3): 41-47.

[2]纪志耿. 新中国成立以来党领导农村公益事业发展的历史进程与基本经验研究[M]. 成都：四川大学出版社, 2017.

[3]耿明斋. 欠发达平原农业区工业化道路——长垣县工业化发展模式考察[J]. 南阳师范学院学报(社会科学版), 2005(1): 26-35.

[4]王理. 制度转型与传统平原农业区工业化路径研究[D]. 开封：河南大学, 2008.

[5]戴澍. 乡村振兴战略背景下我国东部平原地区农业可持续发展研究——以江苏省淮安市为例[J]. 江苏经贸职业技术学院学报, 2021(1):6-10. DOI:10.16335/j.cnki.issn1672-2604.2021.01.002.

[6]肖哲. 湖北平原农业地区县域城镇化"自极化"空间范型研究[D]. 武汉：武汉理工大学, 2020. DOI:10.27381/d.cnki.gwlgu.2020.000605.

[7]聂博闻. 黑龙江省平原地区镇域乡村空间格局研究[D]. 哈尔滨：哈尔滨工业大学, 2019. DOI:10.27061/d.cnki.ghgdu.2019.006413.

作者简介

庄　岩，四平市自然资源局国土空间利用服务中心主任；

冯铁宇，四平市自然资源局铁西分局副局长；

张佳欣，四平市自然资源局国土空间利用服务中心村镇科科长；

王美娇，四平市自然资源局国土空间利用服务中心科员；

郑凯航，四平市自然资源局国土空间利用服务中心科员；

张伊博，长春市规划编制研究中心助理工程师。

村庄类型
实景调研照片
搬迁撤并（孤榆树村）
村委会
健身场地
城郊融合（塔子沟村）
农业综合体景观
红色爱国主义教育基地
集聚提升（任家村）
活动场地
村卫生室
稳定改善（团山子村）
活动场地
村卫生室
特色保护（哈福村）
卧龙屯
村庄道路风貌
5

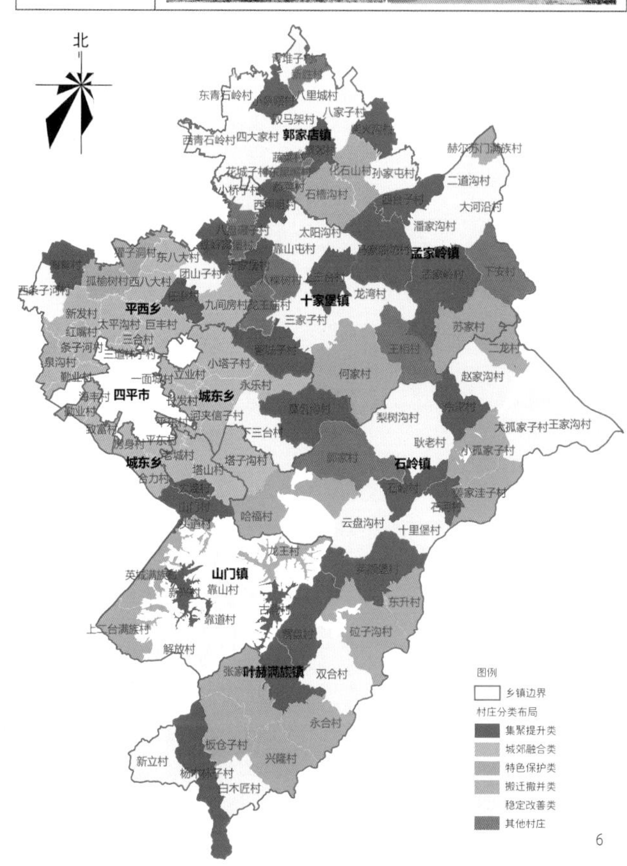

5.村庄分类实景调研图

6.四平市辖区村庄分类布局图

吉林省东部山区村庄规划编制探索
——以通化县为例

Exploration of Village Planning and Compilation in the Eastern Mountainous Area of Jilin Province
—Take Tonghua County as an Example

周研辰 武长胜
Zhou Yanchen Wu Changsheng

[摘 要] 为深入学习习近平新时代中国特色社会主义思想，深入贯彻党的十九大和十九届历次全会精神，全面落实习近平总书记关于“三农”工作重要论述和视察吉林重要讲话指示精神，立足新发展阶段，贯彻新发展理念，构建新发展格局，扎实推动各类规划在村域层面“多规合一”，科学优化乡村空间布局，保障村庄规划实施，进而为实施乡村振兴战略和推进乡村建设行动提供空间保障和资源要素支撑。2021年6月，吉林省自然资源厅印发关于《吉林省村庄规划编制技术指南（试行）》的通知，提出了吉林省村庄规划编制的技术规范和成果要求。在此背景下，本文以通化县为例，以编制指南的要求对吉林省东部山区村庄规划编制进行探索，旨在为国土空间规划背景下的村庄规划编制提供参考与借鉴。

[关键词] 村庄规划；东部山区；国土空间规划；乡村振兴

[Abstract] We will promote the integration of various plans at the village level, scientifically optimize the spatial layout of rural areas, ensure the implementation of village plans, and provide spatial support and resource elements for the implementation of the rural revitalization strategy and rural construction. In June 2021, Jilin Provincial Department of Natural Resources issued a notice on the Technical Guide for the Compilation of Jilin Provincial Village Planning (Trial), which put forward the technical specifications and achievement requirements for the compilation of Jilin Provincial village planning. In this context, this paper takes Tonghua County as an example to explore the planning of mountainous areas in the eastern part of Jilin Province according to the requirements of the compilation guidelines, so as to provide a reference for the compilation of village planning in the context of territorial space planning.

[Keywords] village planning; the eastern mountains; territorial planning; rural revitalization

[文章编号] 2024-94-P-070

一、新时期村庄规划的重要性

近年来随着新农村建设的推进，农村经济得到较快发展，但急于求成的建设方式偏离了新农村建设的预定轨道，使传统村庄环境和风貌发生较大改变，传统村庄聚落特有的院落空间和历史文化面临丧失或割裂。同时，在新时期国土空间规划编制“三区三线”划定的大背景下，如何更新和布局有限的村落民居及其环境，使村庄国土空间总体格局在保护和开发的背景下和谐发展，成为新时期村庄规划面临的主要课题。特别是吉林省东部山区的生态环境与自然资源具有特殊而明显的优势，区域地形地貌以高山、山区和丘陵为主，耕地面积较小，未来该区域将重点打造成为全省东部重要生态屏障，在保护中发展也成为村庄规划所确定的重要任务。

同时，新时期村庄规划定位为国土空间规划体系中城镇开发边界外、乡村地区的详细规划，是“多规合一”的实用性规划，是开展乡村地区国土空间保护开发活动、实施国土空间用途管制、核发乡村建设规划许可、进行各项建设的法定依据。通化县村庄规划应按照先规划后建设的原则，通盘考虑土地利用、产业发展、居民点布局、人居环境整治、生态保护和历史文化传承，编制多规合一的实用性村庄规划，切实解决村庄发展存在的实际问题。

二、通化县概况

1.地理位置

通化县位于吉林省东南部，地处东经125° 17′ —126° 25′ 、北纬41° 19′ —42° 07′ ，东与白山市毗邻，西与辽宁省的本溪市、抚顺市交界，南与集安市相连，北与柳河县接壤。境域东西极点距离96km，南北极点距离83.3km。县城驻地快大茂镇，距通化市19km，是全县政治、经济、文化中心。

2.行政概况

通化县下辖快大茂镇、二密镇、果松镇、石湖镇、大安镇、光华镇、兴林镇、英额布镇、三棵榆树镇、西江镇10个镇，富江乡、四棚乡、东来乡、大泉源满族朝鲜族乡、金斗乡5个乡，共计153个行政村、25个社区。第七次人口普查中通化县常住人口为16.6万人，其中居住在乡村的人口为8.96万人，人口密度低，村屯布局分散。加之近年农村人口流动性较大，土地集约利用的水平较低。

3.地形地貌

通化县境内受老岭山脉制约，总体上为东南、东北部高，西南、西北部低，山体呈东南西北走向。境内最高处为石湖镇境内的海拔1589m的老岭山脉主峰东老土顶子，最低处为大泉源满族朝鲜族乡境内海拔288m的浑江与富尔江的交汇处。

4.气候条件

通化县位于长白山南麓，气候属北温带大陆性季风气候，冬冷夏热、较为湿润，年平均气温为4.3℃以上，最高气温7月份达32.4℃，最低气温1月达到－39.2℃，年日照为2514.2小时，无霜期135~150天，终霜期为5月6日，初霜期为9月21日，年均降水量为900mm，雨水较均衡充沛，多集中于7、8月。春、冬雨雪也较充沛，适宜保墒。

5.河流水文

通化县境内的河流均属鸭绿江水系浑江流域，大多发源于龙岗山脉南侧，南流；少数河流发源于老岭山脉北侧，北流。

全县有境内流程1km以上的大小河流626条，其中流程超过10km的河流34条，50km以上的河流3条。主要河流有浑江、富尔江、哈泥河、大罗圈沟河、小罗圈沟河、水洞河、头道沟河、二道沟河、蝲蛄河等，其中浑江为主干（一级）河流。这些河流的普遍特点是河谷狭窄，河谷宽度一般都不超过1km，有些支流的河谷宽仅数百米之内，河流弯曲度大、落差大、水流湍急。

6.自然地理格局总结

通化县，一江穿越、周山环抱。在长白山麓、浑江之滨，山水之城。全域按自然地理要素，呈现“一江两山三河多核”。

一江：浑江，从北东向南西斜贯县域，浑江河谷向两侧地势逐渐增高，总体地势呈东北高，西南低。

两山：老岭山脉、龙岗山脉东坡，两大山脉横亘东西，成为境内两大天然屏障。

三河：蝲蛄河、哈泥河、富尔江为主要支流，多为北西、北东向，形成较为明显的树枝状水系。

多核：通化县崇山峻岭间，分布着吉林通化石湖国家级自然保护区、吉林通化石湖国家级森林公园、吉林通化四方山省级森林公园、吉林通化蝲蛄河国家湿地公园。这些生态功能核心对维护区域生态平衡、生物多样性的保护以及旅游发展具有重要的意义。

全域按各类用地面积占比，八分为山，半分为水，一分为田地，呈现“八山半水一分田”的自然地理格局。

三、通化县村庄规划编制面临的问题

通化县由于地理区位的影响，沟谷较多，大部分村庄内居民点都是沿主要道路或沟谷进行分布，这样的居住方式是历史形成的产物，虽然以行政村为单位，但各居民点分布较为分散。在实际进行规划时，常出现只针对一个村庄的发展进行考虑的情况，未进行全方位统筹思考。鉴于此，我们针对村庄规划编制工作中存在的各类问题进行了分析。

首先，缺乏部门统一协调，各部门对自己对应的领域制定相应的规划和相应的法规，如自然资源部门编制的村庄规划、农业部门推进的农业两区划定、乡村振兴部门主导的乡村振兴规划、环保部门负责的“三线一单”等。其次，目前许多乡镇的国土空间总体规划和相关专项规划仍未启动或处于编制中，未实现乡镇级国土空间规划全覆盖，仍需要一段时间过渡，导致村庄规划缺乏上位规划传导。再次，国家自上而下的规划改革势必会对原村庄规划产生影响，原村庄规划保护与发展的方向已不能满足当前村庄建设发展需要，而项目实施又迫在眉睫，如何做到实用性村庄规划、应编尽编、指导实施全覆盖将是一个很大的挑战。最后，“多规合一”兼容了传统村庄规划、土地利用规划、主体功能区规划、农业两区等规划，规划的上下联动、一张图建库也是村庄规划编制的难点。

四、通化县村庄规划的难点

1.耕地后备资源不足，利用难度较大

通化县地处长白山区，素有“八山半水一分田”之称，耕地面积较小。受地理条件制约，山区林区较多，且全县适宜开发的滩涂、荒草地等耕地后备资源分布零散且大部分位于生态脆弱区域。受资金、技术等因素制约，耕地后备资源开发利用潜力有限，难以满足畜牧、园艺特产等扩基增容用地的需求，用于农村新产业、新业态发展的建设用地指标更是有限。

2.农牧业生产经营方式比较粗放，产业化水平较低

产业链条短，精深水平低，市级以上农业产业化龙头企业少。产前、产中、产后服务体系建设滞后，销售渠道不畅。

3.面临的环境问题较严重，生态治理的任务较艰巨

农村环境保护形势较为严峻，农村环境保护机制不完善，农村生活污水、生活垃圾处理设施匮乏，单位面积耕地农药、化肥使用量大，农村面源污染不断加剧，加之工业污染和城市生活污染的影响，多数中小河流水质恶化，一些乡村饮用水存在安全隐患。

4.基础设施建设滞后，新型职业农民队伍薄弱

教育、文化、医疗卫生等公共服务同全市平均水平差距仍然较大，村庄空心化、空巢化、老龄化问题加剧。新型职业农民队伍培育和培训力度不够，新时代乡村振兴的思想意识不强，发展的大局观念不强，发展的长远眼光不足。

5.乡村治理体系不健全，乡风文明建设有待加强

部分农村地区存在娱乐活动单一、文化阵地建设滞后、示范带动作用发挥不充分等问题，与广大人民群众对精神文化的需求还有不小差距。乡风文明建设中的精神鼓励机制、物质激励机制、制度策励机制不够健全和完善。

五、通化县村庄规划的解决策略

通化县将紧紧围绕“产业兴旺、生态宜居、乡风文明、治理有效、生活富裕”总要求，认真按照省市的具体部署，科学实施乡村振兴战略，确保取得实效。

1.围绕“产业兴旺”要求，转变农牧业发展方式，促进一二三产业融合发展

调整农业空间。在基本稳定全县耕地面积的基础上，强化“稳粮兴特”，提高山区农业空间生产效率和质量。按照农村人口向城镇和中心村转移的规模速度和时序，以发展现代化的新农业、建设城镇化的新农村和培育职业化的新农民为目标，精心打造一批现代农业产业园、农村产业融合发展示范园和农民生活圈，增加农村公共设施空间，引导农村人口向城镇和农民生活圈集聚，逐步适度减少农村生活空间，将闲置的农村居民点复垦整理成农业生产空间或绿色生态空间。

做强农产品加工业。大力发展农产品加工业，支持主产区农产品就地就近加工转化增值，引导一般食品加工业在镇村、大型食品加工业在县域工业集中区集群发展，构建粮食、畜产品、园艺特产三大精深加工板块。培育打造领军型龙头企业。围绕农畜主导品种，加快培育一批经营规模大、资源整合能力强、市场占有率高的龙头企业。完善产业链条，突出招大引强，壮大产业规模，形成全面开放全方位开放新格局。

加快矿产业绿色振兴。抓住资源产业市场回升契机，改造提升现有铁矿、石灰矿、铜镍矿企业，加快延伸产业链条，提高资源型产业的资源利用率和经济效益，使其成为生态环保型产业。

坚持依靠科技发展种养业，做优山区第一产业；围绕农业办工业，做强特色农产品加工业；发挥农业多种功能，发展第三产业，打造“农业+文创+旅游+养老”的发展模式，培育“田园变公园、农房变客房、产品变商品、劳作变体验”的休闲业态，通过乡村三产融合，促进“产业兴旺”，构建乡村振兴产业体系。

2.围绕“生态宜居”要求，加大基础设施建设和生态保护力度，建设宜居宜业宜游美丽乡村

尽快补齐全面小康“三农”短板，加大乡村基础

教育投入。抓好乡村学校、幼儿园建设提高农村学校信息化水平。强化农村基层医疗卫生服务。加强乡村医生队伍建设，持续提升基层医疗系统的普及应用。完善农村社会保障。适当提高城乡居民基本医疗保险财政补助和个人缴费标准，加强农村低保对象动态精准管理，健全农村留守儿童和妇女、老年人关爱服务体系。改善乡村公共文化服务。扩大乡村文化惠民工程覆盖面，行政村（社区）综合性文化服务中心覆盖率达到100%。

抓好环境整治。将乡风文明与生态环境建设紧密融合，坚持人与自然和谐共生，践行“绿水青山就是金山银山”的理念，以建设美丽宜居村庄为指引，落实农村人居环境整治工程。加大农村垃圾污水治理和村容村貌建设，推进农村厕所革命，改善农民生产生活条件。加快矿山生态修复，有计划地实施村庄复垦增绿，切实加强森林生态系统保护，实施林地用途管制，提高生态产品的生产能力和供给能力。

3.围绕“乡风文明”要求，深入实施文化引领战略，推动社会主义核心价值体系在乡村落地生根

集中力量补齐全面小康“三农”领域短板，立足县情谋划乡村振兴战略新思路，有序推进乡村产业振兴、乡村人才振兴、乡村文化振兴、乡村生态振兴、乡村组织振兴、乡村治理振兴“六大振兴”率先实现农业农村现代化。

依托新时代文明实践中心（所、站）弘扬社会主义核心价值观，用好各级各类志愿服务力量，深化“文明实践周”主题实践活动，常态化开展“美丽庭院”“干净人家”“文明村镇”“文明家庭”等创建活动。深入开展“通化县好人”等道德模范、身边典型选树活动，引导鼓励农村基层群众性自治组织弘扬正气、治理歪风，促进乡村文明。

4.围绕“治理有效”要求，打牢基层基础，健全乡村治理体系

健全乡村治理体系。加强和创新乡村治理，健全自治、法治、德治相结合的乡村治理体系，实现政府治理同社会调节、农民自治良性互动，建设人人有责、人人尽责、人人享有的社会治理共同体。预防矛盾纠纷，持续整治侵害农民利益行为，妥善化解矛盾，畅通农民群众诉求渠道。推行领导干部定期下基层接访制度，回应合理诉求，化解信访积案。扎实推进平安乡村建设。推进农村法治建设，深入开展法律进乡村活动，深化“一村一警”工程，推动乡村社会治安防控信息化，推行网格化管理和服务。集中整治农村治安突出问题，严厉打击涉农违法犯罪，有效排查整治农村安全隐患。

5.围绕“生活富裕”要求，加大改革创新力度，增强农业农村发展活力

一是强化科技支撑。积极推进现代特色农牧业示范区建设，引进推广新品种、新技术、新设备，加强“互联网+”在农牧业生产上的应用，用现代设施、装备、技术手段武装农牧业，大力发展高附加值、高品质的农产品，促进特色产业现代化、标准化、规模化发展。

二是强化产业扶贫。做好乡村振兴与脱贫攻坚有机衔接，坚持精准扶贫、精准脱贫，把提高脱贫质量放在首位。推动产业扶贫、开展教育扶贫、加强精神扶贫、实施金融扶贫、推进社会扶贫、夯实重点扶贫，打好精准扶贫脱贫攻坚战。

三是拓宽农民增收渠道。健全覆盖旗县市、乡镇、村三级公共就业服务体系，培育和打造一批劳务品牌。精心组织开展“引家乡人、建家乡”，通过加强产业建设，辐射带动更多的农民增收致富，增强农业农村活力，奏响乡村振兴新乐章。

六、国土空间规划背景下通化县村庄规划编制总体建议

1.明确村庄规划编制任务及衔接要求

一是以村为单位，以第三次国土调查（20年时点变更）为基础，摸清底图底数，分析现状问题，找到规划目标任务。二是落实上位传导指标，落实“三线”“河湖管理范围线”“农业两区”等划定成果，落实自上而下的管控要求，在保护中发展，同时制定相应的空间用途管制规则。三是围绕通化县沟谷特点、各乡镇风貌，开展村庄风貌引导和住宅建筑指引，在图则中进行综合管控。四是在衔接上位规划、落实专项规划的基础上，按照《吉林省村庄规划编制技术指南（试行）》要求拓展村庄规划的主要编制任务，即基础分析、发展定位与目标、管控边界、用地布局、配套设施、风貌引导、规划管控及近期建设安排。

2.做好实用性村庄规划编制，做到有效实施

首先，村庄规划是指导乡村振兴的重要抓手，新时代村庄规划要服务于乡村振兴战略。每个乡镇、每个行政村都有自己的特色和亮点，要充分挖掘特色、亮点，推进乡村振兴建设，指导乡村振兴工作，要因地制宜、因时制宜、精准规划。其次，通化县应成立村庄规划统筹委员会。由县长担任规划委员会主任，下设办公室到自然资源局，统筹协调相关部门合作，明确编制主体、编制范围、经费保障、成果要求等内容。再次，建立自然资源、住建、农业农村、乡村振兴、文广旅、林业等乡镇及各部门的联合审查工作机制。最后，规划编制单位下沉入村、驻村进行调研和现场踏勘，出成果前征求村两委、村民代表、乡镇政府意见，规划报批后做到有效实施。

参考文献

[1]中共中央、国务院关于建立国土空间规划体系并监督实施的若干意见[R]. 北京: 中共中央办公厅, 2019.

[2]张尚武, 刘振宇, 王昱菲. “三区三线”统筹划定与国土空间布局优化：难点与方法思考[J].城市规划学刊, 2022(2): 12-19.

[3]王凯歌, 徐艳, 栗滢超, 等. 乡村振兴背景下村庄规划分类定标法探索与应用[J]. 干旱区资源与环境, 2022, 36(8): 54-59.

[4]庞国彧, 王秋敏, 童磊. 国土空间规划体系下实用性村庄规划编制模式研究——以崇左市保安村为例[J]. 西部人居环境学刊, 2022, 37(1): 87-93.

[5]袁源, 赵小风, 赵雲泰, 詹运洲. 国土空间规划体系下村庄规划编制的分级谋划与纵向传导研究[J]. 城市规划学刊, 2020(6): 43-48.

[6]省委省政府关于全面推进乡村振兴加快农业农村现代化的实施意见[N]. 吉林日报，2021-03-16.

[7]李保华. 实用性村庄规划编制的困境与对策刍议[J]. 规划师, 2020, 36(8): 83-86.

[8]程茂吉. 侧重实施性定位的市级国土空间总体规划技术内容体系研究[J]. 城市发展研究, 2022, 29(11): 9-16+49.

[9]杨忍, 刘芮彤. 农村全域土地综合整治与国土空间生态修复:衔接与融合[J]. 现代城市研究, 2021(3): 23-32.

[10]张尚武, 孙莹. 城乡关系转型中的乡村分化与多样化前景[J]. 小城镇建设, 2019, 37(2): 5-8+86.

作者简介

周研辰，通化县自然资源局空间规划服务中心主任；

武长胜，中天设计集团有限公司规划院副总规划师。

基于村庄发展潜力评价的通化市辉南县村庄分类布局研究

The Huinan County Village Classification and Layout by Village Development Potential Evaluation

李经全
Li Jingquan

[摘 要] 在“乡村振兴”和新时期国土空间规划的背景下，提出以村庄评价体系为切入点，对辉南县村庄现实基础特征进行科学识别，探索建立村庄发展潜力评价体系，从而为村庄分类布局提供规划支撑和依据，并针对各类村庄进行分类发展指引。

[关键词] 村庄布局；评价体系；村庄分类；发展指引

[Abstract] In the "rural revitalization" and under the background of national spatial planning in the new period, and puts forward evaluation system as the breakthrough point, to village characteristics of Huinan county reality basis for scientific identification, establish village development potential evaluation system, which provides the planning support and basis for the classification of village layout, to classify all kinds of village development direction.

[Keywords] village layout; evaluation system; classification of villages; development of guidance

[文章编号] 2024-94-P-073

一、研究背景

“乡村振兴”不仅是一项国家战略，更是国家现代化进程中的一个发展阶段，是对我国新时期城乡关系的重新部署，也是新时期国土空间规划应该着重关注的课题。改革开放以来，国家及各省、市出台了大量针对村庄建设布局和乡村振兴发展的政策文件以指导乡村建设，同时国内外众多的学者也对相关理论、实践进行了大量的研究。

吉林省自然资源厅先后发布《吉林省县（市）域国土空间规划乡村建设专项规划编制技术导则（试行）》和《吉林省村庄规划编制技术导则（试行）》，积极统领各地乡村振兴战略规划、秀美宜居居住空间、山清水秀生态空间等，科学指导乡村有序发展，促进生产空间集约高效、生态空间山清水秀。

本文以辉南村庄分类布局研究工作为基础，将县域143个行政村作为研究对象，从交通区位、产业、人口及劳动力、基础设施等多方面制定评价标准，针对村庄的现状发展特点进行综合研判，基于辉南县的山水特征要素，进行村庄分类布局的技术方法探索。

二、辉南县乡村现状特征

辉南县辖朝阳镇、辉南镇、样子哨镇、庆阳镇等10个乡镇和1个民族乡，共143个行政村，约400多个自然屯。全县农村总人口约19.3万人，约有17.9万人从事农业，占全县总人口的54%，农村常住人口人均可支配收入约1.5万元。产业融合示范村4个，美丽乡村精品片区3个，省级新农村重点村6个，市级以上美丽乡村示范村8个。

从产业结构上看，辉南县乡村发展传统农业效益不高，特色农业亟待提升绿色发展层次。品牌和市场效应不明显。种植方式以传统种植为主，农业机械化、规模化推广尚未有效。

从地域文化方面看，辉南县乡村地域承载的历史文化底蕴较丰富，具备部落文化、满族文化、抗联文化、兵工文化及非物质文化等多种特色文化，但其文化价值尚未被充挖掘，乡村旅游基础设施与公共服务供给质量不高，开发运营难度大。

从村庄分布上看，辉南村庄量多面广，大部分村庄分布分散，密度大，现状部分公共服务设施规模配置不足，覆盖不全，体系不完整，更新改造任务艰巨。农村人均住房面积大，迁建成本高，减量化工作难度大，农民收入尚可，生活模式稳定，搬迁撤并意愿低。

从城镇化水平上看，辉南县乡镇工业基础薄弱，基础设施建设、绿化水平均处于省内较低水平，小城镇吸引力薄弱，导致辉南县就地城镇化取向相对显著，村庄迁出人口多数迁入县域中心。

从人口和劳动力上看，辉南流动人口比例逐年递增，由于户籍政策原因导致两栖人口增多，部分老龄化比例高的村庄城镇生活意愿不高，进城动力不足。村庄年轻劳动力流失严重，常住人口劳动力资源偏向老龄化，在了解农业新发展趋势、接收新的农业科技知识、与市场对接等方面存在劣势。

三、辉南县村庄分类布局规划

1.村庄发展潜力评价体系构建

村庄分类布局研究中，主要以行政村为基本单元，从村庄资源禀赋、产业基础、区位条件、生态环境等多个维度，综合运用地理信息数据和经济社会统计数据选取评价因子，构建村庄评价指标体系。

（1）评价因子的选取原则

一是强调代表性，能全面客观地反映乡村的真实特征；二是强调导向性，各指标之间有一定逻辑关系，能够直观识别和反映分类的主要特征和内在联系；三是强调层次性，同一层级的因子之间相关性小，相对独立，避免反映相同要素的因子重复出现；四是强调可操作性，各因子应便于获取，保证统计口径的一致性，具有可量化性和可比性。

（2）评价因子的因子选取

本次村庄评价体系选取目标层和指标层两级评价体系，其中目标层考虑影响村庄布局和发展的外因，以及村庄自身发展现实基础的内因两方面。外因包含村庄居住的灾害影响、交通区位条件、城镇辐射度等，内因包含人口、耕地、设施和产业等方面。同时考虑因子数据的易获取性和实用性，指定了6项目标层和12项指标层因子（表1）。

（3）评价因子的权重赋值

各类评价因子权重采用专家打分法确定因子权重值，其中分为如下：村庄居住适宜性权重为0.2，

1.农村建设用地面积分布图　2.人均耕地面积统计图（乡村人口）　3.农村人口密度分布图

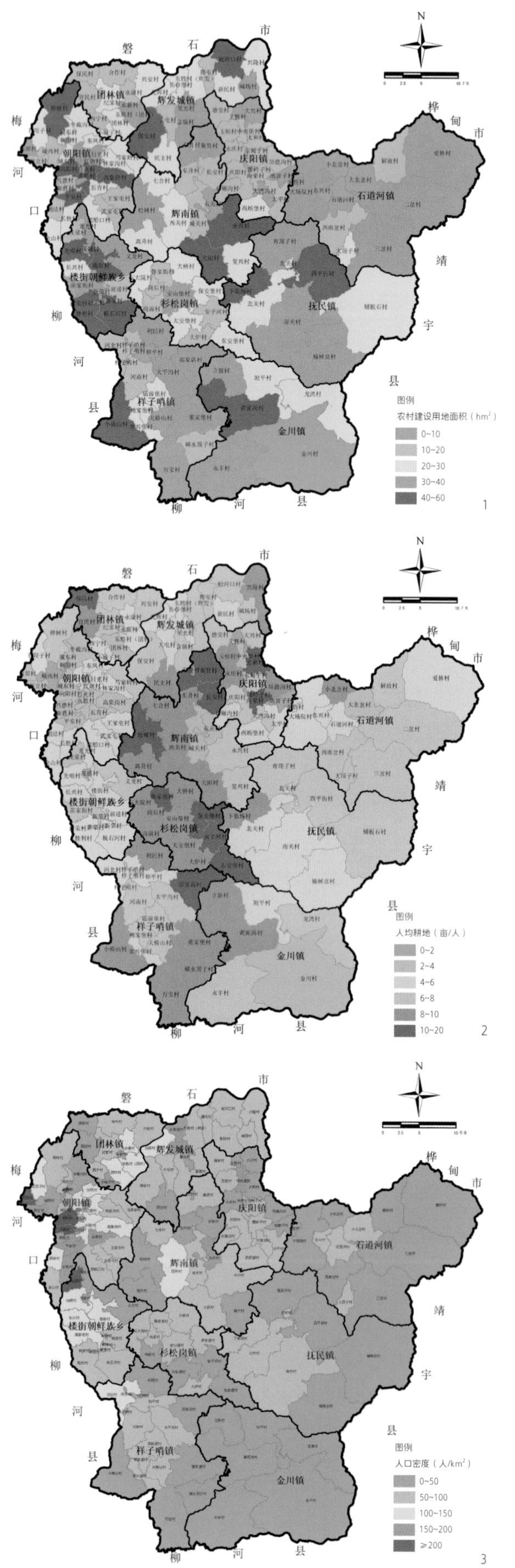

表1　　村庄评价体系表

目标层	权重	指标层	权重	指标
居住适宜性	0.2	地质灾害易发区	0.2	地质灾害少发区
				地质灾害轻易发区
				地质灾害易发区
人口与耕地规模	0.3	人口密度	0.15	50人/km²以下
				50~100人/km²
				100~300人/km²
				300~500人/km²
				500~2000人/km²
		人均耕地面积	0.15	0~4亩
				4~6亩
				6~8亩
				8~10亩
				10~20亩
交通与区位条件	0.2	交通可达性	0.1	交通一般便利
				交通较为便利
				交通便利
		受城镇辐射强度	0.05	500m以下
				500~1500m
				1500~3000m
		居民点离散度	0.05	离散程度低
				离散程度中等
				离散程度高
设施承载水平	0.1	小学、幼托	0.05	有
				无
		卫生室	0.05	有
				无
空间扩展水平	0.1	村庄建设用地规模	0.05	0~10hm²
				10~20hm²
				20~30hm²
				30~40hm²
				40~60hm²
		可利用用地规模	0.05	＜0.3亩/人
				0.3~0.8亩/人
				0.8~2.0亩/人
				2.0~3.2亩/人
产业规模	0.1	村办企业数量	0.05	村办企业数量较多
				村办企业数量较少
				无村办企业
		农村合作社数量	0.05	合作社数量较多
				合作社数量较少
				无村合作社

人口与耕地规模权重为0.3，交通与区位条件权重为0.2，设施承载水平权重为0.1，空间扩展水平权重为0.1，产业规模权重为0.1。每项指标层分级分数为100，最终根据各自权重进行加权统计对143个行政村进行发展潜力评价排序。

2.村庄分类体系构建

根据吉林省自然资源厅《吉林省村庄分类布局工作指引》对村庄分类工作的要求，将辉南县域范围内村庄，以行政村为基本单元，将村庄划分为集聚提升类、特色保护类、城郊融合类、搬迁撤并类、稳定改善类等6种类型（表2）。

首先根据本村调查摸底的实际特点，直接确定特色保护村和城郊融合村。其中，城郊融合村是市、县城区和本镇现有人口3万余人的镇建成区外、镇开发边界内建制村；如果产业互补性强，在空间上与上述城镇开发边界外缘相连接的村庄，具备互联互通条件的公共服务和基础设施。特色保护村是非物质文化重要承载地，具有丰富的、极具保护价值的特色资源，是历史文化名村、传统村落、少数民族特色村寨、特色景观旅游名村。

其次，集聚提升类、搬迁撤并类、稳定改善类等类别的村，可参照本文制定的村庄发展潜力评价体系进行综合统筹确定。发展条件较好、基础较好的村，可选择综合排名前20%~30%的村作为集聚提升类村，最后5%~10%的村，根据实际情况或村民意愿，作为撤并类村；剩下的作为稳改类和其他类的村。

3.辉南县村庄分类评价结论

乡村发展呈现出明显的差异和分化，既有地理环境的综合作用，又有区位条件的综合作用，既有资源禀赋的因素，也有制度文化的因素。坚持分类推进、实施乡村振兴战略的基本原则，必须遵循农村去中心化的规律。为积极贯彻落实《国家乡村振兴战略规划（2018—2022年）》，参照吉林省自然资源厅《县（市）域村庄布局专题研究提纲》，针对拟定的集聚提升、城郊一体化、特色保护、搬迁撤并四大类，在考核办法成果的基础上，增加了针对性强的遴选要素。

以行政村为基本单元，分析总结辉南县各镇村庄用地、产业、人口及劳动力、基础设施现状建设情况，研判乡村发展趋势，结合省级“双评价”成果、底线约束等限制性要素进行空间适宜性分析，建立辉南县域村庄综合评价体系。合理优化村庄空间布局方案、职能和等级体系，通过定性与定量相结合的方法对村庄进行分类。

本次辉南县村庄分类结果为：集聚提升类村庄46个，特色保护类村庄20个，城郊融合类村庄25个，搬迁撤并类村庄8个，稳定改善类村庄30个，其他村庄14个，县域共143个行政村。

四、辉南县乡村振兴分类发展指引

1.集聚提升类

鼓励以点带面，适度扩大，吸引人口向集中地区聚集，统筹考虑与周边村的一体化发展[1]。鼓励发挥自身比较优势，强化主导产业支撑，支持农工贸、休闲服务等专业村发展，通过科学确定村庄发展方向，促进村庄一、二、三产业融合发展。对周边村庄的带动和服务能力要有新的提升，整治提升工作要有序推进。有条件的地区要把农村新型社区建设与新型城镇化建设结合起来。对村容村貌进行保护和保留，打造宜居宜业的美丽田园。

集聚提升类村庄可以分为三小类进行建设指引。

（1）规划中心村职能类

上述规划均确定为以点带面、集中连片建设或推进农村居民点工作的中心村，统筹考虑区域一体化发展。对有一定发展潜力的中心村，对未利用地进行整

表2 村庄分类体系构建表

村庄类型	五部委分类依据	吉林省分类标准	本次分类标准
集聚提升类	现有规模较大的中心村	乡、镇政府驻地所在村庄； 上位规划确定的中心村； 产业集聚作用大的村； 综合服务能力强的村	乡镇政府驻地 上位规划确定的中心村 行政村常住人口>2000 人 根据村庄发展潜力评价结果
城郊融合类	城市近郊区； 县城城关镇所在地村庄	市县城区和镇区现状人口规模大于 3 万人的镇区建成区以外、城镇开发边界以内的村庄； 空间上与上述城镇开发边界外缘相连且产业互补性强、公共服务与基础设施具备互联互通条件的村庄	同吉林省分类标准 按分类标准规则识别
特色保护类	历史文化名村、传统村落、少数民族特色村寨、拥有特色景观旅游名胜等资源的村庄	历史文化名村、传统名村、少数民族特色村寨、特色山水旅游名村等具有丰富特色资源的村，如非物质文化的重要承载地； 极具历史文化底蕴的村落和极具特色的山水风貌，具有保护价值	同吉林省分类标准 按分类标准规则识别
搬迁撤并类	位于生存条件恶劣、生态环境脆弱、自然灾害频发等地区的村庄，以及人口流失特别严重的村庄	生存条件恶劣的村（居）； 生态环境相对脆弱的村（居）、村（居）； 自然灾害频发的农村； 人员流失严重的村庄； 生态环境保护和重大项目建设，对确需占用的村实施重点治理，（易地搬迁撤并村要结合生态红线划定、重大工程项目规划建设、环境与安全评估结论等情况，对行政村内不属于易地搬迁撤并村类型的少数自然屯，要充分尊重村民意愿，慎重确定村庄类型，并根据行政村主体功能确定村庄类型）等，结合生态红线划定	生存条件恶劣的村（居）； 生态环境相对脆弱的村（居）、村（居）； 自然灾害频发的农村； 人员流失严重的村庄； 生态环境保护和重大项目建设，对确需占用的村实施重点治理，易地搬迁撤并村要结合生态红线划定、重大工程项目规划建设、环境与安全评估结论等情况，对行政村内不属于易地搬迁撤并村类型的少数自然屯，要充分尊重村民意愿，慎重确定村庄类型，并根据行政村主体功能确定村庄类型等，结合生态红线划定
稳定改善类	—	村庄人口规模较少且产业发展薄弱，但相对稳定、仍将保存较长时间的村庄	1000人 < 行政村常住人口 < 2000人 根据村庄发展潜力评价结果
其他村庄	—	对不能划人上述类型的村庄，暂不做分类，留出足够的观察和论证时间	除上述分类， 行政村常住人口 < 1000人 根据村庄发展潜力评价结果

4.村庄分类与布局图　5.城镇辐射范围分布图

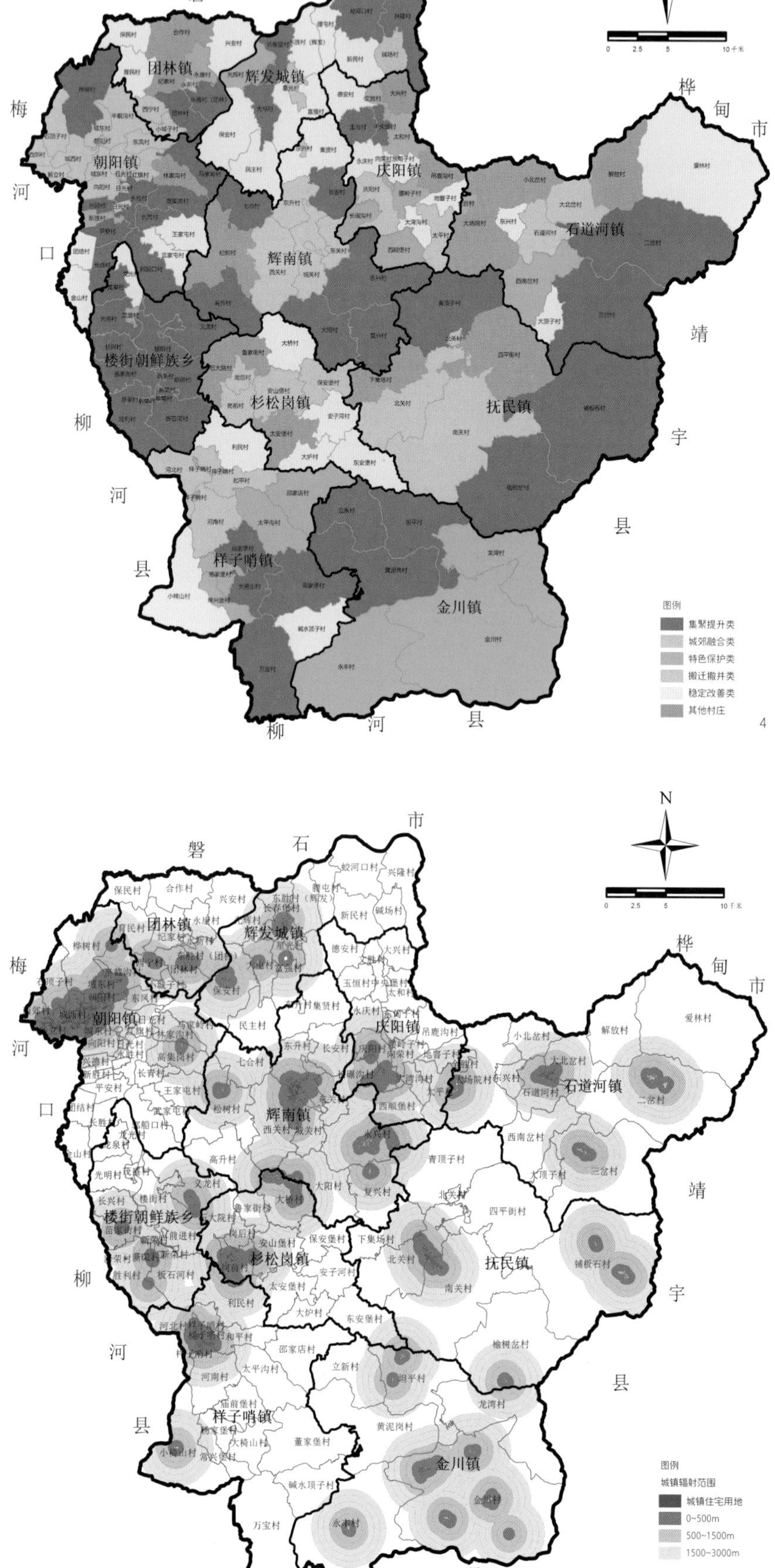

理改造，对本村人口规模进行合理预测，对今后建设用地进行合理预测，为今后发展留足空间，切实做到应进尽进，应退尽退。

（2）乡（镇）政府驻地类

乡（镇）政府驻地村在统筹考虑基础设施配套建设和新型城镇化建设的同时，考虑纳入乡(镇)国土空间总体规划编制。

（3）优势发展基础类

对人口总量大、经济发展水平相对较高的村，通过补齐基础设施和公共服务设施短板、提升周边辐射服务能力、提升发展质量、谋划大力发展宜农产业等措施，并结合新型城镇化建设，建设新型农村社区。

2.特色保护类

传统习惯尊重原有居住者的居住形态，注重村落传统格局的整体性，注重历史建筑的保真性，注重延续居住者的居住生活，传统习惯尊重原有居住者的居住形态，注重村落传统格局的完整性[2]。规划要统筹保护、利用、发展的关系，既要保护村庄传统风貌，又要保护自然田园风光，在选址、格局、风格等村庄总体空间形态、环境等方面进行有效保护。还应当对传统建筑古迹进行整体性保护。围绕乡村旅游和特色产业发展，合理利用村内现有资源，形成特色资源保护和村内发展良性机制，加快村庄基础设施和公共环境改善。

特色保护类村庄可以分为三小类进行建设指引。

（1）特色景观旅游知名类

被收录进政府颁布的“特色景观旅游名镇名村”名录中的村庄，具有特色旅游资源的村庄（除历史文化类资源），农家乐、民宿发达的村庄，注重保护好风景名胜资源，完善旅游配套设施、提升旅游服务水平和接待能力，结合旅游业的发展，注重突出镇村风貌，实现与旅游景点的协调统一。

（2）历史文化类

要以保护修复为重点，避免古村落景观因人为活动遭到破坏，自然文化遗存得到较好保存。对具有一定地域民俗风情或开发利用价值较高的古村落，加大保护修缮力度；并通过改善村内道路、水体、完善基础设施、完善公共配套等措施，提升村内品位。

（3）少数民族特色类

具有朝鲜族、回族或其他族少数民族风俗特色的村落，规划以特色保护和适度旅游开发建设管控要求为村庄未来发展方向，保持村庄传统格局的完整性、历史建筑的真实性、居民生活的延续性，切实做好统筹保护、利用、发展的关系。

3.城郊融合类

规划要统筹考虑村庄自身发展需要，在承接城市功能外溢等方面，逐步强化基础设施互联互通、公共服务共建共享等作用。城郊融合重点不仅应保障居民的居住空间和环境，同时应通过职业技能培训、就业信息服务等保障村民的就业，并完善村民的社会参与机制，推进村民的市民化。根据城市发展要求及村庄改造

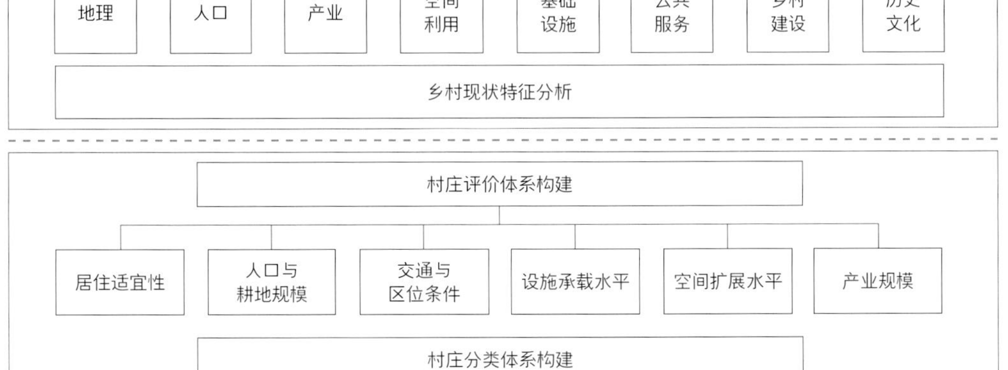

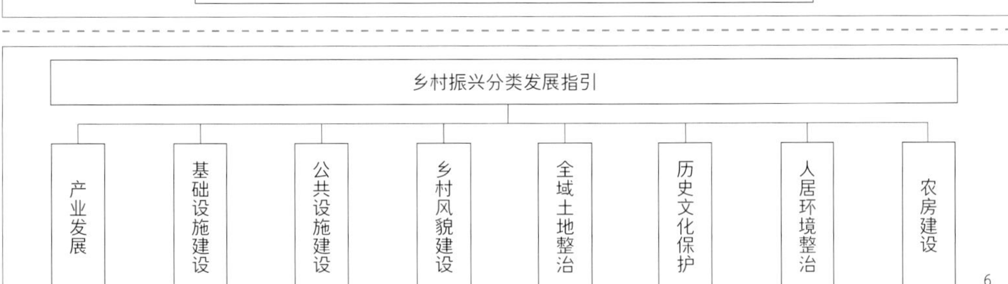

6.基于村庄发展潜力评价的辉南县村庄分类研究框架图

难度，统筹安排，有序推进城镇化整理，争取改造一段、完善一段，避免“一窝蜂”式改造。

城郊融合类可以分为两小类进行建设指引。

（1）城区融合改造类

加强头部规划引导，向社区化转变，城关镇所辖村，县级行政单位，地方位于县城、镇域边缘等地，且工业化、城镇化水平较高的村庄应把重点放在标准更新提升、城镇基础设施和公共服务覆盖到村的村庄区域等工作上；推进一站式服务建设行政村，建设“农村社区服务中心”；加强文化建设、促进文明和谐等精神方面的引导工作。

（2）乡镇驻地类

各乡镇政府驻在村要切实履行以整治为主、适度新建的措施，以清洁、保洁为主要内容的环境整治活动为重点，从严控制新建、拆除废弃家禽、畜舍、废弃房屋，取消露天粪厕、河塘沟渠，整治村容屋貌，提升房前屋后绿化水平，打通村内老旧道路，加大村庄基础设施和公共服务配套设施的完善力度，为市民文化休闲、文体活动提供一批配套设施，在环境整治的基础上，为群众文化休闲、文化娱乐、注重拆旧建新的空间格局、建筑风貌、服务配套、给排水、道路系统等方面，切实做到拆旧建新、拆旧建新、协调推进，确保拆旧建新——拆旧、建新、拆旧、建新——协调推进。

4.搬迁撤并类

规划实施村庄搬迁和撤并工作，通过易地扶贫搬迁、生态宜居搬迁、农村集聚发展搬迁等多种方式，统筹解决好村民在生计、生态保护等方面存在的问题。拟搬迁撤并的村，对拟迁入或新建村的基础设施、公共服务设施建设，严格限制新建或扩建活动，统筹考虑。对撤并后的村庄进行原址复垦，因地制宜，还绿一片，使农村生产生态空间不断增大。

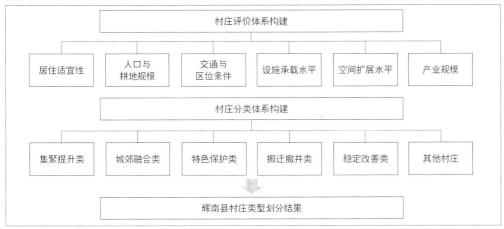

拆迁撤并类可以分为规划城区扩展改造、搬迁意愿、空心化类三小类进行建设指引，根据城镇未来扩张建设需要和村庄实际发展情况及村民意愿确定规划期内需要搬迁的村庄以及县城区和镇区内需要未来改造上楼的村庄。通过市场化运作与扶持政策相结合，采取土地置换、村庄搬迁与新型城镇化发展相结合、城镇周边绿地建设或山地绿化建设相结合、保持城镇整体空间环境和建设容量良好等多种方式和措施，统筹安排建设时间，逐步引导村民向重点发展的村庄或城镇集聚。

5.稳定改善类

包括农村的危房改建、综合环境治理、公共服务设施的保护、土地中整治等各项建设，需要根据各个村庄实际情况，倡导坚持节约、集约用地原则，在规划中具体落实。

6.其他发展类型

短时间内暂时不能明确发展类型的村庄，应当留出足够时间观察论证。应当按照村庄当前实际情况，计划性安排村庄危房改建、人居环境整治生态保护与修复等各项建设。

五、结语

本研究以构建村庄发展潜力评价体系为抓手，参照吉林省村庄分类相关要求，对辉南各村庄进行类型认定，并提出与分类相对应的乡村振兴发展指导意见，帮助促进农业农村全面发展，形成培育和引进乡村能人的长效机制，实现乡村振兴的目标，具有重要意义。

参考文献

[1]张玉芳, 刑天河. 县城村庄空间布局优化的探索和实践——以河北省武安市域村庄空间布局规划为例[J]. 城市规划, 2009(11): 88-92.

[2]赵之枫, 范霄鹏, 张建. 城乡一体化进程中村庄体系规划研究[J]. 规划师, 2011(27): 211-215.

作者简介

李经全，辉南县自然资源局国土空间规划科科长。

精明收缩理论下的县域乡村空间规划策略研究
——以鞍山市岫岩县为例

Rural Spatial Planning Strategy Research at County Level Based on Smart Shrinkage Principles
—A Case Study of Xiuyan, Anshan City

吴 虑 韩胜发
Wu Lü Han Shengfa

[摘 要] 随着我国城镇化水平的提高，乡村资源大量流向城镇，乡村人口锐减、经济衰退、人居空间闲置等问题十分突出。本文借鉴国外的精明收缩理论，引导乡村从被动衰退走向主动收缩。乡村地区精明收缩的重点在“收缩”，通过压缩现有空间，实现人口与资源的重新平衡；精明收缩的关键在“精明”，通过优化资源配置，提高乡村空间效率，实现乡村振兴与减量发展的双重目标。文章回顾了精明收缩的理论内涵和我国学者在乡村地区的应用，提出了减量发展和精准高效2类规划策略。然后以鞍山市岫岩县为例，基于现状特征，制定优化乡村布局、精细用地减量、强化乡村产业和提升配套设施4个规划策略，有效建立起乡村空间由分散、低效发展转向集约、高效发展的新路径，实现乡村空间的可持续发展。

[关键词] 精明收缩；乡村空间；减量发展；村庄评价；差异配置

[Abstract] With the improvement of urbanization, a large number of rural resources are flowing to cities, resulting in a sharp decline in rural population, economic recession, and idle living space. The article uses foreign smart shrinkage principles for reference to guide rural areas from passive recession to active contraction. The focus of smart shrinkage is on "shrinkage", which aims to achieve a rebalancing of population and resources by compressing existing space; The key to smart shrinkage is "smart", which aims to achieve rural revitalization and reduced development by optimizing resource allocation and improving rural spatial efficiency. The article reviews the theoretical connotation of smart shrinkage and its application in rural areas, proposing two planning strategies: reduced development and accurate and efficient planning. Then, taking Xiuyan County of Anshan City as an example, based on current characteristics, four planning strategies were formulated: optimizing rural layout, refining land reduction, strengthening rural industries, and improving supporting facilities, which establishes a new path for rural space to shift from decentralized and inefficient development to intensive and efficient development, thus achieving sustainable development.

[Keywords] smart shrinkage; rural space; reduced development; village evaluation; differentiated configuration
[文章编号] 2024-94-P-078

一、引言

改革开放以来，我国进入快速城镇化的发展阶段，至2021年全国城镇化率达到64.7%。城镇化水平的提高带来了城乡人口格局和城乡空间格局的变化，城市建设用地持续扩张，乡村资源大量流向城镇，乡村人口锐减、经济衰退、人居空间闲置等问题十分突出。

21世纪以来，国家高度重视乡村发展。党的十六大首次提出城乡统筹发展，要求逐步缩小城乡差距。党的十九大提出乡村振兴战略，坚持农业农村优先发展。在乡村振兴的背景下，如何在乡村空间收缩的同时，提升乡村发展活力，改善乡村人居环境，是政府和规划师面临的重大课题。顺应乡村收缩的发展趋势，精明收缩理论为乡村地区的可持续发展提供了思路。

二、“精明收缩”理论在乡村地区的应用

1.“精明收缩”的理论与内涵

“精明收缩”相对于“精明增长”，研究起步较晚。最早是应对美国城市衰退现象所提出的城市转型发展模式，2002年由弗兰克·波珀（Frank Popper）及其夫人首次提出此概念，即为更少的人、更少的建筑和更少的土地利用[1]。概括来讲，精明收缩是指正在衰败或即将衰退的城市区域或乡村为避免持续萎缩，对资源进行优化整合配置，在收缩中寻求发展，提升地区效率和提高地区发展水平。“精明收缩”并不是不增长，而是在资源合理退出的基础上，以空间集聚和功能优化为手段，将重点集中于如何在收缩发展的前提下保持地区活力、繁荣地区经济、提升居民生活水平[2]。

2.“精明收缩”在乡村地区的应用

2014年，我国的专家学者开始对乡村“精明收缩”展开研究，主要包括理论内涵、规划策略、发展模式和空间布局优化等方面[3]。谢正伟、李和平[4]因地制宜地将“精明收缩”理论引入国内乡村规划，从土地制度、人居环境、乡村文化等方面探讨规划路径，实现乡村空间的可持续发展。赵民等[5]提出农村人居空间发展的“精明收缩”，优化农业农村的资源配置。罗震东等[6]进一步对乡村“精明收缩”理论进行探讨，认为乡村应在收缩中寻求发展，总体减量、以增促减，推动乡村现代化转型。

此外，“精明收缩”理念在我国乡村地区也进行了一系列实践，部分学者针对不同地区提出了不同的规划策略。王雨村等[3]论证了“精明收缩”理论适用于苏南乡村空间的合理性，并从生活空间、工业空间、农业空间三方面提出规划策略，促进乡村空间的优化和转型。岳晓鹏等[7]以天津市乡村空间为例，提出城市化村庄减量收缩、城镇化村庄弹性收缩、保留型村庄存量收缩的收缩原则以及“三生”空间的收缩优化策略。周洋岑等[8]研究山地乡村居民点，从村民的真实需求出发，在规划理念、规划手段和实施机制三个方面提出优化策略，推动山地乡村居民点的主动收缩。

三、乡村空间精明收缩的规划策略

乡村收缩是乡村发展的必然趋势，与其被动衰退不如选择主动收缩。“精明”即精准高效，对要素资源进行整合优化；“收缩”即减量发展，对闲置资源进行有序腾退。精明收缩的重点在“收缩”，通过压缩现有空间，实现人口与资源的重新平衡。然而，精明收缩并不等同于减量规划，精明收缩的关键在“精明”，通过优化整体资源配置，提高乡村空间效率，从而实现乡村振兴与减量发展的双重目标。

1.减量发展：优化乡村格局，集约村庄用地

减少乡村无序发展空间，优化乡村空间体系，统筹村庄布局，集约村庄建设用地。

明确村庄类型。通过对村庄发展潜力研判，合理划分村庄类型，科学指导村庄减量发展。城郊融合类村庄重点考虑与城镇发展融合，逐渐向城市建设用地转型；保留改善类和特色保护类村庄局部减量空闲地和低效用地，优化村庄布局；迁撤并类村庄在尊重村民意愿和乡镇意见的前提下，逐步实施整体拆迁撤并。

坚持生态保护。强化底线约束，保障生态安全，生态红线和生态敏感区内不适宜村庄建设，对村庄建设用地进行腾退。提高生态用地规模，将具有重要生态价值区域的低效耕地转化为生态空间，生态保护区内严控与生态保护无关的建设活动。

2.精准高效：促进产业发展，改善人居环境

乡村的精明收缩不是以减量为目的，而是要发展乡村，在总量减少的同时增加对积极要素的聚集，恢复乡村经济，激发乡村活力。

发展特色产业。振兴乡村产业，一方面，要保障粮食生产能力，选择优势产业培育成主导产业，提升该产业的附加值和影响力，促进农业由增产向提质的转变；另一方面，要积极发展乡村旅游、休闲农业、生态康养等新产业新业态。城郊乡村可发展休闲农业、创意农业等，注重多样化与差异化发展；平原地区乡村可规模化种植养殖，形成农业特色品牌；山区乡村可发展特色农业和乡村旅游，做强山区特色产业。

优化设施配套。优化乡村空间格局的同时，对公共服务设施进行空间重组，满足村民的美好生活需求。在区域内统筹建设高标准的公共服务设施，满足乡村居民不断提高的生活需求。各村结合地区自身特点，差异化配置符合农村生活生产的特色公共服务设施，提升乡村地区的公共服务水平。

四、岫岩县乡村概况及问题研判

1.岫岩县乡村概况

岫岩满族自治县地处辽东半岛北部，隶属于辽宁省鞍山市，总面积4507km^2。境内矿产资源丰富，地势北高南低，地形以低山、丘陵为主，间有小块冲积平原和盆地。岫岩县共辖19个镇、3个

1.岫岩县村庄分类方法路线图
2.城镇化发展的S型曲线（诺瑟姆曲线）分析图
3.2015—2019年各行政村户籍人口变化
4.各行政村2019年外出半年人口占比

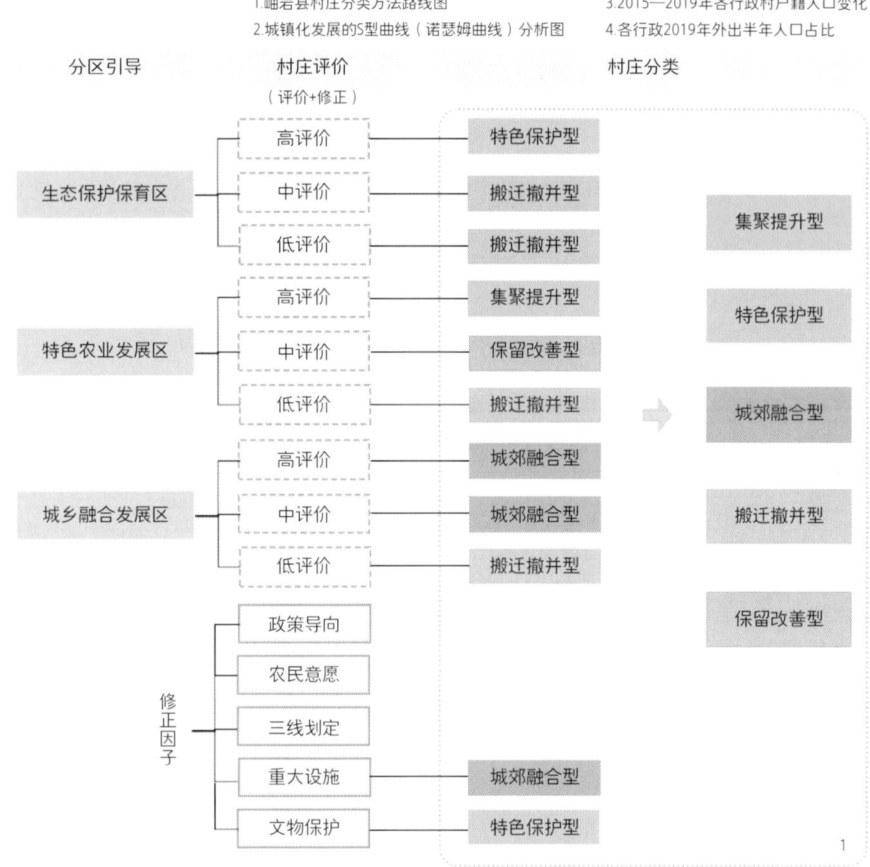

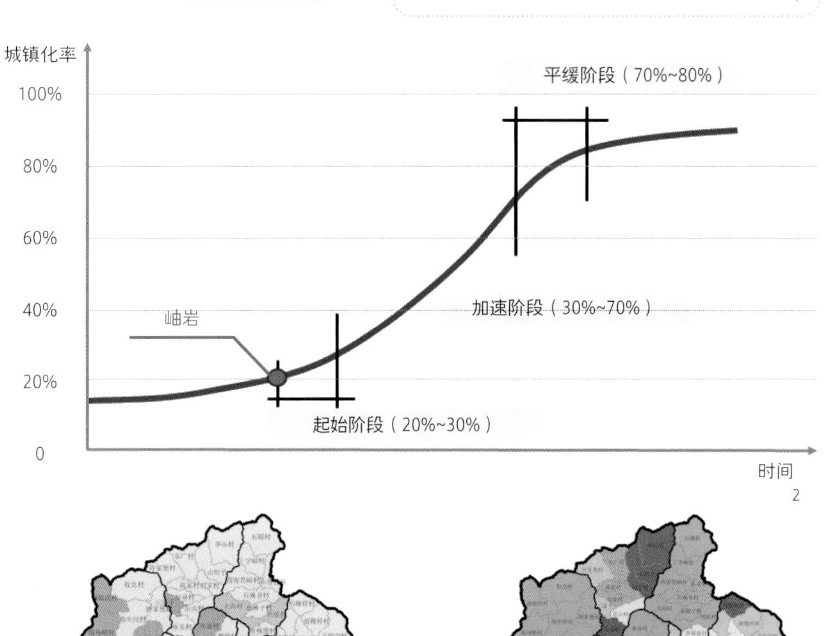

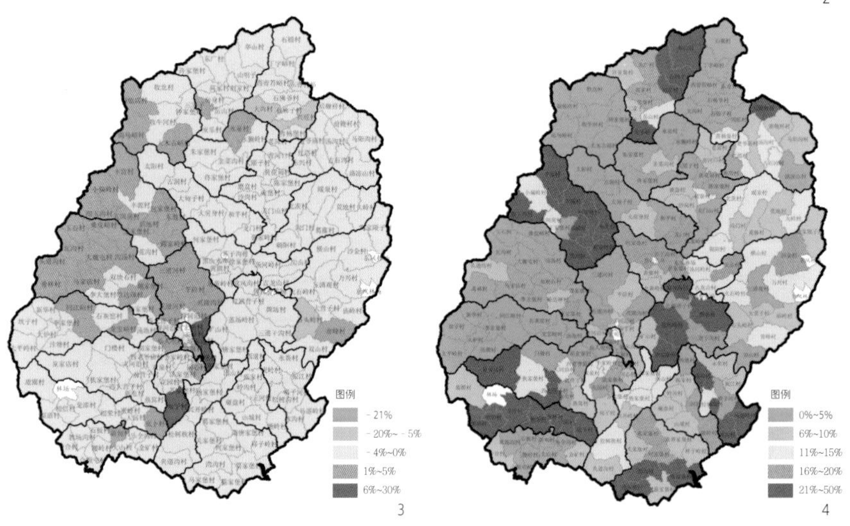

5.2019年岫岩县各行政村户籍人口规模

6.2019年岫岩县各行政村人均建设用地面积

7.岫岩县村庄评价图

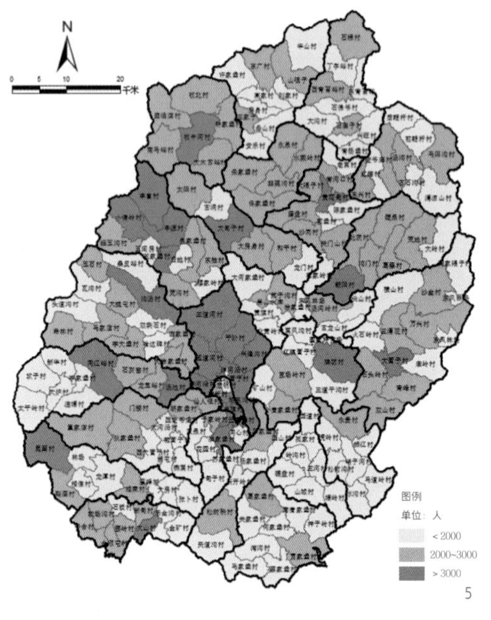

5

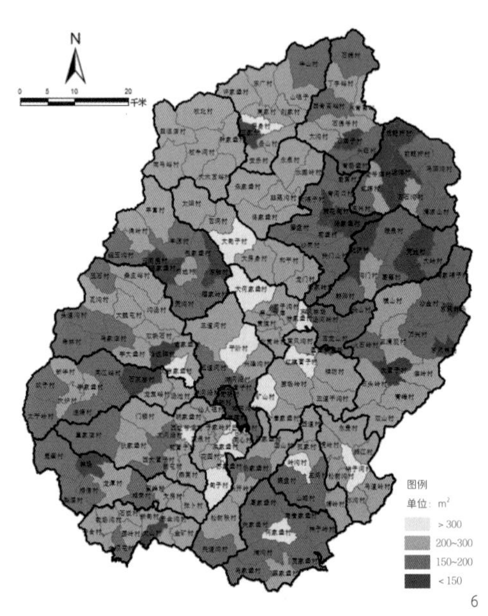

6

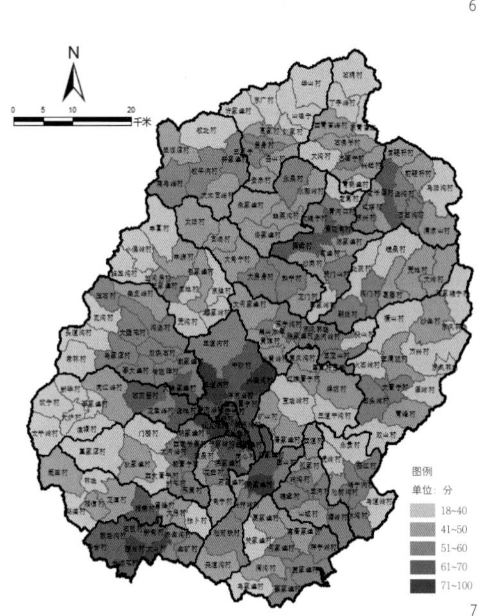

7

乡、2个街道办事处，包括197个行政村、2172个自然村。

2019年，岫岩县总人口50.3万人，其中农业人口36.3万人，非农业人口14.0万人，城镇化率仅为27.8%，远低于辽宁省66%的城镇化率。目前岫岩县处于城镇化的初始阶段，但根据诺瑟姆曲线，它也存在着城镇化率加速的可能，以及农村人口转移的趋势，这将造成乡村收缩，村庄建设用地大量闲置。因此，岫岩县乡村亟须梳理与整合，推动乡村空间收缩发展的精明化。

2.乡村发展特征

（1）乡村人口特征：乡村人口有缓慢外流趋势

伴随着城镇化发展，岫岩县乡村人口逐年减少。根据岫岩县统计年鉴，2019年岫岩县乡村人口36.3万人，比2015年减少了12%。5年间，78%的行政村户籍人口减少，乡村人口呈现全域普遍外流现象。另外，年轻劳动力缓慢减少，2019年各行政村平均外出半年以上人口占比10%，其中偏岭、龙潭、红旗营子镇外出半年以上人口较多，占行政村人口的20%以上。

（2）村庄布局特征：村庄呈现“小、多、散”的格局

由于岫岩县多山地貌，村庄多沿山谷呈带状分布，居民点呈现“小、多、散”的格局。行政村规模普遍偏小，低于3000人的村庄占比87%。自然村分布小而分散，平均每个行政村有11个自然村，各自然村人口较少，村均198人。村庄的过度分散导致乡村基础设施和公共服务设施配套建设成本高，使用效率低。

（3）村庄用地特征：村庄建设用地土地集约程度低

乡村人口的流失导致村庄建设用地闲置，人均村庄建设用地面积较高。平均人均村庄建设用地面积$207m^2$，高于《鞍山市城市总体规划（2011—2020年）》中人均村庄建设用地不高于$150m^2$的要求，造成土地资源浪费。

五、精明收缩背景下的岫岩县村庄规划策略

1.优布局：因地制宜，分类化的村庄建设引导

（1）空间分区，优化城乡格局

规划在岫岩县域内划分出发展适宜性不同的乡村发展分区，包括城乡融合发展区、生态保护保育区和特色农业发展区，实行差异化的乡村减量化目标及路径指引，提出相应的控制和发展要求。

城乡融合发展区包括中心城区和各乡镇驻地周边的乡村地区，积极推进村庄城镇化，加快基础设施互联互通、公共服务共建共享，促进向城市功能的转变；生态保育保护区包括临近生态保护区周边的乡村地区，是村庄减量的重点区域，以生态保护为前提，限制与生态保护无关的建设活动；特色农业发展区指其他乡村地区，是农村生产生活的主要空间载体，有序开展村庄用地整合工作，加强宅基地和农用地整治，改善乡村人居环境。

（2）双维度评价，明确村庄类型

在分区引导的基础上，建立“评价因子+修正因子”的两维度村庄评价体系，对县域内村庄进行分类。第一维度是村庄评价，选取生态自然、建设规模、社会经济、服务设施和村庄风貌5类要素的12个评价因子，并赋予一定权重，对村庄进行初步评价。第二维度是结果修正，修正因子是具有绝对影响力的因子，即采用“一票制”直接确定村庄类型。村庄评价的结果修正一方面与相关规划及政策进一步衔接，核实农居点减量区域，并充分尊重村民意愿；另一方面结合生态安全保障、基础设施建设和历史文化保护等方面考量。最后得出聚集提升类、特色保护类、城郊融合类、搬迁撤并类和保留改善类5种村庄类型，为各类村庄的发展提供策略指引。

2.重减量：注重实施，精细化的村庄建设用地减量

《岫岩满族自治县国土空间总体规划（2020—2035年）》中划定的城镇建设用地规模远高于现状，村庄建设用地需减量发展，以满足城市的发展需求。乡村地区土地整治是一个长期的过程，由于搬迁撤并类村庄需考虑居民诉求、政策导向、实施计划等，短时间内不能实现全部拆迁，村庄近期减量基于高可行性和可实施性，确定底线控制和农村人口转移2个维度的重点减量化地区。

（1）底线控制，按地块减量

底线控制中包括生态红线、坡度、地质灾害易发地区3个要素，突破底线的地区不宜建设，宜按照地块进行减量，对行政村的整体空间布局影响较小。生态红线内是必须强制性严格保护的区域，是保障和维护国家生态安全的底线和生命线，建议拆迁与生态红线冲突的村庄建设用地。坡度影响村庄

的适宜性，坡度越大村庄的适宜性越差，建议拆迁坡度在25%以上的村庄建设用地。地质灾害易发区严重威胁到居民的生产生活安全，岫岩县地质灾害易发，包括泥石流、滑坡、崩塌、地面塌陷等，建议拆迁地质灾害点300m范围内以及地质灾害点高程以上的村庄建设用地。

（2）人口转移，按自然村减量

随着城镇化率的提高，农村人口将进一步向城镇人口转移，近期重点考虑零散自然村和城镇化转移2类要素，宜按照自然村进行减量。岫岩县的丘陵地貌导致自然村沿山谷呈带状小而分散布局，规划识别人口规模低于20户、距离中心村较远的自然村，集中就近安置。邻近中心城区和镇区的村庄能够共享使用城镇基础设施和就业条件，具备向城镇地区转型的潜力条件，近期可考虑拆迁城市开发边界内已列入项目计划的村庄用地（表1）。

3.促产业：保障农业，特色化的乡村产业网络

（1）保障基本，稳定粮食生产能力

落实粮食生产功能区和重要农产品生产区规划，保障粮食生产能力和重要农产品有效供给。以农业高新技术产业园、特色农产品生产功能区、果蔬生产功能区为载体，加快推进农业一二三产融合发展。

依托自然地形地貌，以水为脉，塑造树状农业生产空间，构建"两带，两区，多点"的农业格局。两带为大洋河和哨子河流域农业集中带；两区为粮食生产功能区（水稻、玉米）和重要农产品生产保护区（大豆）；多点为特色农产品生产功能区（香菇、山羊绒、柞蚕等）和果蔬生产功能区。

（2）强化特色，构建乡村特色产业网

开发特色农产品、乡村观光、生态休闲、文化体验等特色产品，每个特色产业在全县布局5个乡村点位，形成乡村特色产业网，集群化参与竞争。以乡村特色产业网为抓手，推进一二三产深度融合，激活乡村发展动力。

振兴传统产业。以特色农产品滑子菇、香菇、平菇等食用菌，板栗、酸梨等果类，黄牛、绒山羊等畜牧，五味子、灵芝等中草药为示范，打造优势农产品，打响岫岩农产品"生态牌、绿色牌"。

植入创新产业。充分利用岫岩自然生态资源，根据村庄资源禀赋和发展条件，布局乡村特色产业网，打造满族风情、绿色食品、体育康养、山水田园于一体的乡村旅游产品体系。

催生品牌产业。创响一批乡土品牌，塑造包含产品、服务、节庆在内的岫岩地区公共品牌，手工品牌和节庆品牌。

4.建配套：区域统筹，差异化的公共服务设施配套

（1）区域统筹，划定"村镇圈"

为满足乡村居民对较高等级公共服务的需求，规划突破行政区划的限制，以"出行时间"代替"出行距离"，形成公共服务资源互补、设施共享的"村镇圈"，引导资源向能发挥其最大效用的公共服务中心集中。通过调研问卷和访谈了解到岫岩乡村居民对更高品质的设施有迫切需求，而且他们愿意为此花费30~45分钟的出行时间。规划以时速50km的机动车行驶45分钟可到达的范围，作为"村镇圈"划定的标准。考虑到高程和坡度的影响，运用GIS软件对道路系统进行网络分析，并综合人口、可达性、政策三个要素，划定以偏岭镇、黄花甸镇、洋河镇、大营子镇、三家子镇、龙潭镇为中心的6个"村镇圈"，每个村镇圈配置高标准的文化、体育、教育、医疗等公共服务设施，增加向乡村空间的倾斜力度，提升县域乡村地区的公共服务设施水平（表2）。

（2）差异引导，分类配置设施

将公共服务设施与不同村庄类型的人群需求精准匹配，建立差异化的公共服务设施配置标准，分为基本保障型和品质提升型两种类型。基本保障型是为保障村民的医疗、养老、文体活动等基本生活需求的设施，是村庄公共服务设施配置的底线；品质提升型是不同类型村庄配置的特色公共服务设施，提升村民生

表1　近期村庄减量化地区

维度	减量要素	控制要求	减量方式
底线控制	生态红线	生态红线内	按地块
	坡度	坡度大于25%	按地块
	地质灾害易发区	地质灾害点300m范围内以及地质灾害点高程以上	按地块
农村人口转移	零散自然村	20户以下或距中心村较远	按自然村
	城镇化转移	近期城市开发地区	按自然村

表2　岫岩县"村镇圈"公共服务设施配置标准

分类	设施名称	要求
文化	公共图书馆、文化活动中心	能级提升、集中布局
体育	标准体育场、全民健身中心	能级提升、集中布局
教育	幼儿园、托儿所	基本标准
	小学、初级中学、高级中学	高标准建设（《辽宁省县域义务教育均衡发展督导评估实施办法》评分85分以上）
	职业技术教育、社会学校、成人培训等	基本标准
医疗	二级综合医院	高质量建设
福利	敬老院、老人护理院	基本标准
商业	综合交易市场、综合服务中心	基本标准

表3　村庄级公共服务设施分类型配置标准

村庄类型	基本保障型设施	品质提升型设施
聚集提升类	村委会 卫生所 养老服务站 健身场地	经济服务站、农技培训站、多功能活动室、幼儿园、敬老院
特色保护类		旅游服务中心、综合招待所、旅游专线
城郊融合类		技术培训站、文化活动室
搬迁撤并类		—
保留改善类		文化活动室

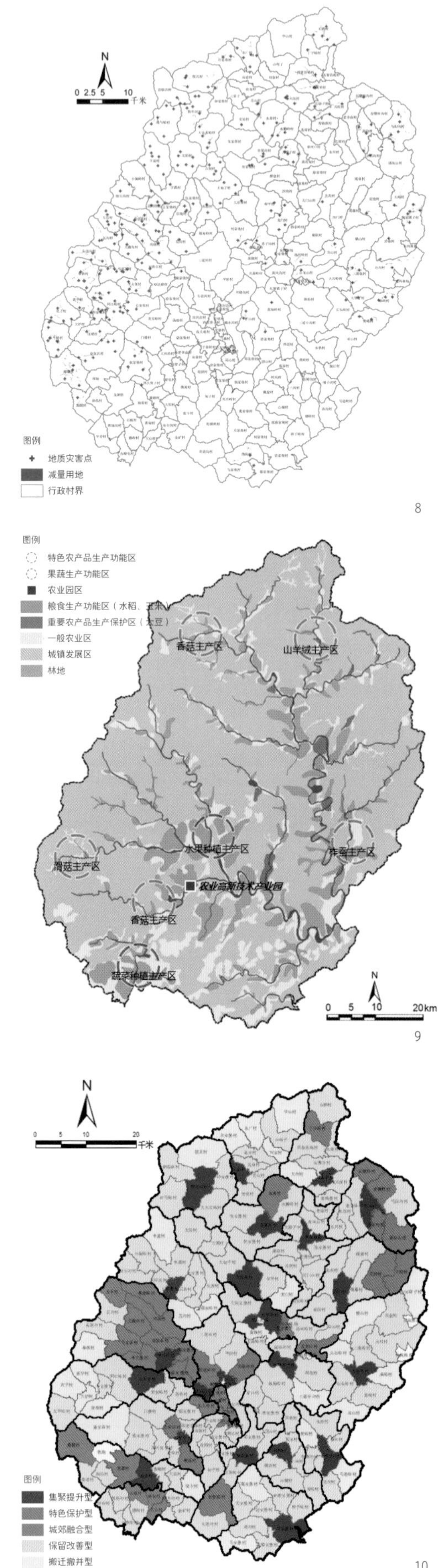

活品质。聚集提升类村庄强化对周围村庄的带动和服务能力，发挥聚集效应；特色保护类村庄结合文化和旅游产业，配置旅游服务接待设施，促进乡村旅游发展；城郊融合类村庄与城镇地区的公共服务设施互建共享，注重就业培训，为城镇化奠定基础；搬迁撤并类村庄坚持用地减量原则，仅配置最基本的公共服务设施；保留改善类村庄适当进行人居环境整治和公共设施增补，原则上不进行大规模建设（表3）。

六、结语

面对我国乡村地区不可避免的人口减少和衰退，精明收缩为乡村发展提供了新思路。乡村空间的精明收缩不是单纯收缩，而是以收缩促增长，以积极的方式应对乡村收缩发展，避免乡村被动无序的衰退。规划需引导乡村过剩资源的合理退出，培育新的活力增长点，实现乡村空间资源的优化配置与重构。本文以鞍山市岫岩县为例，从减量发展和精准高效两个方面提出优化乡村格局、精细用地减量、强化特色产业和提升设施配套4个规划策略，有效建立起乡村空间由分散、低效发展转向集约、高效发展的新路径，实现乡村地区的可持续发展。

参考文献

[1]马亚宾. 精明收缩视角下我国农村建设与规划策略研究[J]. 北京规划建设, 2017(2):29-33.

[2]黄鹤．精明收缩：应对城市衰退的规划策略及其在美国的实践 [J]．城市与区域规划研究，2011(3)：157-168.

[3]王雨村, 王影影, 屠黄桔. 精明收缩理论视角下苏南乡村空间发展策略[J]. 规划师,2017 (1):39-44.

[4]谢正伟, 李和平. 论乡村的“精明收缩”及其实现路径[C]//2014中国城市规划年会论文集, 2014.

[5]赵民, 游猎, 陈晨. 论农村人居空间的“精明收缩”导向和规划策略 [J]. 城市规划,2015,39(7):9-18.

[6]罗震东, 周洋岑. 精明收缩：乡村规划建设转型的一种认知[J]. 乡村规划建设,2016 (1):30-38.

[7]岳晓鹏，钱子萱，丁潇颖. 精明收缩视角下的天津农村空间优化策略[J]. 规划师,2021 (23):59-66.

[8]周洋岑, 罗震东, 耿磊. 基于“精明收缩”的山地乡村居民点集聚规划——以湖北省宜昌市龙泉镇为例[J]. 规划师, 2016, 32(6): 86-91.

作者简介

吴　虑，上海同济城市规划设计研究院有限公司副主任规划师；

韩胜发，上海同济城市规划设计研究院有限公司副所长。

8.岫岩县近期减量村庄建设用地分布图
9. 岫岩县农业格局规划图
10.岫岩县村庄分类规划图

以整治修复为导向的吉林省西部生态脆弱区村庄规划探索与实践

——以大安市新平安镇平安、长和、长明村为例

Exploration and Practice on the Planning of Villages in Ecologically Fragile Areas in Western Jilin Province Guided by Renovation and Restoration

—A Case Study of Ping'an, Changhe, Changming Villages, XinPing'an Town, Da'an City

范文洋
Fan Wenyang

[摘 要] 吉林省西部生态脆弱区的盐碱化、草地退化等的生态修复治理是吉林省一直关注的重点生态课题，为提高自然资源利用效率，着力改善生态环境功能，实现资源资产价值转换，本研究以大安市新平安镇平安村、长和村和长明村为例，创新“空间优化—整治修复—价值转换—乡村振兴”的规划思路，围绕“生态、社会和经济”多元价值导向探索了规划实施路径，为整治修复项目实施和乡村振兴奠定了基础。

[关键词] 整治修复；村庄规划；空间优化；生态脆弱区

[Abstract] Ecological restoration and management of salinization and grassland degradation in ecologically fragile areas in western Jilin Province has been the focus of ecological projects. In order to improve the utilization efficiency of natural resources, improve the function of ecological environment and realize the value transformation of resource assets, this study takes Ping'an Village, Changhe Village and Changming Village, Xinping'an Town, Da'an City as an example. This paper innovates the planning idea of "space optimization - remediation and restoration - value transformation - rural revitalization", and explores the planning implementation path around the multi-value orientation of "ecology, society and economy". This study lays a foundation for the implementation of remediation projects and rural revitalization.

[Keywords] renovation repair; the space optimization; village planning; the ecological fragile district

[文章编号] 2024-94-P-083

一、引言

在生态文明建设和乡村振兴的背景下，为贯彻落实习近平总书记对浙江“千村示范、万村整治”重要批示精神，国土空间综合整治和生态修复要以科学合理的规划为前提，相比过去以增加耕地面积、提升耕地质量为主要目标的传统土地整治模式，国土综合整治和生态修复是秉承生态、经济、社会效益的多目标，统筹生态、农业和农村空间的全域国土空间格局优化，融合农用地整理、农村建设用地整理以及乡村生态修复等多手段的整治修复模式，已经逐步成为大力推进乡村振兴战略实施、生态文明建设、城乡融合发展的重要平台和政策工具。

吉林省西部地处科尔沁草原湿地、松辽平原黑土地和大兴安岭森林生态系统的过渡带，是我国“三区四带”生态安全战略格局中北方防风固沙带的重要组成部分，也是国家增产百亿斤粮和千亿斤粮战略的主要地区，树立多元目标任务导向的顶层设计成为该区

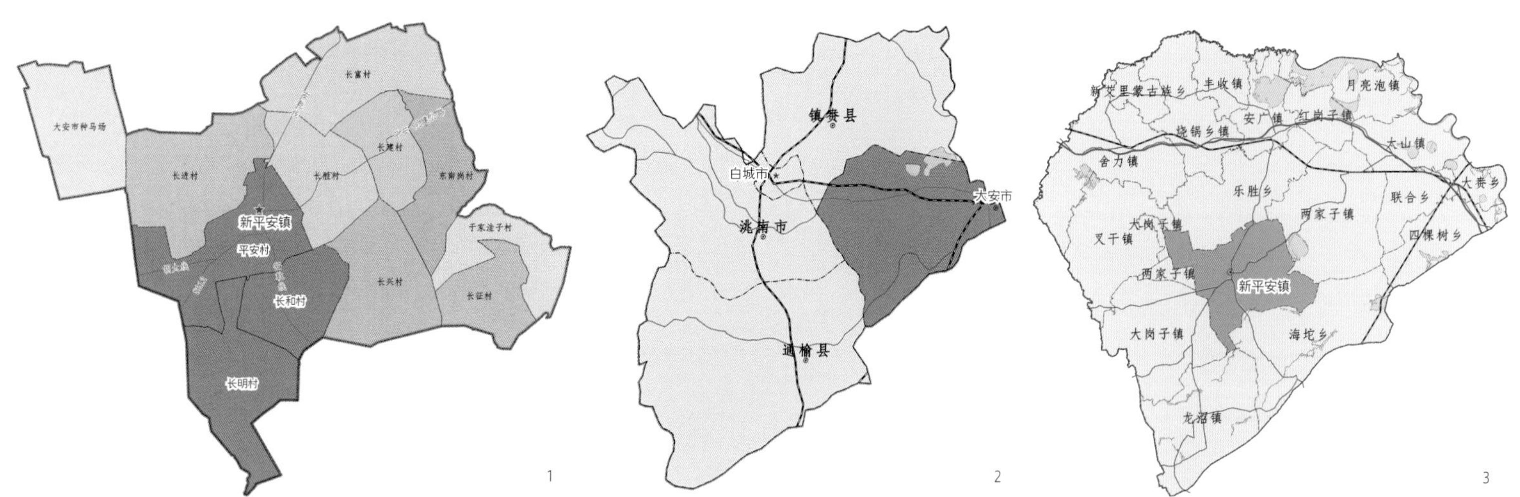

1.平安村、长和村、长明村在新平安镇位置示意图
2.大安市在白城市位置示意图
3.新平安镇在大安市位置示意图

4.平安、长和、长明村域用地现状图　　5.平安、长和、长明村域用地规划图

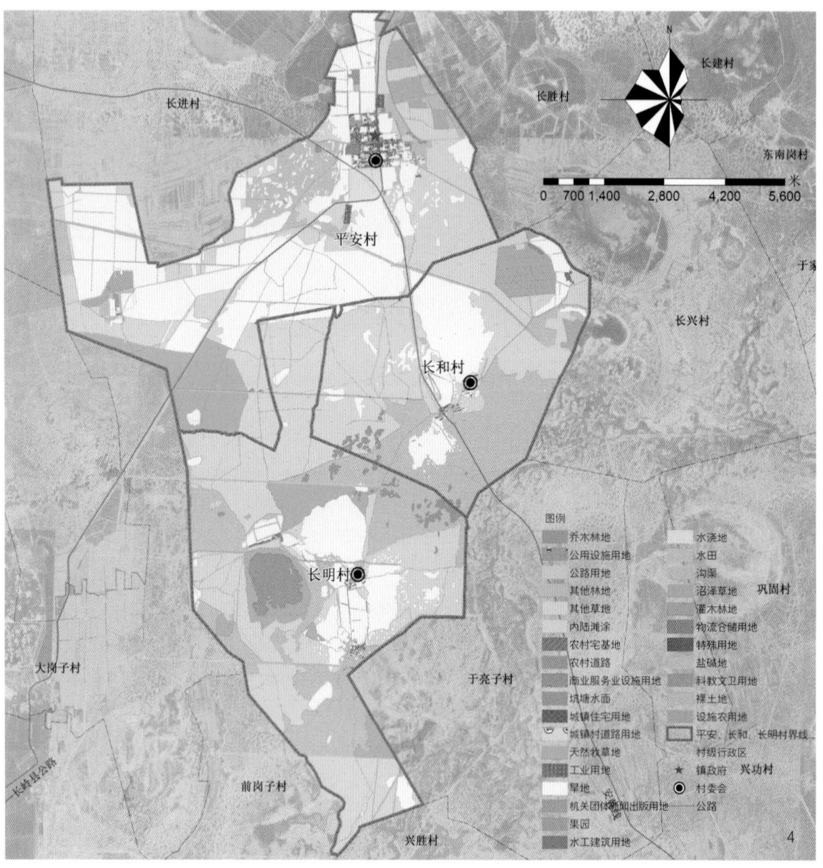

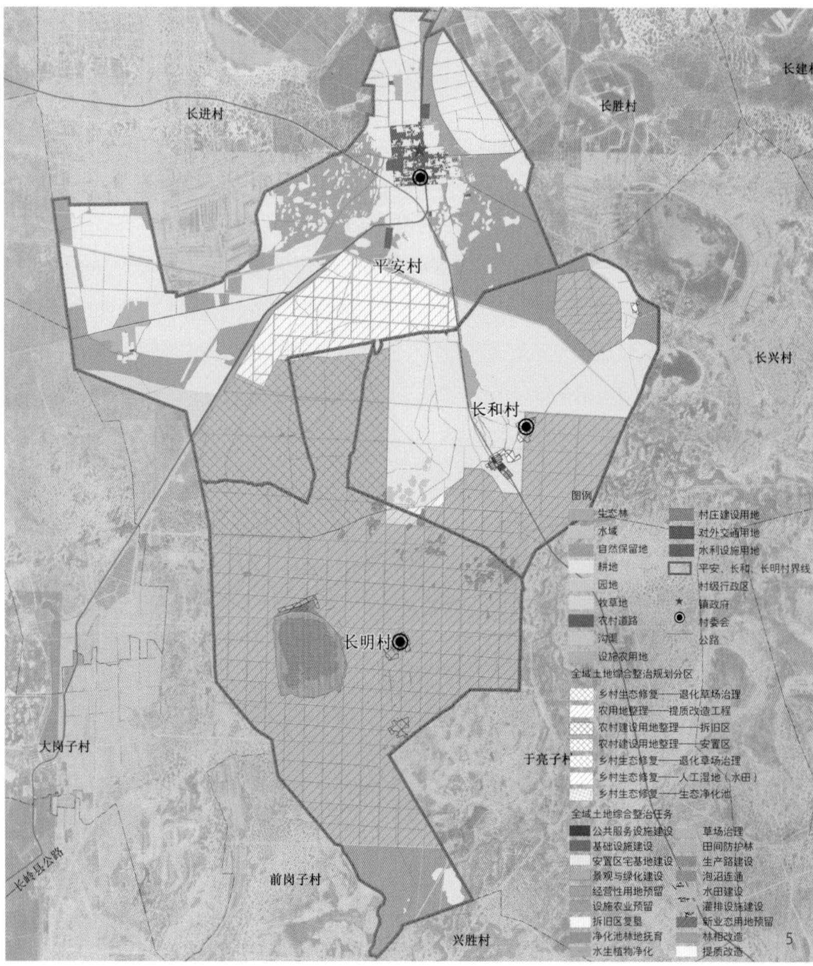

域推进国土综合整治和生态修复实施的必然选择。2019年5月23日，中共中央、国务院发布《关于建立国土空间规划体系并监督实施的若干意见》（以下简称《若干意见》），该文件明确指出国土空间规划体系按照“五级三类”进行划分，其中村庄规划属于法定规划中的详细规划。同时，村庄规划也是乡村层面的开展整治修复的顶层设计，新时代的村庄规划更加强调“实用性”，其中不仅满足了规划管理部门的管控要求，也要方便地方村委的管理，同时还要响应村民的心声和不同的需求。本研究创新规划思路、探索规划路径，为促进整治修复实施，带动乡村发展建设提供示范。

二、规划基础与思路

1.规划基础

空间相连：新平安镇平安村、长和村和长明村三村相邻，三个村在空间上已经连为一体，位于大安市西南部，镇域南部，镇区位于平安村，长明村距镇区10km，长和村距镇区7km。

资源优良：新平安镇西靠姜家甸草原，地势平坦，哈达山松原灌区龙海灌片流经镇域，泡沼星罗棋布，草地、湿地、地表水等各类资源较为丰富。根据大安市第三次国土调查数据统计，新平安镇未利用地主要包括盐碱地、其他草地、裸土地和内陆滩涂，面积占镇域总面积61.95%，全市排名第二，具有较高的资源整合盘活利用潜力。其中，三村全域土地总面积为10640.84hm^2，资源类型以未利用地和耕地为主，分别占总面积的54.79%和29.93%，是全镇最具自然资源禀赋和农业资源基础的区域。

生态敏感：该区域位于松嫩平原腹地，属半干旱、亚湿润农牧交错地带。由于自然变化和人类活动的共同作用，使得该区域的生态系统遭到破坏，环境变化比较敏感。三调数据中新平安镇农用地面积较2018年变更数据相比多5775.49hm^2，占2018年变更调查农用地面积的67.78%，主要是因为农民自行开垦导致农田规模增大，但盲目的开垦也带来了一些生态环境问题，全域植被覆盖度变低，大量草场退化、泡沼萎缩，产生一定程度的水土流失和生物多样性变差的情况。同时，该区域土地盐碱化严重，土壤板结，自行开垦耕地质量不高，耕作利用极其不稳定。

发展不均：平安村是新平安镇区所在地，一二三产多元发展，人均年收入可达10500元；长和村、长明村则以传统种植和养殖为主，人均年收入仅为7000元左右。虽然三村整体发展相对比较滞后，但平安村在交通、人口、产业等方面具有一定的基础条件，未来仍需进一步发挥集聚引领的作用。

功能互补：平安村作为镇中心，镇政府、中心校、卫生院等主要公共服务设施均分布在此，道路交通以及其他基础设施等相对较为完善。长和村和长明村仅在中心屯有一处与村部共建的公共广场，广场上仅有简单的体育器材。根据大安市村庄分类布局成果，平安村为城郊融合类村庄、长和村和长明村均为搬迁撤并类村庄。

2.规划思路

（1）多村联合编制

根据《若干意见》和《吉林省村庄规划编制技术指南（试行）》，

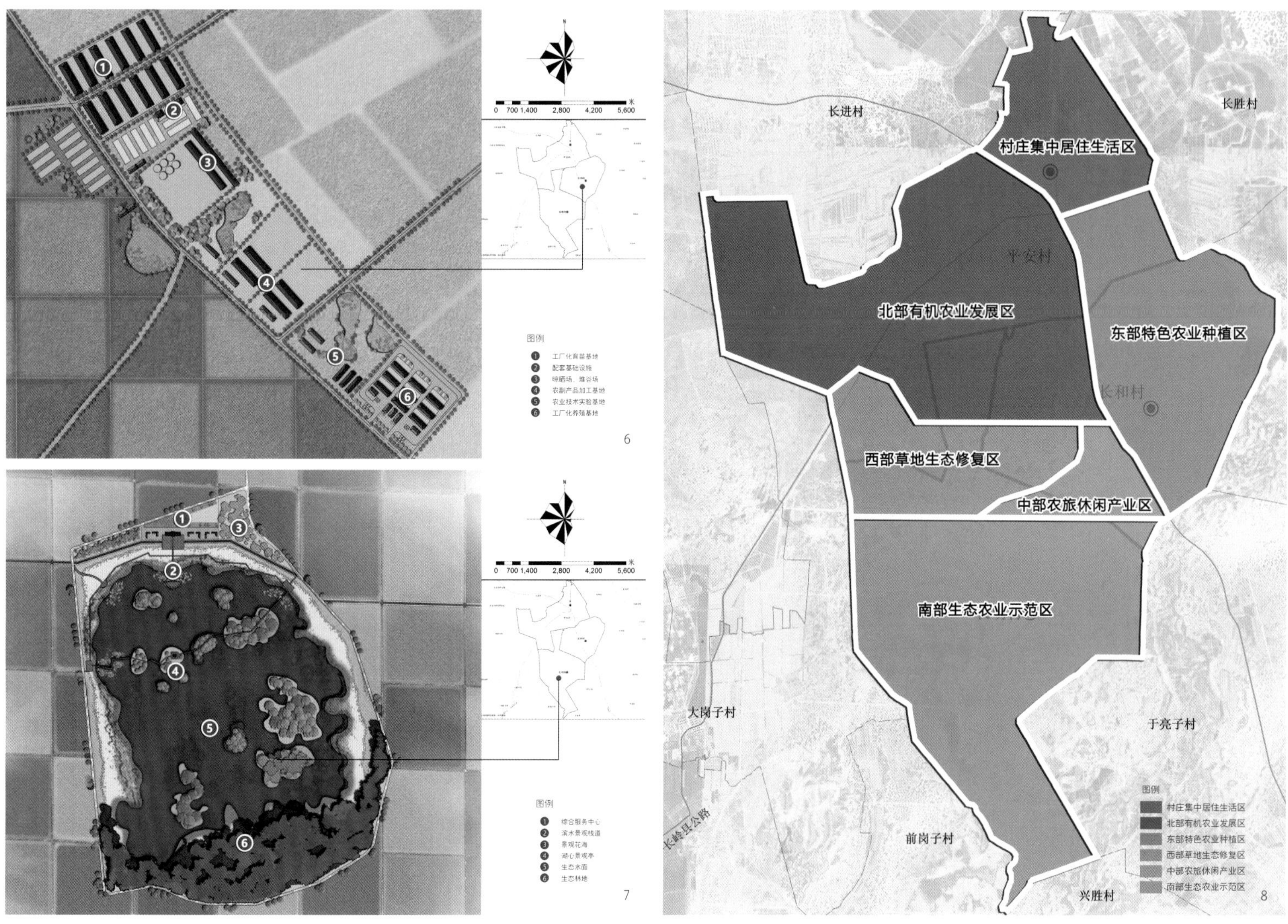

6.产业引导图　7.生态净化池平面图　8.空间布局图

在城镇开发边界外的乡村地区，以一个或几个行政村为单元，由乡镇政府组织编制“多规合一”的实用性村庄规划，作为详细规划，对于空间上已经连为一体的关联度较高的多个行政村可考虑以片区为单元统一规划。结合大安市新平安镇申报了全域土地综合整治试点工作的要求，将新平安镇平安、长明、长和村三个村作为一个规划单元，对于生态环境治理、资源开发保护、人居环境改善进行统一谋划、全域设计。

（2）整治修复导向

对规划单元内存在的生态退化、国土利用失序、低效等问题进行整治修复，重点围绕盐碱地治理，采取“以稻治碱”的生态化治理模式，引导新增耕地的开垦，并综合考虑退化草场、水土流失、泡沼退化、防护林带建设等进行空间布局优化调整。围绕推动长和、长明村搬迁撤并，开展农村建设用地整理，整理腾挪的建设用地指标主要用于支持新村建设和乡村新产业新业态融合发展建设。

（3）功能品质提升

通过国土空间结构调整和空间布局优化，对资源进行盘整，推动了农村居民点搬迁整合，将长和、长明两村村民共同搬迁到平安村，对平安村公共服务设施和基础设施扩容提质，产业设施进一步优化，人居环境进一步整治，使得三村共同享有平安村完备的市政公服设施，丰富文化娱乐生活，建立更为高效民主的村民自治，推动乡村振兴。

三、规划实现路径

以全域土地综合整治为抓手，合理进行自然资源配置，提高资源利用效率，达到自然资源资产和资本双向提升；优化各类各业用地布局，合理配套基础设施和公共服务设施，美化、绿化村容村貌，建设美丽新村；构建宜居、宜业、宜游的产业格局，培育乡镇产业增长点。

1.空间布局优化

以规划单元为整体，通过整治修复，对盐碱地进行生态开发利用，盘活存量建设用地，结合产业发展，总体形成北居、南耕、蓝绿交织的空间布局。

（1）村庄集中居住生活区

充分尊重村民意愿，结合土地流转合并长明、长和两个行政村，考虑货币、易地搬迁等多种安置模式，根据村庄规划安排在平安村建设安置区，作为村庄集中居住生活区，加强基础设施和公共服务设施配套建设，重点开展农村人居环境整治，提升村庄形象和村民生活品质。

（2）北部有机农业发展区

将安乾线以西、刘春贵屯西侧干渠以北，与胡太线形成合围的区域规划为北部有机农业发展区。依托村民自行开垦的部分耕地为基础，通过田块规划形成集中连片、质高量产的高标准农田，推广有机种植和保护性耕作机制，重点培肥地力，鼓励对具备大型农机作业的区域进行流转，形成规模化经营，培育新平安镇有机农业示范基地。

（3）东部特色农业种植区

将安乾线以东至村界范围规划为东部特色农业种植区，大力发展花生、烤烟、葵花、棉花、杂粮杂豆等经济作物，选取适合当地土质的形成特色，考虑将笤帚糜子作为特色民俗文化，挖掘手工艺等附加产品价值。

（4）西部草地生态修复区

主要以项目区西部成片的草场为基础，根据周边林草植被特征，通过生态修复手段，形成丰茂连片的草原，发展牛、羊、马、鹿等畜牧业，以畜牧业发展推动新平安镇恢复"骏马之乡"的美誉。

（5）南部生态农业示范区

以项目区西部草场南侧的干渠为界，将项目区南部大片未利用土地规划为南部生态农业示范区。重点打造以水稻田为主的人工湿地生态系统，依托水稻田兼具生态系统调节和农业生产的双重属性，构建新平安镇南部湿地生态屏障，恢复区域生态系统，培育发展生态农业示范区。

（6）中部农旅休闲产业区

将安乾线道西、刘春贵屯南部至干渠部分区域规划为中部农旅休闲产业区。使用村庄搬迁腾退节约的建设用地指标，统筹政策扶持资金建设农村产发展区。

2.整治修复规划

（1）规划内容

①农用地整理：对现有农田进行整理，大力推进提质改造和高标准农田建设，完善排灌设施，提升耕地质量，结合灌区建设，将合适的旱地改造成水田，实现"田成方、渠相连、旱能灌、涝能排、土肥沃"，规划期实施改造耕地1600hm^2。

②农村建设用地整理：以城乡建设用地增减挂钩和土地流转政策为抓手，盘活农村建设用地，推进长明、长和村的空心村治理，实施搬迁撤并，优化村庄居民点用地布局，完善基础设施和公共服务设施配套，建设宜居适度、集约高效的美丽新村。规划期内，对长和、长明村内6个自然屯进行搬迁合并，腾退建设用地面积27hm^2，安置区建设面积3.5hm^2，保障居民居住区和必要的公共服务及基础设施建设，包括居住小区、党群服务中心、活动广场、晾晒场、堆谷场、农机具存放场、给排水、供电、供热、污水处理、道路扩建、道路照明及绿化栽种等。

③乡村生态保护修复：对规划单元内未利用地进行生态修复，分为造湿、造草、造林三个修复方向。依托哈达山松原灌区龙海灌片工程，连通现状泡沼，提高水资源利用效率，打造水稻田为主的人工湿地，改良土壤盐渍化，构建人工湿地生态保障区，实现生产和生态能力双向提升。规划期内新造人工湿地（水田）2900hm^2，治理退化草原620hm^2，栽种和改造林地100hm^2。

（2）整治修复措施引导

①缓冲带建设：沿农田边界、田埂、道路、渠道、林地、河渠和农村居民点等交界地带，选用本土植物，适度保护利用原有的自然生杂草，利用多年生开花植物和连续开花植物组合提供持续的花粉蜜源等食物，考虑不同植物之间的相生相克性，以及豆科植物和伴随植物的应用，营建有一定密度的条带植被（植物篱），以拦截农业面源污染或有害其他物质，为野生生物提供栖息地。

②生态型沟渠建设：应严格按照排灌标准，开展排灌网络空间布局和设计，对于灌溉渠道可以考虑多种类型硬化方式，对于排水沟，应尽量减少硬化，采用生态化护坡，提高渠道的渗透性。护坡植被宜灌木、地被植物相结合，保持环保自然，保障沟渠的蓄、排、缓、净功能。

③退水净化：依托建成并运行的大安灌区，将退水引入生态净化池中进行水质改良再通过姜家泵站退水到查干湖。针对退水净化问题拟采取的工程措施有灌排优化减灌增渗减排技术、农技优化减施缓释减排技术、生物和填埋料措施净化技术、合格退水智慧管理技术等。

④盐碱化治理：结合乡村生态保护修复区域实际，可划分不同盐碱地治理分区，采取物理改良技术、调整用肥结构、生物改良技术、土壤改良降碱补钙固氟技术等多种方法复合治理，加强实践和推广。

3.资产价值转化

（1）转化模式

创新政府主导与市场力量相结合的价值实现路径，整治修复工程内容涵盖多，涉及资金大，需要综合考虑多种资金筹措模式相结合，以政府为主导，统筹整合耕地开垦费、新增耕地指标交易收入以及各类涉农专项资金，加强地方财政配套，积极引导鼓励企业、农村集体经济组织、工商资本、金融资本等社会资本参与，以保障项目资金来源。大安市人民政府印发了《大安市引导和规范社会力量参与土地整治项目建设实施意见》，社会投资方可自主确定具有相关资质的单位的要求，按照参与实施项目的行业标准和技术规范，组织开展勘测、设计及预算编制、监理、工程施工和竣工验收、新增耕地确认资料编制等工作，并对其实施项目工程质量、安全、工期和项目预期效益负责。

（2）价值预期

通过整治修复项目的实施，引导指标交易实现资源到资产的经济价值转化。规划期内新造人工湿地（水田）2900hm^2。根据吉林省新增耕地占补平衡系统统筹，9等耕地价格为100万元/hm^2，水田指标为70万/hm^2，通过计算，新增耕地预计可实现49.3亿元的价值，农村建设用地整理节余出的23.5hm^{2}建设用地预计可实现0.35亿元的价值。通过指标交易获取收益主要返还农业农村建设，用于乡村振兴。

4.乡村振兴生态化

（1）产业生态化引导

以优化提升传统种植业和畜牧业为基础，引导土地规模流转、合作经营，保障规模化、现代化、生态化农业用地空间，结合人工湿地和生态净化池建设，打造人工湿地景观，培育三产发力点。

①以优化资源利用结构引导产业提升：以全域综合整治为抓手，先对资源利用结构进行优化改造，使得现有耕地资源更加绿色高效，扩大现有农业资源底盘，以资源利用带动传统农业规模化转型。

②结合区位和城镇化优势引导产业发力：以新平安镇在市域中心枢纽的交通区位优势，以及平安村镇区城镇化优势为基础，引导发展农副产品加工业体系，进一步提高新平安镇镇区商业服务水平，推动传统农业向科技化、工厂化转型。

③以生态保护修复引导新业态培育：依托长和、长明村搬迁撤并和新村建设，结合全域生态修复，打造泡沼和水稻田特色景观，挖掘旅游亮点，培育发展休闲观光旅游，鼓励高校、科研院所等产学研机构在当地设立"三化"改造实验点，在实验田、实验基地建设上给予政策配套，以学带产、以研促游，培育孵化新业态起步。

（2）人居环境生态化

①建筑风格：延续现状吉林西部农村传统民居建筑特点，立面形式采用简洁大方能够整体凸显北方乡村特色的暖色调外立面。建筑层数控制在3~5层，一层高度3.3m，建议采用当地的建筑材料与建筑工艺，色彩以亮色系暖色调为主，参考居民点现有住宅面

9.人居环境规划图

积，为村民提供40m²、60m²、80m²三种住宅的户型参考。

②建筑保温与节能：为了推广先进适用的农村节能住房，改善人居环境，结合吉林省气候特点、地方建筑特点、建材资源、经济水平、当地生活习惯等因素，以指导农村节能住宅建设，全面考虑规划、设计、保温节能和环境生态等因素，实现农村的人与环境之间和谐统一，同时处理好环境舒适、节约造价与节能省地、保护生态环境之间的关系，按照高新技术与地域传统技术相结合的原则，提供与之相适应的新型农村节能住房类型，确保其经济性，使之与农民的经济收入、当地的资源、气候相适应，让广大农民喜欢住、住得起，实现新型农村节能住房的推广，为改善广大农民的生活质量和全面奔小康提供支撑和优良服务。

③居住小区内绿化：小区内交通功能空间全部硬化，达到舒适、整洁的效果。小区绿化要以乔、灌相结合的方式，丰富院落绿化层次，可种植果树（梨树、苹果树、桃树等），搭架种植葡萄，既美化庭院又有经济效益。交通休闲空间应改进庭院铺地材质，使用砖石铺地，同时在邻近居住空间的休闲空间内设置桌椅，提供打牌、聊天、乘凉的休闲娱乐空间。

四、结语

本次规划创新了规划单元的联合编制模式，探索了以城郊融合类村庄带动两个搬迁撤并类村庄在资源共用、产业共融、生态共治方面的空间整合思路；建立了以整治修复为导向，推动国土空间结构调整和空间布局优化的路径，通过安排农用地整理、农村建设用地整理和乡村生态保护修复等整治修复项目，对盐碱地进行生态化开发利用，盘活存量建设用地，激活和显化土地资源的经济价值，反哺乡村振兴发展。村庄规划和整治修复两者融合，不仅从村庄整体设计的角度体现了村庄规划的引领性，更从实施的角度提出以解决生态问题为导向的村庄发展目标，为促进规划单元的乡村振兴提供支撑，为吉林西部其他村庄规划的编制提供借鉴和参考意义。

参考文献

[1]林倩，李红强．全域土地综合整治的激励机制和运作模式——以浙江省为例[J]. 中国土地, 2021 (11): 29-31.

[2]焦思颖．实施全域整治 赋能乡村振兴——《自然资源部关于开展全域土地综合整治试点工作的通知》解读[N]. 中国自然资源报, 2019-12-20 (1).

[3]刘浩, 窦琪玉, 陈琢, 等. 国土空间规划背景下实用性村庄规划策略研究——以田关镇王营村为例[J]. 居舍, 2021(33): 106-108.

[4]浙江省土地整理中心．助推乡村振兴战略 促进生态文明建设——浙江省全面实施全域土地综合整治与生态修复工程[J]. 浙江国土资源, 2019 (7): 27-29.

作者简介

范文洋，北京舜土规划顾问有限公司副总经理，土地管理高级工程师、城乡规划设计高级工程师。

国土空间规划语境下城郊融合类村庄规划探索
——以长春莲花山区劝农山镇同心村为例

Exploration of Urban-suburban Integration Village Planning in the Context of Territorial Planning
—Taking Tongxin Village, Quannongshan Town, Lianhuashan District, Changchun as an Example

耿庆忠 刘 学 周 扬 付天宇
Geng Qingzhong Liu Xue Zhou Yang Fu Tianyu

[摘 要] 本文依托吉林省试点村庄规划《长春莲花山生态旅游度假区劝农山镇同心村村庄规划（2021—2035年）》的编制，针对城郊融合类村庄规划在国土空间规划新语境下，面临从“发展”单逻辑向“管控和发展”双逻辑转变、城郊地区从“城市主导发展”向“城乡统筹发展”转变两方面的新形势，提出城郊融合类村庄规划的思路应从两方面做出调整，一是建立“空间秩序”，管控全域全要素，二是紧扣“供需关系”，赋能全域全要素。最后以同心村规划实践为例，提出重点围绕底线同守、产业同链、设施同质、要素同管四个方面，开展城郊融合类村庄规划的编制工作，以期为其他地区同类型村庄规划提供实践经验。

[关键词] 国土空间规划；城郊融合类；村庄规划；管控和发展；同心村

[Abstract] This article is based on the preparation of the pilot village plan in Jilin Province, "Tongxin Village Village Plan in Quannongshan Town, Changchun Lianhuashan Ecological Tourism Resort (2021-2035)". In response to the new situation of urban-rural integration village planning in the context of national spatial planning, it faces two aspects: the transformation from "development" single logic to "control and development" dual logic, and the transformation from "urban led development" to "urban-rural coordinated development" in suburban areas, The idea of planning integrated suburban villages should be adjusted from two aspects: first, establishing a "spatial order" to control the entire area and all elements, and second, closely linking the "supply and demand relationship" to empower the entire area and all elements. Finally, taking the planning practice of Tongxin Village as an example, it is proposed to focus on four aspects: the same bottom line, the same industry chain, the same quality of facilities, and the same management of elements, in order to carry out the preparation work of urban suburban integrated village planning, in order to provide practical experience for the planning of similar villages in other regions.

[Keywords] territorial planning; urban-rural integration; village planning; control and development; Tongxin Village
[文章编号] 2024-94-P-088

随着城镇化的不断推进，农村人口不断转移至城市，留下空心化的乡村缓慢发展。为此，2017年党的十九大提出“乡村振兴”战略，2018年国家出台《乡村振兴战略规划（2018—2022年）》，提出分类推进乡村发展，在国家层面拉开了推动各类村庄振兴发展的序幕。农业农村部时任副部长韩俊于2018年指出，现阶段中国乡村的格局正在快速地演变分化，有一些村庄会被重振，而一些边远不便的村落会逐渐衰落，乡村振兴要循序渐进地撤并一批衰退村庄[1]。吉林省自然资源厅积极响应国家战略部署和顺应乡村发展趋势，将全省村庄划分为七类，包括城郊融合类、集聚提升类、特色保护类、兴边富民类、稳定改善类、搬迁撤并类和其他类村庄。

2019年5月，中共中央、国务院发布《关于建立国土空间规划体系并监督实施的若干意见》（中发〔2019〕18号），提出将主体功能区规划、土地利用规划、城乡规划等空间规划融合为统一的国土空间规划，实现“多规合一”，建立全国统一的“五级三类”国土空间规划体系，不再另设其他空间规划。其中，在城镇开发边界外的乡村地区，由乡镇政府组织编制“多规合一”的实用性村庄规划，作为详细规划，指导村庄发展建设。

为有序推进国土空间规划体系下的村庄规划编制工作，2021年6月，吉林省自然资源厅基于村庄分类和全省东中西部地区差异，在全省遴选出15个村庄开展村庄规划编制试点，形成在国土空间规划体系指导下不同类型村庄规划可推广、可学习的范例，以规划为龙头，引领乡村振兴发展。其中，地处长春国际影都几何中心的同心村被选作城郊融合类试点村庄。本文依托《长春莲花山生态旅游度假区劝农山镇同心村村庄规划（2021—2035年）》的编制，试图探索城郊融合类村庄的规划模式，以期为其他地区的实践探索提供有益的经验。

一、城郊融合类村庄规划面临的新语境

1.村庄规划从“发展”单逻辑向“管控和发展”双逻辑转变

改革开放四十多年来，城乡规划体系适应了我国城乡地区快速发展建设的需要，在城乡发展建设中起到高效的龙头带动作用，成为城乡地区快速发展建设的有力推手，对城乡地区的快速发展功不可没。多年来的城乡规划实践，使得政府、规划师和人民群众对规划的认知，固化为较为统一的“发展性思维”。推动城乡“发展”成为规划的单一逻辑导向。

随着我国的发展阶段从工业文明时期跃升至生态文明时期，单一强调发展的城乡规划体系不再适应新时期的发展需要。2019年5月，中共中央、国务院发布《关于建立国土空间规划体系并监督实施的若干意见》（中发〔2019〕18号），正式开启了空间规划的

全面改革，为适应生态文明发展对空间规划体系重新部署。区别于城乡规划，国土空间规划新语境下的村庄规划，不再将“发展”作为唯一重要逻辑。“管控”和“发展”双逻辑，成为指导村庄规划编制的新纲领，这就要求村庄规划的编制除了注重村庄的产业发展、空间建设之外，还需注重底线控制、空间管控等内容。

2.城郊地区从“城市主导发展”向“城乡统筹发展”转变

当前，我国已经进入城镇化加速发展的中后阶段，城市大规模扩张为主导的城乡建设面临终结，城乡发展方式由城市主导向着城乡统筹转变，长期依赖城市扩张获得土地收益的城郊地区面临发展的转型问题[2]。城郊地区乡村距离城市较近，具有良好的区位优势，特殊的地理位置，使其成为未来极具活力的区域，将承担城市功能外延拓展和乡村可持续发展的功能[3]。因此，城郊融合类村庄应在“产业兴旺、生态宜居、乡风文明、治理有效、生活富裕”的乡村振兴总要求的指引下，在城乡统筹发展新格局中寻求新的产业方向和发展模式，找到适合城郊乡村发展的新动力，激活和重振乡村经济，使之成为承接城市产业外溢的重要承载地。

二、新语境下城郊融合类村庄规划思路调整

1.建立“空间秩序”，管控全域全要素

从管控逻辑出发，围绕“底线思维”，对村庄全域全要素提出规划管控，建立起村庄发展的“空间秩序”。规划管控通过底线管控、规划分区管控、规划用地管控、建设地块管控、乡村风貌管控五个维度，建立村庄空间管控体系。在底线管控方面，通过生态保护红线、永久基本农田等控制红线，明确农业、生态等空间的保护范围，约束村庄建设开发；在规划分区管控方面，通过划定生态、农业、建设等管控分区，明确村庄全域全要素的发展方向和范围；在规划用地管控方面，对村域内农用地、生态用地、建设用地做出详细的布局安排；在建设地块管控方面，通过确定各建设地块的用地性质、占地面积、建筑限高、建筑密度、绿地率等指标，控制建设地块的有序开发；在风貌管控方面，通过提出整体风貌、街巷风貌、建筑风貌、绿化美化等方面的管控要求，引导村庄风貌的高品质塑造。

2.紧扣“供需关系”，赋能全域全要素

从发展逻辑出发，围绕“发展思维”，深度思考城、乡各自的发展需求和供给潜能，从互动视角研究城乡要素的“下乡”和“入城”，形成城乡互动的发展闭环[4]。从城市视角，城市产业具有外溢发展的迫切需求，这就为拥有广阔空间供给的乡村地区带来发展机遇。从乡村视角，乡村地区具有振兴发展的迫切需求，这就为拥有丰富产业基础、资本、人才供给的城市地区带来发展机遇。村庄规划应紧扣城、乡这种“供需关系”，对乡村空间进行全域全要素的赋能，通过城市产业发展在乡村空间上的表达，激活乡村发展，带动乡村建设，推动城乡交通互联互通、设施普惠同质，最终实现城乡统筹发展。

三、同心村规划实践

1.村庄概况

同心村属吉林省长春市莲花山生态旅游度假区管辖，位于劝农山镇西部大约8km处，地处莲花山区、净月区、双阳区三区交界之地，包括10个自然屯。在土地资源方面，同心村总土地面积1392.15hm^2，土地利用上呈现“一村、三林、六分田”的整体格局。在经济发展方面，2020年第一产业产值940万元，村民人均收入1.35万元，略低于全省平均水平。在村庄产业方面，以玉米种植为主，现状有两处在建农业园，包括同心农业科技园和绿色生态农业园。在人口方面，同心村户籍总人口数1609人，户籍总户数530户。常住人口998人，常住总户数390户。常住人口以50岁以上的老人为主，近五年人口逐年减少，四成的户籍人口出现流失。在历史文化方面，同心村现有解放长春第一前线指挥所，2009年9月16日成为长春市第八批市级文物保护单位，指挥所地处同心村李家屯，总占地3300m^2，文物主体建筑面积约150m^2。

基于数据统计、现场调研和分析，通

1.同心村区位图
2.同心村综合现状图
3.同心村管控边界规划图
4.同心村产业布局示意图

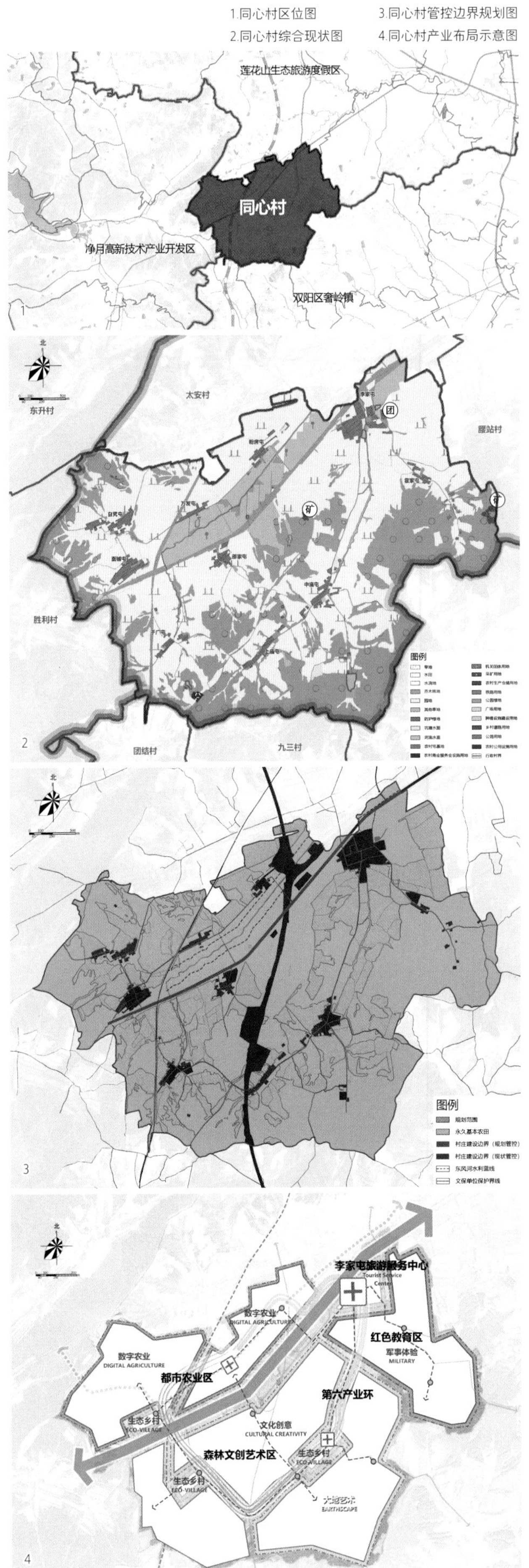

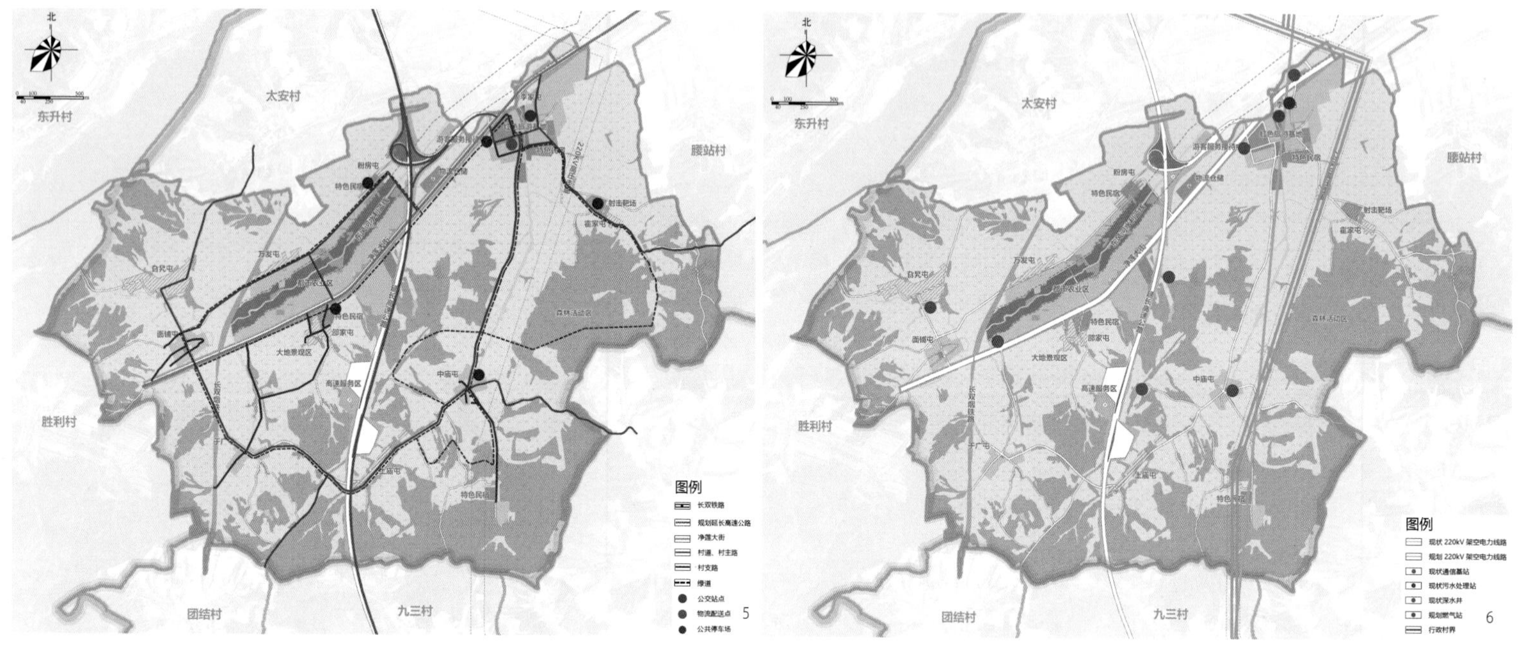

5.道路系统规划图
6.公用设施规划图

过对接莲花山区、劝农山镇、同心村三个主体了解各级政府对同心村的发展诉求；通过对村庄区位、自然环境、土地资源、人口、产业、历史、公服设施、交通、市政设施、风貌十大现状要素的分析，总结同心村发展的优势和问题。总结起来，同心村面向未来发展拥有“区位交通、设施农业、红色基因、山水资源”四大禀赋优势，以及需要通过规划来解决的“人口流失所致的宅基地闲置、民生设施供给短板、产业发展动力不足”三大现实问题。另外，同心地处长春国际影都和长春城乡融合发展示范基地的几何中心，更是享有国际影都的平台机遇和城乡融合发展的政策机遇。

2.村庄规划总体思路

面向未来，紧抓国际影都的平台机遇和城乡融合示范基地的政策机遇，应对城乡之间的供需逻辑，创新实现国际影视文旅创意城的“乡村表达”，将同心村打造成为集智慧农业、乡村文旅等功能于一体的诗意栖居理想之地，践行城郊融合发展示范村。

规划总结了“六个一”的总体思路，旨在抓住城郊融合村庄规划的特色，总结可复制、可推广的方式方法，以指导从规划编制到规划实施，再到乡村运营的全过程，努力实现实用性村庄规划的“能用、好用、管用”。围绕“乡村振兴”的一个根本出发点；紧抓城乡之间的供需关系这样一个关键点，“借城就市、兴农美村”；明确时代、产业、政策等各种机遇背景下的一个目标定位；遵循“管控”和“发展”双逻辑，制定一套底线同守、产业同链、设施同质、要素同管的“四同”策略，打造“有底线、有活力、有保障、有秩序”的“四有”新乡村；设计一套关于人口、用地、产业、建设品质的“人地产境”综合账本支撑规划实施；强化一套编制过程、编制管理和运营实施的保障机制。

3.底线同守

落实上位规划划定的管控边界，严守各条控制线和管控要求。同心村范围内需落实的管控边界包括永久基本农田保护红线、河流管理范围线、历史文化保护线和村庄建设边界线。

在永久基本农田保护红线方面，落实吉林省永久基本农田保护红线与永久基本农田储备区划定成果，以现有永久基本农田划定成果为基础，严格保护永久基本农田，规划至2035年同心村永久基本农田保护面积不低于4.65km^2，占耕地总面积的六成。在河流管理范围线方面，落实东风河水利蓝线，位于净莲大街北侧，严格按照《城市蓝线管理办法》管控。在历史文化保护线方面，落实全域全要素的历史文化遗产与保护要求，将公布的1处文保建筑（解放长春第一前线指挥所）保护范围划入历史文化保护边界线，面积共计0.38hm^2。

在村庄建设边界线方面，在满足永久基本农田、生态保护空间等区域的生态保护要求基础上，优化村庄形态和布局，引导基础设施与村庄布局紧密结合、集聚发展。结合预测人口和人均村庄建设用地指标，综合预测同心村村庄建设用地面积。村庄建设边界内总面积65.29hm^2，其中，村庄建设边界（规划管控）位于李家屯、面铺屯、于广屯、中庙屯等几处现状村屯，占地面积42.72hm^2；村庄建设边界（现状管控）位于上庙屯、旮旯屯、万发屯等几处现状村屯，占地面积22.57hm^2。

4.产业同链

紧抓产品供给端促进多样化、规模化，对接市场需求端加快品质化、高端化发展，依托田林两大资源，挖掘历史文化基因，植入文创、科技、政策三大要素激活田林历史文化基因，加强林田生态资源保护与转化，采取精品化、精致化、精细化发展策略，面向大市场加强基础农业生产，面向新经济和新增长创新小空间经营，积极发展智慧农业、定制农业、碳汇农业、文旅业、农旅业、数字展博六大方向，构建规模增长与模式优化相促进的新兴产业体系。

在产业空间布局方面，打造“一心一环，三区多点”的产业空间结构，形成“东红、北农、南文艺”的空间格局。一心，即李家屯旅游服务中心，提供交通集散、旅游服务、解放长春第一前线指挥所参观、民宿、村庄公共服务等功能。一环，即“第六产业环”，依托现状村屯道路，串联若干功能板块的乡村旅游环线，该环线既是乡村旅游环，又是绿道环、慢行环。三区，即都市农业区、红色教育区和森林文创艺术区。多点，即多个特色民宿屯，邻近都市农业、艺术文创等区域，发展特色民宿，提供旅游服务。

5.设施同质

规划将同心村的道路交通跟城市互联互通，公用设施对标城市质量，实现乡村和城市的设施同质。

在道路交通方面，通过净莲大街、泉眼大街、规划延长高速实现城乡空间的互联互通；依据现状村域发展、地形地貌特点和村域未来发展方向，结合用地布局，打造以李家屯为中心的放射状村庄路网结构，对外交通实现跟城市联通，对内道路按照村主路、村支路、绿道三类道路规划道路交通体系。

在公用设施方面，规划采用集中供水方式，实施供水设施标准化改造，建立城乡供水管理一体化管理体制，保证供水水质安全；完善雨水排水沟渠系统建设，保障雨水排水顺畅。继续完善污水收集管网及污水储水池建设，以李家屯污水处理站为基础，实现污水全收集全处理目标；建设安全可靠的乡村储气罐站和微型管网供气系统，近期以李家屯作为建设试点，积极探索微型管网供气系统建设经验；积极发展生物质能源采暖方式，鼓励有条件的用户采用电采暖、太阳能等清洁能源采暖，同时开展房屋建筑外墙保温改造工作，提高热利用效率；将现有杆上变压器逐步增容改造为箱式变电站供电，同时升级改造老旧供电线路及设备，提高供电可靠性，充分利用区域光伏资源；增加农村通信网络服务网点，做到有求必应；提升改造现有通信设施及线路；加快村屯基站建设，逐步满足4G（5G）需求。

在公共服务设施方面，统筹人口规模及村民实际需求，在村委办公楼综合配备卫生室、老年活动室、文化活动室、物流配送点、村务室等基础设施，在李家屯布设服务全村的幼儿园及大型停车场；其余村屯各配备400m^{2}的健身广场，根据村屯功能需求酌情添加卫生室和集中停车设施。

6.要素同管

基于规划的空间方案，通过分区管控、用地管控和建设地块管控三个层面对同心村实现全域全要素的管控，对标城市空间管控的治理模式，实现对乡村地区空间要素的全面全方位管控。

在规划分区管控方面，从“底线管控、发展引导”两大思维逻辑出发，将村庄全域空间划分为“生态控制区、农田保护区、一般农田区、村庄建设区、优先政策区和一般政策区”六大规划分区，对每个规划分区分别从“空间、时间、政策”三个维度进行管控，实现对村庄的“全域全时全要素管控”（表1）。

在用地管控方面，基于规划分区管控对全域空间的区划，将村域内的农用地、生态用地、建设用地分别进行详细布局。规划农用地主要是耕地，位于同心

表1　同心村规划分区管控一览表

<table>
<tr><th rowspan="3">思维逻辑</th><th rowspan="3" colspan="2">规划分区</th><th colspan="6">管控规则</th></tr>
<tr><th colspan="2">空间管控</th><th colspan="2">政策管控</th><th>时间管控</th></tr>
<tr><th>用地规模</th><th>空间布局</th><th>负面清单</th><th>准入政策</th><th>近期建设</th></tr>
<tr><td rowspan="3">底线管控</td><td colspan="2">生态控制区</td><td>①生态林459.07hm^2
②水域13.43hm^2
③草地2.55hm^2</td><td>主要集中分布在村庄边界区域</td><td>①严格控制各类开发活动占用、破坏；
②未经批准不得进行破坏生态景观、污染环境的开发建设活动，做到慎砍树、禁挖山、不填湖</td><td>①鼓励对生态功能不造成破坏的有限种植、观赏性养殖等农业活动；
②提倡经依法批准的国土空间综合整治、生态修复等；
③允许合法的旅游设施的运行和维护</td><td>矿坑修复工程（工矿用地转林地），4.25hm^2</td></tr>
<tr><td colspan="2">农田保护区</td><td>基本农田保护线464.67hm^2</td><td>主要集中分布村庄北部和中部</td><td>①禁止在农田保护区内建窑、建房、建坟、挖砂、挖塘养鱼、采石、采矿、取土、发展林果业、堆放固体废弃物或者进行其他破坏基本农田的活动；
②禁止闲置、荒芜基本农田</td><td>提倡和鼓励农业生产者对其经营的基本农田施用有机肥料，合理施用化肥和农药</td><td>—</td></tr>
<tr><td colspan="2">一般农业区</td><td>耕地保有量726.04hm^2</td><td>主要集中分布在村庄北部和中部</td><td>①不得随意占用耕地，确实占用的，应提出申请，经村委会审查同意出具书面意见后，报劝农山镇政府和规划主管部门，按程序办理相关用地报批手续；
②坚决制止耕地“非农化”行为，禁止占用耕地建窑、建坟或者擅自在耕地上建房、挖砂、采石、采矿、取土、挖田造景造湖、超标准建设绿色通道等</td><td>①鼓励农户按照依法、自愿、有偿的原则，采取出租（转包）、入股等方式流转土地经营权，发展粮食适度规模经营；
②允许设施农业使用一般耕地，不需落实占补平衡</td><td>同心农业科技园，32.27hm^2</td></tr>
<tr><td rowspan="3">发展引导</td><td colspan="2">村庄建设区</td><td>规划建设用地规模为42.72hm^2</td><td>主要集中在李家屯、中庙屯、于广屯、面铺屯等</td><td colspan="2">从地块建设强度、绿地率控制、限高控制等方面管控，具体管控要求详见规划地块管控</td><td>①红色爱国主义教育博物馆，1.6hm^2
②停车场，0.67hm^2
③供水设施标准化改造
④山野特色主题民宿，5hm^2
⑤文化艺术中心，0.5hm^2
⑥有机食堂，0.2hm^2</td></tr>
<tr><td rowspan="2">村庄建设政策区</td><td>优先政策区</td><td>9.13hm^2</td><td>主要集中在上庙屯、粉房屯、两个矿坑等</td><td>①不得在该区域新建村庄公共服务设施、公用设施等，保障村民基本生活的设施除外；
②不得在该区域新建或扩建农村宅基地；
③不得违背村民意愿，强制拆迁村屯</td><td>①鼓励在该区域优先落实村屯征拆、土地综合整治和生态修复政策；
②鼓励尊重村民意愿的前提下，通过城镇集中安置、货币安置、就近安置等方式优先推进村庄撤并</td><td>①上庙屯、粉房屯高速公路征拆，4.88hm^2
②矿坑修复工程（工矿用地转林地），4.25hm^2</td></tr>
<tr><td>一般政策区</td><td>13.44hm^2</td><td>主要集中在沓旯屯、万发屯、邵家屯、霍家屯等</td><td>①不得在该区域新建村庄公共服务设施、公用设施等，保障村民基本生活的设施除外；
②不得在该区域新建或扩建农村宅基地；
③不得违背村民意愿，强制拆迁村屯</td><td>①鼓励近期在该区域落实村屯征拆政策；
②鼓励尊重村民意愿的前提下，通过城镇集中安置、货币安置、就近安置等方式推进村庄撤并</td><td>—</td></tr>
</table>

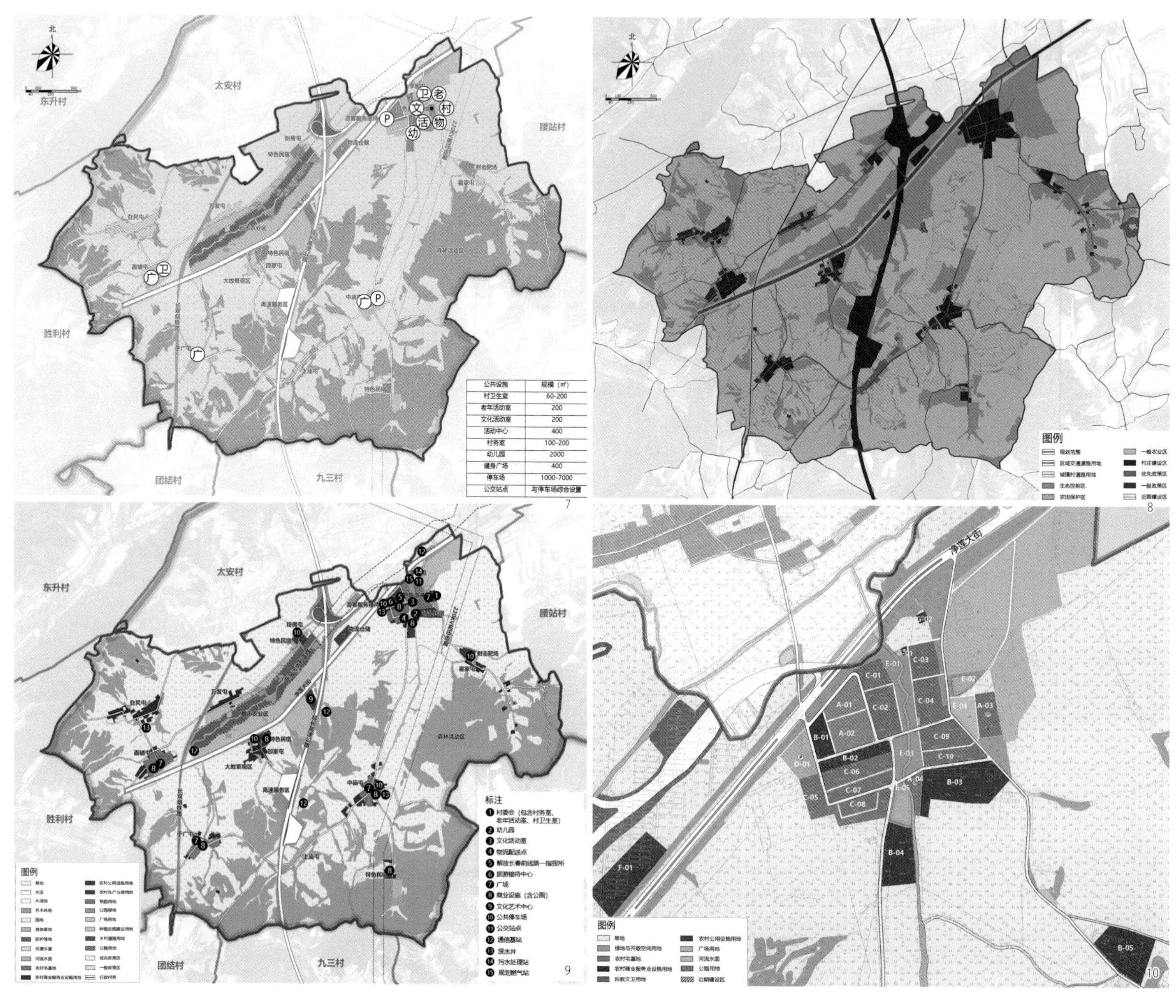

7.公共服务设施规划图
8.规划分区管控图
9.村域综合规划图
10.同心村李家屯建设地块管控图

村中部，占村域总面积的半数以上，包括旱地、园地等。其中永久基本农田占耕地的六成。规划生态用地主要是林地，位于同心村北侧、西侧、南侧，占村域总面积的三成以上，包括乔木林地、其他草地、陆地水域、防护绿地等。

建设用地布局包括规划建设用地、政策区两部分布局。其中，规划建设用地主要集中于李家屯、中庙屯、面铺屯、于广屯等区域，占村域国土总面积的一成以上，包括农村居民点用地、农村公用设施用地、交通设施用地、种植设施建设用地、城镇建设用地等。政策区分为优先政策区、一般政策区。其中，优先政策区作为优先撤并的区域，一般政策区作为随着村庄未来发展，有条件撤并的区域。

在建设地块管控方面，从“刚性管控、弹性指引”两个维度进行管控。刚性管控通过控制指标对建设地块进行管控，控制指标包括建设地块的用地性质、占地面积、建筑限高、建筑密度、绿地率等。弹性指引包括功能指引、近期建设指引和风貌指引。功能指引主要是对各类用地的使用功能等；近期建设指引主要提出近期建设项目；风貌指引主要从建筑风格、色彩方面提出建设风貌要求（表2）。

四、结语

建立统一的国土空间规划体系，是国家在新发展形势下做出的重大部署。本文基于国土空间规划语境下同心村的村庄规划实践，提出新时期城郊融合类村庄规划的编制重点应聚焦管控和发展两个维度，以规划手段对村庄全域全要素的管控和赋能，为村庄发展提供规划指引，以期为其他地区提供有益经验。

项目组成员：耿庆忠、刘学、周扬、付天宇、孟杰、李瑞芳、竭志刚、侯振灵、祝珂妤

参考文献

[1]韩俊. 乡村振兴要循序渐进地撤并一批衰退村庄[J]. 农村工作通讯, 2018(7):52.

[2]耿庆忠,娄佳. 新发展背景下长春市都市农业规划探索[C]//中国城市规划学会. 规划60年：成就与挑战——2016中国城市规划年会论文集（13区域规划与城市经济）. 北京：中国建筑工业出版社, 2016: 9.

[3] 白理刚,鲍巧玲.城郊乡村地区的城乡融合规划研究——以西昌市东部城郊乡村地区为例[J].小城镇建设,2019,37(5):25-32.

[4]袁丽萍,王文卉,郑有旭. 互动视角下城郊融合类村庄发展规划策略研究——以武汉市杨湖村为例[C]//中国城市规划学会. 活力城乡 美好人居——2019中国城市规划年会论文集（18乡村规划）. 北京：中国建筑工业出版社, 2019:12.

作者简介

耿庆忠，长春市规划编制研究中心高级工程师，注册城乡规划师；

刘　学，长春市规划编制研究中心城市设计（历史名城）研究部部长，高级工程师；

周　扬，长春市规划编制研究中心旧城更新研究部部长，高级工程师；

付天宇，长春市规划编制研究中心工程师。

表2　同心村李家屯建设地块管控表

地块编码	用地类型	占地面积（亩）	容积率	建筑限高（m）	建筑密度	绿地率	备注
A-01	文化设施用地	0.64	1.2	≤20	≤40%	35%	近期建设：旅游接待中心等
A-02	文化设施用地	0.88	1.5	≤20	≤40%	35%	近期建设：军旅博物馆、路演广场等
A-03	机关团体用地	0.66	1	≤20	≤40%	40%	
A-04	幼儿园用地	0.27	0.8	≤15	≤40%	40%	
B-01	农村商业用地	0.49	1.5	≤30	≤30%	35%	近期建设：商业综合体等
B-02	农村商业用地	0.53	1	≤10	≤30%	35%	
B-03	农村商业用地	2	0.8	≤20	≤30%	35%	近期建设：特色民宿、公服配套等
B-04	农村商业用地	1.56	0.8	≤20	≤30%	35%	近期建设：特色民宿、公服配套等
B-05	农村商业用地	1.47	0.8	≤12	≤30%	40%	
C-01	农村宅基地	0.52	1	≤6	≤40%	40%	
C-02	农村宅基地	0.94	1	≤6	≤40%	40%	
C-03	农村宅基地	0.58	1	≤6	≤40%	40%	
C-04	农村宅基地	0.77	1	≤6	≤40%	40%	
C-05	农村宅基地	1.06	1	≤6	≤40%	40%	
C-06	农村宅基地	0.83	1	≤6	≤40%	40%	
C-07	农村宅基地	0.55	1	≤6	≤40%	40%	
C-08	农村宅基地	0.36	1	≤6	≤40%	40%	
C-09	农村宅基地	0.73	1	≤6	≤40%	40%	
C-10	农村宅基地	0.57	1	≤6	≤40%	40%	
D-01	乡村道路用地	0.67	0.7	≤10	≤40%	40%	近期建设：综合停车场等配套设施
E-01	公园绿地	0.91	0.5	—	—	—	
E-02	公园绿地	0.18	0.5	—	—	—	
E-03	公园绿地	0.72	0.5	—	—	—	
E-04	广场用地	0.46	0.5	—	—	—	
E-05	公园绿地	0.6	0.5	—	—	—	
F-01	农村生产仓储用地	1.76	1	≤20	≤50%	40%	
G-01	燃气站	0.03	1	≤10	≤50%	40%	近期建设：燃气站及供气微管网
G-02	污水处理站	0.05	1	≤10	≤50%	40%	

吉林省集聚提升类村庄主要特征与规划对策研究

Research on Spatial Characteristics and Planning Countermeasures of Gathering and Promoting Villages in Jilin Province

魏水芸 李继军
Wei Shuiyun Li Jijun

[摘 要] 村庄是兼具自然、社会、经济特征的最基层地域综合体。村庄规划是当前乡村振兴战略实施落地的空间载体。我国村庄类型多样，要素聚集，如何分类推进乡村发展是构建乡村振兴新格局的重要手段。集聚提升类村庄发展规模相对成熟，农业或其他产业发展有一定基础，是当前乡村振兴的重点地区。可以说，吉林省集聚提升类村庄的发展承载着吉林振兴的重要使命。本文结合吉林省部分集聚提升类村庄的规划实践，以解决乡村实际问题为切入点，分析当前集聚提升类村庄的特征和问题，提出该类型村庄的规划对策和发展应对，以期为东北类似村庄规划编制提供参考。

[关键词] 集聚提升类村庄；主要特征；规划对策；五量模式

[Abstract] The village is the most basic regional complex with natural, social and economic characteristics. Village planning is the spatial carrier for the implementation of the current rural revitalization strategy. The types of villages in China are diverse and the elements gather. How to classify and promote rural development is an important means to build a new pattern of rural revitalization. The development scale of cluster upgrading villages is relatively mature, and there is a certain foundation for the development of agriculture or other industries. They are the key areas for rural revitalization at present. It can be said that the development of cluster villages in Jilin Province carries the important mission of Jilin's revitalization. Combined with the planning practice of some agglomeration and upgrading villages in Jilin Province, taking solving the real problems of villages as the starting point, this paper analyzes the characteristics and problems of current agglomeration and upgrading villages, and puts forward the planning countermeasures and development countermeasures of this type of villages, in order to provide a reference for the planning of similar villages in Northeast China.

[Keywords] gathering and promoting villages; main characteristics; planning countermeasures; five quantity model

[文章编号] 2024-94-P-094

一、引言

2015年至2020年，习近平总书记3次调研吉林，多次强调要“坚持新发展理念”“深入实施东北振兴战略”“在加快推动新时代吉林全面振兴、全方位振兴的征程上展现新作为”，并对吉林农村发展提出3个要求：一是提出吉林农村要率先保护好黑土地这个“耕地中的大熊猫”；二是要强调要发展现代农业，以生态引领农业农村可持续发展；三是支持吉林农村要因地制宜地走农业合作化的道路，并且探索更多专业合作社发展的路子[1]。

吉林省共9300个村庄，按照《吉林省村庄规划编制技术指南（试行）》分为集聚提升、城郊融合、特色保护、兴边富民、稳定改善和搬迁撤并6种类型[2]。其中集聚提升类村庄2165个，占总量的23%。其中集聚提升类是指乡、镇政府驻地所在的村庄、上位规划确定的中心村、产业集聚作用大的村庄、综合服务能力强的村庄，是落实习近平总书记对吉林村庄发展要求的重要空间载体，也是作为吉林振兴发展重要性与代表性的新基础经济单元。

在国家乡村振兴要求和国土空间规划改革的双重背景下，探索吉林省乡村振兴路径，实施乡村振兴战略，编制“多规合一”的实用性村庄规划尤为重要。本次吉林省提出的15个试点村庄规划，按照分类响应、发展导向、实用落地、复制推广的四大原则和理念编制，以期为全省同类型的村庄规划编制与振兴行动提供示范。

二、集聚提升类村庄主要特征

1.共性特征

由于东北地区的特殊地理格局，吉林省村庄具有普遍的三大共性特征，一是农业资源禀赋好，土壤肥沃、物产丰富，尤其是中部地区；二是自然资源丰富，拥有珍贵的大地景观资产；三是地域文化特色鲜明，堪称多民族融合文化瑰宝。

本次吉林省15个试点村庄规划中6个为集聚提升类村庄，包括梨树县八里庙村、莽卡满族乡邱家村、东丰县仁义村、马鞍山北岗子村、延吉市台岩村、松原市民乐村。该类村庄除了共性特征外，还具有人口规模较大、综合发展条件更优，产业发展基础较好以及服务周边能力更强的个性特点，公共服务设施配套相对齐全，并基本集中布置于村委所在社屯（表1）。

2.主要问题

（1）人的问题——农村人口流失、人才缺失

一方面，吉林农村地区的乡村劳动力持续流失，村庄呈现“空心化、空巢化和老龄化”现象。集聚提升类村庄仍然存在这种现象。以八里庙村为例，共1236户、3105人（七普数据），户籍人口呈下降趋势，每年减少约60人，即人口每年减少2%；同时既有的人口中，老龄化现象较为严重，60岁及以上老人占24%；而邱家村老龄人口达48%。

另一方面，村庄的发展缺少能人带动。根据吉林省国民经济和社会发展统计公报显示，2016年吉林省净流出人口20.29万人，2017年吉林省净流出人口15.60万人，其中包括大量的高科技人才和熟练劳动者，主要是因为在本地没有足够好足够多的产业可以吸纳这些劳动力。乡村要振兴，产业要发展，资源要发挥效益，都必须得有人才的支撑。

（2）产的问题——集体经济实力薄弱、乡村产业类型单一、农村居民收入低

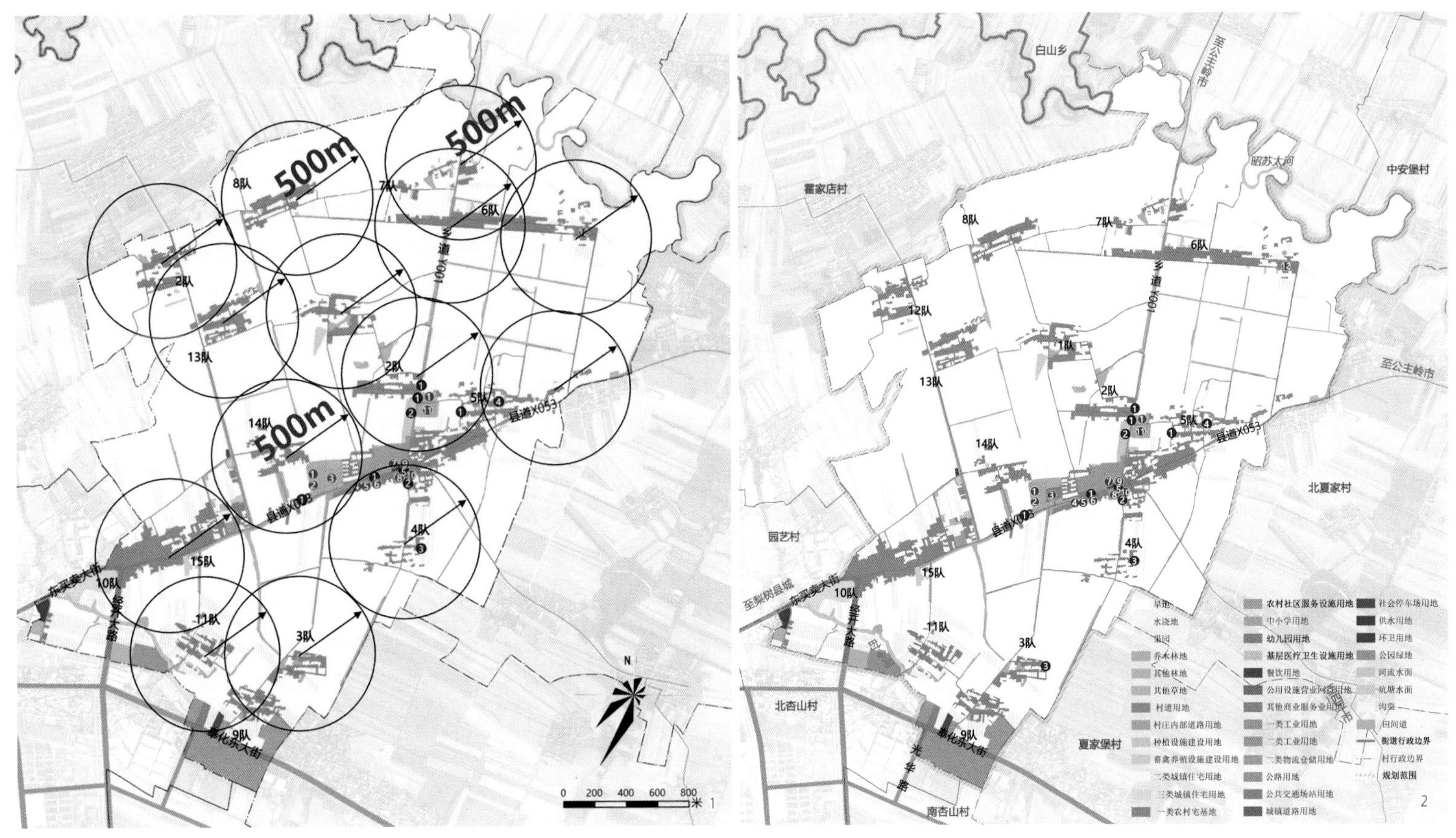

1.八里庙村社屯分散布局图

2.八里庙村现状公服设施集中布局图

根据2016年第三次全国农业普查，吉林省全省农业经营户308.55万户，其中规模农业经营户14.65万户，仅占5%。本次规划中，有3个试点村具有初级的农业合作社，均为集体合作玉米种植，种植技术简单且产业附加值低，集体经济实力薄弱，集体收益更是难以惠及村民；农村产业类型单一，以一产为主，少数试点村有初级农产品加工业和旅游服务业。吉林省农村人均可支配收入约1.6万元，略低于全国平均水平1.7万元。本次集聚提升类6个试点村庄的人均可支配收入介于1.2万~1.8万元，农村居民收入低是导致人口流出的重要原因之一。

（3）村的问题——效率较低、设施不足、风貌不佳

以一产为主的集聚提升类村庄，由于传统的耕作方式，导致农业用地空间分散，不利于规模化作业，农业产出绩效较低。与传统耕作相匹配的居民点布局也各自分散，导致村庄建设用地不集约。以八里庙为例，该村3105人，散布在15个自然村屯，村屯之间平均间距500~1500m，村庄建设用地116.60hm^2，人均376.13m^2，土地利用集约度较低；同时，人居分散的布局还导致设施服务投入不足、绩效较低。根据2016

表1　　集聚提升类村庄综合发展条件一览表

		台岩村	八里庙村	邱家村	仁义村	北岗子村	民乐村
人口规模（人）		1396	3105	1754	1019	1320	1793
综合发展条件	邻近城区	—	距离梨树县城4km	—	与东丰县产业园区毗邻	距伊通满族自治县县城9km	与松原市雅达虹工业园区毗邻
	交通条件较好	珲乌高速穿过村域，距延吉北出入口9km 国道302从村南通过	县道X053从村域中央穿越	302省道从村域区域穿过	集双高速从村域内西侧穿过，并设高速出入口 集锡线（G303）从村域西侧经过	紧邻县道伊范公路	距大广高速出入口、国道203均3km
产业发展基础	农业	规模化养殖业基础：延边种畜场（生猪、禽类）、仁和禽业有限公司	合作化农业基础好：合作社耕种面积占比超70%	—	大米种植	规模化养殖业基础：总投资1.2亿元，采取公司+农户模式的广东温氏牧业集团公司	合作化农业基础好：合作社耕种面积占比达到83%
	工业	鱼加工、废料处理厂、砖厂	—	—	啤酒转运站、洗碗厂运营良好	马安化工有限公司	—
文旅资源或大事件		省级文物保护单位：台岩古城、延边边墙	习近平总书记曾来村里视察	净乐寺、辽金烽火台	—	—	—

材料来源：《台岩村村庄规划》《八里庙村村庄规划》《邱家村村庄规划》《仁义村村庄规划》《北岗子村村庄规划》《民乐村村庄规划》

注：吉林省村庄平均常住人口约为900人

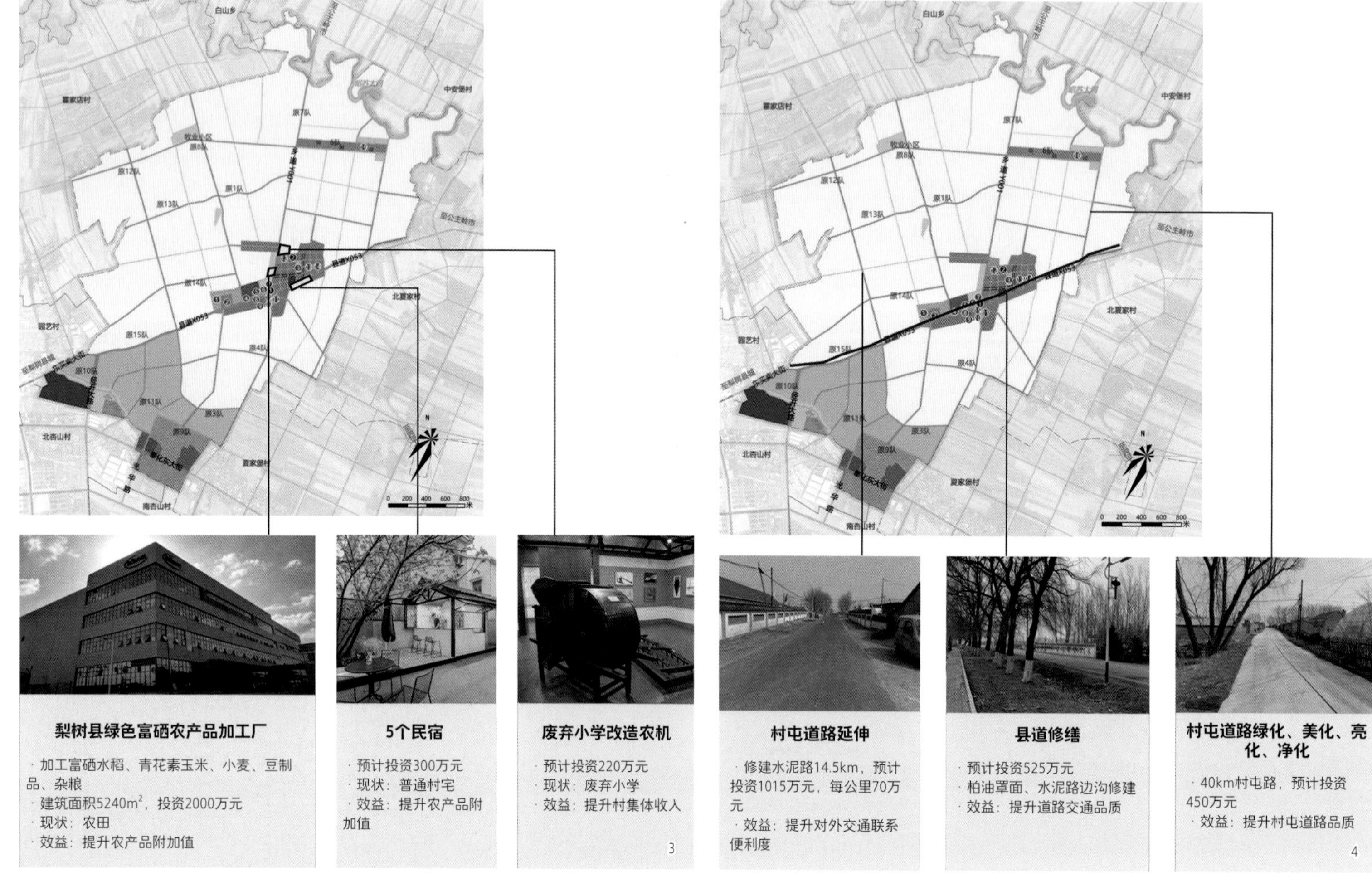

3-4.近期项目示意图

年第三次全国农业普查，吉林省农村80%的村没有幼儿园、托儿所；40%没有体育健身场所；77%没有使用自来水；97%没有水冲式卫生厕所；98%没有通天然气；60%的村垃圾未集中处理。以八里庙村为例，除八里庙村委会所在社屯外，其他自然屯公共服务设施基本缺失；在公用设施方面，更是存在上下水不便、缺少集中供暖以及生活垃圾收集点不足等问题。

此外，吉林农村整体的居住空间房屋老、旧、小，生产方式落后、建设品质较低，公共空间缺乏治理，景观风貌不协调；畜禽散养及其粪便不仅污染村内环境，还存在健康隐患。

3.目标任务

集聚提升类村庄的规划目标，是要根据村庄既有的本土资源优势，突破目前存在的发展瓶颈，实现村庄产业、人口、用地的集聚高效，功能、环境、文化的品质提升，从而促进村庄整体的空间优化，打造乡村振兴的典范。从6个集聚提升类村庄的规划来看，目标任务具体可归纳为“两集聚、三提升”，即集聚产业和集聚人口，提升服务水平、提升环境品质以及提升集体经济带动能力。

（1）集聚产业：优化产业布局，培育乡村产业体系

首先通过种植业集聚和养殖业集聚，推广规模农业和发展现代牧业，大力开展科技种植养殖，提升种植效率和品质；其次在种植养殖的基础上，延伸二次产业，包括农产品加工、探索农业废料资源化利用新产业，突出农产品附加值；最后结合一二产的发展，融入农业观光、体验、休闲等旅游业，进一步构建现代农业产业体系、生产体系和经营体系，实现一二三产业深度集聚融合发展。

（2）集聚人口：优化用地布局，腾挪建设用地指标

根据问卷调查显示，集聚提升类村庄中大部分村民有集中安置的意愿。如八里庙村，80%的村民愿意集中“上楼”安置；人口集中有利于盘活既有的宅基地和其他集体建设用地。将人口集聚后不涉及还建的居民点，通过增减挂钩方式进行整理，腾挪建设用地指标，一方面优先保障集中安置点住房、村庄公共服务、农村产业用地等，另一方面多余的减量指标可以向城市流转，进一步优化村庄用地布局，提高各类设施的服务绩效。

（3）提升服务水平：提高建设标准，配套设施服务周边

集聚提升类村庄除了补齐科教文卫体等必要的公服设施的短板，更注重对提升品质类的功能性服务设施的配套，包括展示场馆、贸易交易、农业培训、旅游服务等设施，以便更好地服务周边。市政设施也要按照城市建设标准，提升整体的设施水平，为乡村产业、人口的发展提供更有利的条件。

（4）提升环境品质：缩小城乡品质差异化，加大城乡风貌差异化

村庄与城市最大的区别在于村庄除建设空间外，有更多的非建设空间。对村庄的住房、公共空

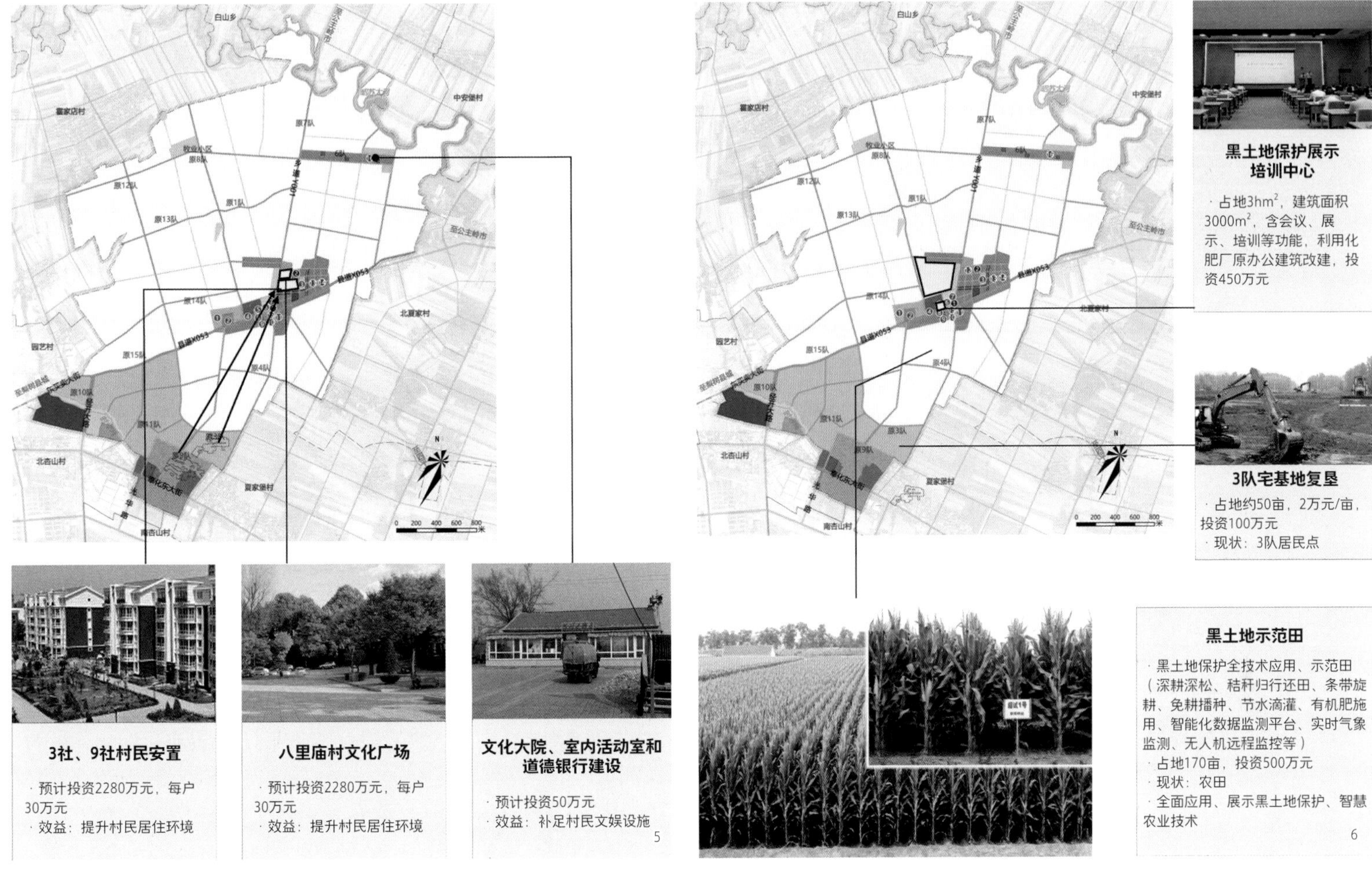

黑土地保护展示培训中心
· 占地3hm²，建筑面积3000m²，含会议、展示、培训等功能，利用化肥厂原办公建筑改建，投资450万元
3队宅基地复垦
· 占地约50亩，2万元/亩，投资100万元
· 现状：3队居民点
3社、9社村民安置
· 预计投资2280万元，每户30万元
· 效益：提升村民居住环境
八里庙村文化广场
· 预计投资2280万元，每户30万元
· 效益：提升村民居住环境
文化大院、室内活动室和道德银行建设
· 预计投资50万元
· 效益：补足村民文娱设施
5
黑土地示范田
· 黑土地保护全技术应用、示范田（深耕深松、秸秆归行还田、条带旋耕、免耕播种、节水滴灌、有机肥施用、智能化数据监测平台、实时气象监测、无人机远程监控等）
· 占地170亩，投资500万元
· 现状：农田
· 全面应用、展示黑土地保护、智慧农业技术
6

5-6.近期项目示意图

间必须要在体现地方特色的基础上提高品质，对村庄的田野地区，强调打造可耕作、可观赏的田园风貌，即在不影响耕作前提下，增加农业观赏、农事体验，同时利用可防风、可游憩的防风林植入运动性和趣味性，即在不损坏林带功能前提下，增加慢行、游憩功能。

（5）提升集体能力：探索集体经济"吉林模式"，培育乡村集体组织能力

当前中国农村最重大的战略是乡村振兴，最重要的制度条件是农村集体所有制。乡村振兴显然离不开农村集体经济[3]。农村集体经济体现了村级集体经济的综合实力。目前吉林省农村的集体经济发展整体水平仍然处较为落后的状态。本次试点村庄中仅有2个集聚提升村发展了集体经济，并有着各自的特点。八里庙村主要以当地卢伟农机农民专业合作社为试点，吸引当地农户加入合作社，推进农业社会化服务、规模经营和新技术推广应用。民乐村则是以村集体托管来经营，以公司订单+专家指导为保障，降低农业成本和生产风险，提高农产品的产量和质量。两个村的合作社经营面积均占村庄耕地面积的80%以上。下一步要推进合作升级，进一步培育乡村集体组织能力，在保证农民身份不变、宅基地资格权不变、集体收益分配权不变的基础上，强调资源变资产、村民变股民，村庄变花园。同时要鼓励农村集体经济组织与有关科研院校建立长期合作关系，由科研院校提供新技术和新品种，农村集体经济组织开展生产、提供试验数据，双方联合建设教学生产试验基地，实现信息、技术、人才等资源共享，农业先进技术伴随村庄共同成长。

三、集聚提升类村庄规划重点内容——五量用地模式

结合集聚提升类村庄的主要特征，可以看出该类村庄规划和发展最关键的落脚点在于土地资源的整合集聚，以土地利用结构的优化来促进村庄产业布局的优化、设施功能的完善、环境品质的提升以及集体经济的发展。在响应国家建设用地减量化、集约化发展[4]的战略要求下，村庄土地资源的梳理、整合、盘活以及提效尤为重要。规划借鉴上海"五量用地法"的土地管理思路，提出适应吉林农村的"五量用地模式"，即"总量收缩、增量落地、存量优化、流量增效、质量提高"的土地管控模式，从而有效地支撑保障、引导落实集聚提升类村庄的发展。

1.总量收缩

通过划定村庄建设边界、锁定建设总量"天花板"，保证村庄建设用地总量要低于现状建设用地。现状村庄建设用地中存在空置、低效的用地和设施，且分散的农居点规模和面积往往过大，是土地集约、指标流转的重点地区。但集聚提升类村庄也有发展和建设的需求，因此对于总量收缩的幅度，应当提出下限的要求，即设定最少减量的百分比，如至少减量规

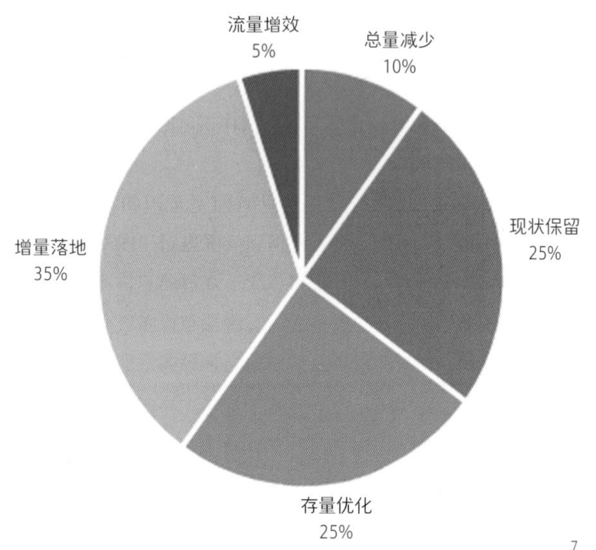

表2　集聚提升类村庄建设用地减量一览表

村庄名称	现状建设用地面积（hm^2）	规划建设用地面积（hm^2）	减量百分比
邱家村	112.45	73.10	35%
八里庙村	116.61	104.95	10%
台岩村	181.72	159.92	12%
北岗子村	60.57	57.54	5%
仁义村	96.85	94.91	2%
民乐村	134.63	133.28	1%

注：目前数据为阶段性成果，下一步需再优化

7.规划总量分配统计图

模为5%。6个集聚提升类村庄的规划建设用地总量中，收缩最少的是民乐村，减量1%；最多的是邱家村，减量35%（表2）。

2.增量落地

2020年自然资源部发布的《关于2020年土地利用计划管理的通知》中提出“坚持土地要素跟着项目走，在控制总量的前提下，计划指标跟着项目走，切实保障有效投资用地需求”。在村庄规划建设用地时，应当针对产业用地、公共公益设施用地、乡村文旅设施及新产业、新业态等项目提出相应的增量需求，给予增量指标和项目落位。这里的“增量”落地策略，是针对新增项目的建设空间而言，而不是相对现状建设用地的总量。对于这些增量项目的实际需求，必须要在规划中保障落地，按照应保尽保的原则，确保增量跟着规划走，规划跟着项目走；但同时严格保证不能侵占生态保护红线、永久基本农田保护红线。

以八里庙为例，规划通过与村委沟通，明确近期四大类共12个重点项目，包括国土综合整治暨黑土地保护示范类（3项）、产业振兴类（3项）、村民安居类（3项）、道路交通与基础设施类（3项），规划在空间上加以落实，保障项目确实能够落地。

3.存量优化

农村建设用地盘活的潜力非常大，通过实施全域土地整治等方式，探索新方式促进农村建设用地布局的优化，为农村产业发展腾挪出新的发展空间[5]。集聚提升类村庄中的存量用地主要是指对村庄中的低效闲置，可复垦或可盘活的现状建设用地。将农村存量建设用地通过置换整合，提升农村土地价值，提高土地产出效益，则可带来经济效益。

规划中提出以机制创新激活沉睡资源。一方面，将既有的存量用地直接盘活，根据项目需要，植入新的功能，如八里庙村的闲置小学规划为村民服务中心和美食广场；另一方面，可将存量的建设用地复垦成优质良田，将耕地指标在省级交易平台挂牌交易，在区域范围内外流动，作为村集体的资产。而减量的建设用地指标可与城镇建设用地增减挂钩，作为用地置换。如民乐村减量的63hm^2纳入到城市集中建设区内。最终达到存量用地效益化、土地紧凑化、项目用地集约化的目的，促进乡村振兴战略实施，推进美丽乡村建设。

4.流量增效

基于村庄减量化、集约化发展的要求，在总量收缩、增量落地和存量优化的前提下，发挥流量增效的作用。所谓流量是指依靠减量化和低效盘活产生的建设用地，根据空间绩效实施流量供给。即以时间换空间——将现状低效建设用地进行拆除复垦，使之恢复为农业生活生态功能，腾挪出来的土地指标作为流量管控，如北岗子村预留2.16hm^2，仁义村预留1.99hm^2，邱家村预留5%机动建设用地指标作为流量指标来管控。一方面用于保障村庄内的新增建设项目落地，另一方面强调土地的全生命周期管理。如对乡村产业用地进行绩效评估，达不到绩效的产业有序退出，引导企业成为村庄发展共同责任架构的承担者，有利于加强源头治理，稳定土地使用性质，提高土地使用效率和效益。

5.质量提高

以提高土地资源效率为抓手，围绕农村生产、生活、生态三方面，全面提高乡村振兴和发展的质量。

生产方面，通过“专一产、延二产、融三产”的产业策略，从小循环到大融合，探索农村集体经济新范式。如八里庙村通过农业土地的整合，在既有规模化玉米种植基础上，扩展精品玉米、鲜食玉米等高附加值品种；在近郊地区集中建设智慧农园（智能化温室大棚），为梨树县、四平市提供无公害绿色蔬菜；建设集中养殖的牧业小区，培育高标准设施养殖；同时通过土地的整理提供加工园区，为推动玉米烘干、蔬果包装等农产品加工业，探索农业废料资源化利用新产业，进一步提升农产品附加值提供空间载体；此外，发展农产品物流、农家乐以及黑土地保护和展览相关的旅游，让集体经济与农业、加工业、服务业耦合，为村民增收提供新动能，为村庄发展注入新活力。

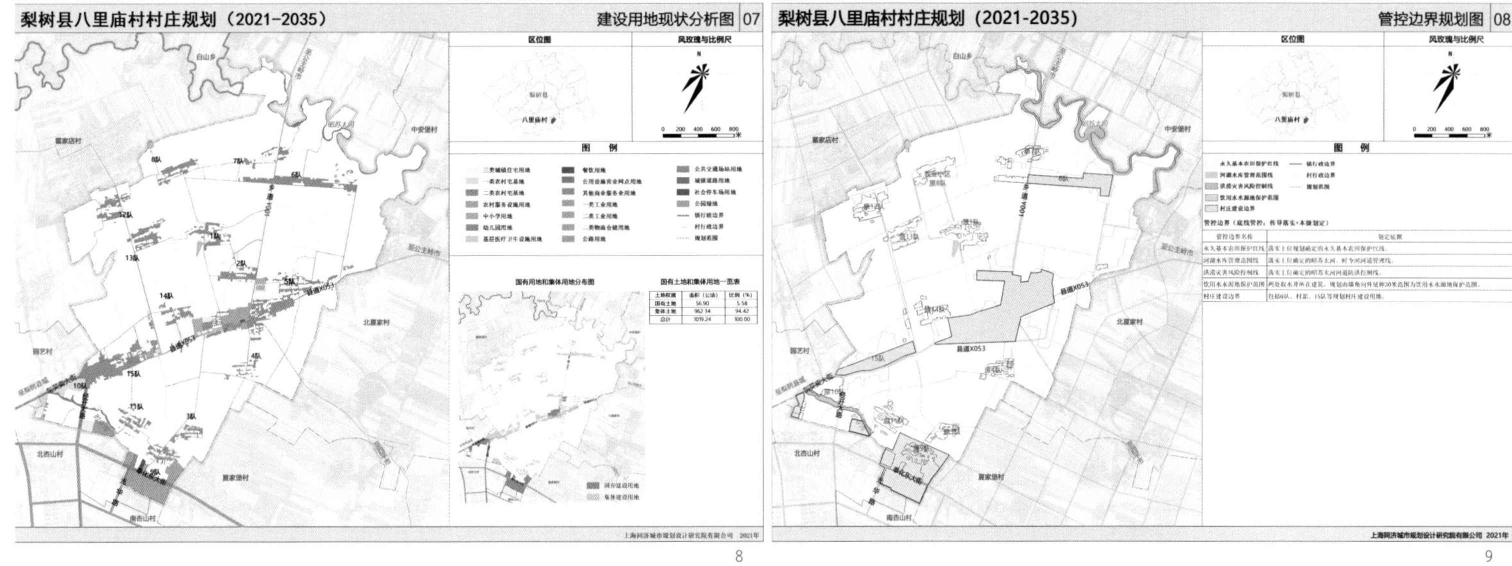

8.梨树县八里庙村建设用地现状分析图
9.梨树县八里庙村管控边界规划图

生活方面，注重打造乡村生活圈和塑造特色风貌区。通过人口和用地的集聚，设施集中配置。补齐公共服务和公用设施短板，并有序推进村民服务中心、村民礼堂、农贸市场、都市农园建设。同时鼓励混合开发复合利用；如八里庙村集中安置小区内的公共庭院鼓励采用农业景观，构建“都市农园”特色空间；村部周边170亩农田，在不破坏耕作层的前提下，允许耕地上方架设廊桥、栈道、小型景观设施，成为黑土地保护耕作的参观示范地，打造村民工作、生活、休闲一体的高品质“乡村生活圈”。乡村风貌上，梳理村庄的风貌要素，重点是延续东北地区乡土特色，注入现代元素，形成地域标识明晰、具有田园诗意的乡村空间。

生态方面，则是要加强对村庄全域土地综合整治和生态修复。对村域内的山水林田湖草等自然资源，梳理整合，全力践行“绿水青山就是金山银山”的理念，提升乡村的整体生态环境质量。以八里庙村为例，规划建设滨水护岸林对河道进行生态修复：昭苏太河、时令河两侧各15~20m种植护岸林，并划定为生态控制区予以保护；完善农田防护林网，保证覆盖率达到90%以上，有效提高防风效能；通过对被现状村屯划分切割的零散格局的耕地进行整合，优化成为500~1000m间距机耕路网围合的农业空间，保障现代化农业的推进，减少农业污染，提高有机种植，加强对黑土地的保护。最终实现“沃野千里、阡陌交错、林网纵横”的整体生态空间和农业空间。

四、结语

本文以乡村振兴为背景，以吉林省集聚提升类试点村庄规划为研究基础，针对集聚提升类村庄的主要特征，提出“两集聚、三提升”的规划任务以及资源转换增效、土地减量提质的规划策略。根据七普数据显示，近十年来吉林省人口减量了337.93万人，减少比例1.31%。但城镇化率从2010年的53.4%增长到62.6%。可以看出，吉林省的农村必然会进一步收缩，人口进一步减少，农村建设用地减量或存量发展已成为未来发展的必然选择。而对于村庄资源的潜力挖掘和用地的集聚增效则是落实乡村振兴战略和促进乡村地区进一步优化发展的关键。“五量模式”管控不仅是集聚提升类村庄规划探索的重点内容，也应当作为其他类型村庄规划的重要内容。一方面总量收缩是土地集约高效的重要手段，另一方面对于村民居住、农村公共公益设施、零星分散的乡村文旅设施及农村新产业新业态等用地这些增量需求也要及时提供相应的空间保障。对村庄内既有的存量用地加以合理利用，预留不超过5%的建设用地机动指标，提高村庄建设用地的使用效率，从而真正达到坚持节约优先、保护优先，实现绿色发展和高质量发展的村庄发展目标。

参考文献

[1]曲源. 重农固本 习近平吉林考察反复嘱托这三点[N/OL].人民网. 2020-07-25 [2022-03-15]. http://www.people.com.cn/GB/n1/2020/0725/c32306-31797658.html.

[2]吉林省村庄规划编制技术指南(试行)[S]. 吉林：吉林省自然资源厅. 2021.

[3]贺雪峰.乡村振兴与农村集体经济[J].武汉大学学报(哲学社会科学版), 2019(4): 185-192.

[4]刘秀琼, 黄经南, 蒋希冀. 基于减量化背景的上海郊区农居点规划策略研究[J]. 规划师, 2021(1): 64-71.

[5]丁亦鑫. 农村建设用地潜力巨大 将探索新方式优化布局[N/OL]. 人民网. 2020-12-15 [2022-03-15]. https://www.sohu.com/a/438424892_114731.

作者简介

魏水芸，上海同济城市规划设计研究院有限公司规划五所副所长，高级工程师；

李继军，上海同济城市规划设计研究院有限公司总工程师，教授级高级工程师。

乡村振兴背景下城郊融合类村庄规划编制探索与实践
——以东丰县今胜村村庄规划为例

Exploration and Practice on the Planning of Suburban Integrated Villages Under the Background of Rural Revitalization
—A Case Study of Jinsheng Village, Dongfeng County

周予康 杨 玲
Zhou Yukang Yang Ling

[摘 要] 城郊融合类村庄在地理空间上邻近城区或部分已被纳入城市开发边界，共享了城市基础设施、公共服务设施以及发展红利，同时也出现了村庄城市化、建设无序等现象，如何体现吉林省地域特征、促进城村融合、科学地编制此类村庄规划，成为规划工作者面对的一道难题。本文以东丰县今胜村村庄规划为例，通过挖掘毗邻城区的优势与自身禀赋、优化整合全域空间要素、培育提升特色产业、美化村庄环境、用途与建设管控五个方面探索城郊融合类村庄编制路径，为吉林省科学编制"多规合一"实用性村庄规划提供技术支撑。

[关键词] 吉林省；乡村振兴；城郊融合类村庄；多规合一；今胜村

[Abstract] Geographically, a suburban village is close to the urban area or partially delimited within urban development boundaries. Urban infrastructure, public service facilities and development dividends are shared by suburban villages, which leads to urbanization and disordered construction of such villages. It is difficult for planners to reflect the regional characteristics of Jilin Province, promote urban-rural fusion, and scientifically formulate plans for suburban villages. Taking Jinsheng Village in Dongfeng County as an example, this paper explores the planning path for suburban villages by identifying the advantages and endowment of adjacent urban areas, optimizing and integrating global spatial elements, cultivating and upgrading characteristic industries, beautifying the village environment, and controlling the use and construction of villages, thus providing technical support for scientific planning of "multi-plan integration" practical villages in Jilin Province.

[Keywords] Jilin Province; rural revitalization; suburban integrated village; multi-plan integration; Jinsheng Village

[文章编号] 2024-94-P-100

一、引言

2021年中央一号文件指出，民族要复兴，乡村必振兴。吉林省是农业资源禀赋较好的省，发展的大头重头在农村，全省乡村振兴是幸福美好吉林最有力的支撑。为扎实推进乡村振兴战略实施，吉林省自然资源厅开展村庄规划编制试点工作，旨在规范村庄规划编制工作、增强规划的科学性，研究可具推广的工作方案和编制思路，今胜村作为城郊融合类村庄被纳入试点范围。

城郊融合类村庄是指"县（市、区）城区和镇区现状人口规模＞3万人的镇区建成区以外、城镇开发边界以内的村庄；空间上与上述城镇开发边界外缘相连且产业互补性强、公共服务与基础设施具备互联互通条件的村庄"。[1]此类村庄具有毗邻城区的区位优势，形成了产业发展基础和相对完善的设施配套，具有率先振兴的条件。[2]

二、村庄禀赋与发展痛点

今胜村位于东丰县东丰镇，与现状城区西边界接壤，辖5个村民小组，村域面积816.5hm^2，330户，1142人。

1.盘点村庄禀赋

（1）区位优势：毗邻县城，设施共享，功能互补

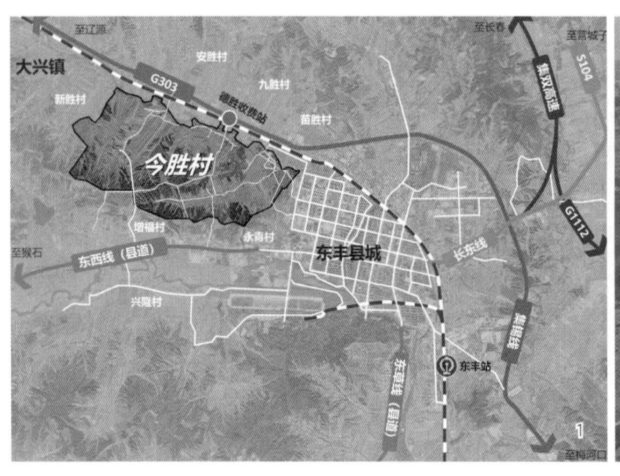

1.今胜村区位图
2.周边资源图

随着东丰县县城西扩，现状城区已经毗邻村界，基于其良好的生态环境，东丰花海、绕盈河水上公园、温泉酒店等城市休闲功能逐渐向此区域集中。

通过POI分析，县城内医疗、教育、商业服务、生活服务、休闲服务等设施距离今胜村均不超过2km，村民能享受县城15分钟社区生活圈设施辐射。

（2）产业基础：主导产业明确，三产融合初具雏形

今胜村突破传统一产种植，建成以富硒木耳、羊肚菌种植为主，并向加工延展，初具三产融合发展雏形，年产值达1495万元。

（3）文化底蕴：民间画乡，创作与展示空间一体

东丰农民画历时百年，以关东地区民俗为养分，融合汉族和满族等北方少数民族文化元素，是劳动人民审美意识、社会观念的反映，于1987年文化部命名为民间绘画画乡。农民画画墙沿中心组（五组）主要街道布置，极具乡土气息和艺术感染力。

2.厘清发展痛点

（1）老龄化、空心化明显

调研走访中了解到各村屯众多青壮年进城谋生，留守儿童、老人及妇女日趋增多，村内空置房屋35处，占比11%。全村65岁以上老人205人，占比18%，老龄化严重。

（2）五个村民组设施及村容村貌，差距明显

五组作为村庄公共中心，集中了村委会、文化室、卫生室、运动场等公共服务设施，且道路质量好、村容整洁，道路边沟和路灯配套齐全。其他四个村民组存在道路未硬化，边沟、活动空间、路灯未配建或不完善等情况，基本设施配套及人居环境急需改善提升。

（3）产业链条延伸不充分，城乡产业未形成联动发展

今胜村及周边积聚了花海、农民画民俗、绕盈河、食用菌采摘等休闲资源，存在旅游配套服务极为薄弱，食用菌产业链条短的短板。

三、村庄规划编制探索

1.要素整合，提升资源利用效率

（1）落实国土空间规划要求，稳定发展底数

根据自然资源部《关于规范和统一市县国土空间规划现状基数的通知》，结合吉林省市县国土空间规划编制有关要求，对第三次全国土地调查（以下简称“三调”）进行基数转换，夯实规划基础。

首先，梳理村域内已审批未建设的用地、未审批已建设的用地、已拆除建筑物、构筑物的原建设用地，更新三调数据。

其次，以三调为基础，叠合第二次全国土地调查（以下简称“二调”），更新二调中河流、公路等线性廊道与村庄建设用地、生态红线等的冲突，消减二调与三调矛盾。

3.POI大数据分析图　4.农民画布局图　5.空间优化布局图　6.土地利用现状图

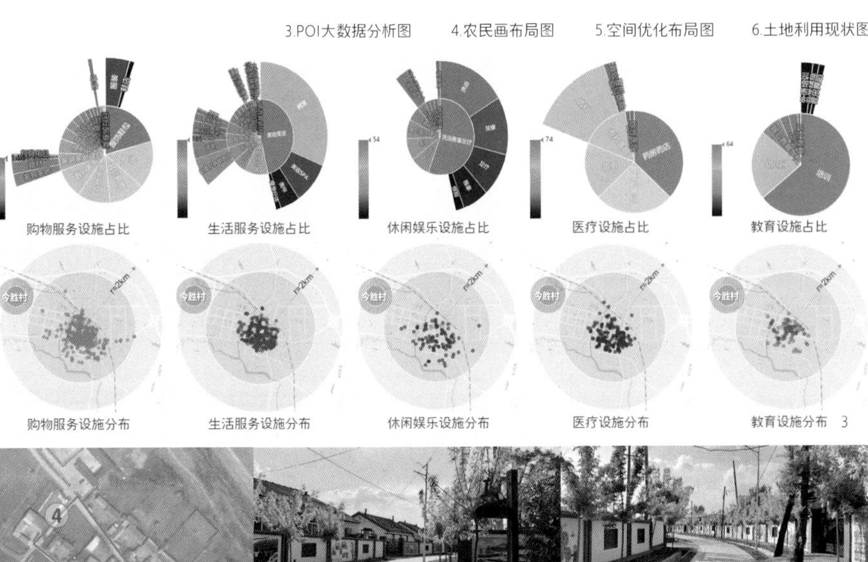

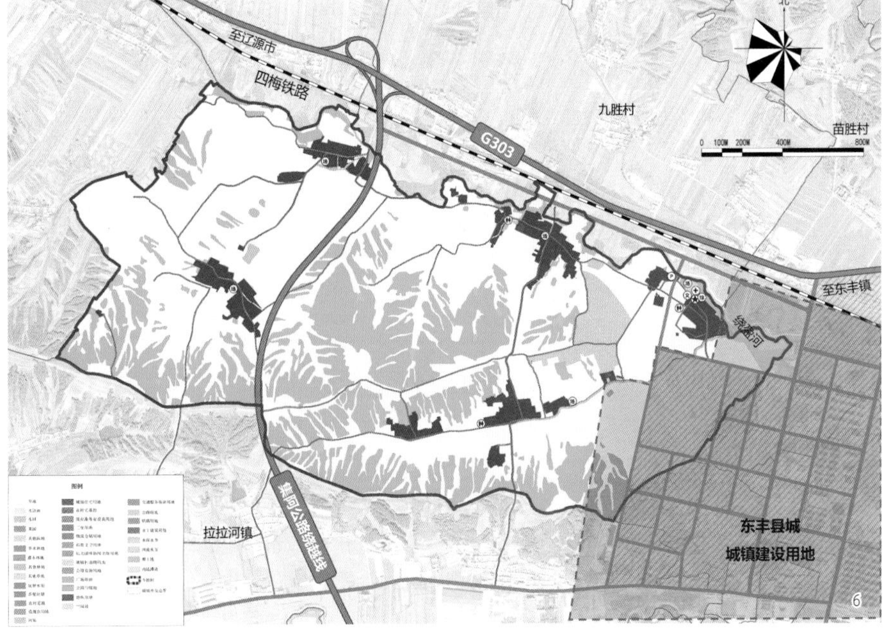

7.产业发展体系示意图

表1 现状用地统计表

用地类型			规划基期年（转化后）	
			面积（hm^2）	比例
耕地	水田		49.89	6.11%
	旱地		461.48	56.52%
林地			204.73	25.07%
草地			0.91	0.11%
农业设施建设用地	乡村道路用地	村庄范围外的村庄道路用地	2.25	0.27%
	种植设施建设用地		17.29	2.12%
村庄用地	农村宅基地		48.41	5.93%
	公共管理与公共服务设施用地		0.13	0.02%
	公用设施用地		0	0
	乡村道路用地	村庄范围内的村庄道路用地	8.82	1.08%
城镇住宅用地			0	0
绿地与开场开场空间用地			5.01	0.61%
区域基础用地	公路用地		0.45	0.05%
	采矿用地		0.64	0.08%
陆地水域	河流水面		7.23	0.89%
	坑塘水面		5.61	0.69%
其他土地	田间道		3.65	0.45%
合计			816.5	100%

再次，保证农民的财产权，将三调范围外确权宅基地补充进三调建设用地，并消减相关用地。

以三调为基础，综合项目校核、二调、宅基地确权数据，确定村庄规划的底图底数（表1）。

（2）低效用地盘点，提升土地利用效率

通过实地踏勘，结合村民和村委会座谈，梳理房前屋后、村边空闲地、低效用地，共计3.54hm^2，优先保障村庄基础设施、公共服务设施、绿化空间的供给，剩余指标结合发展诉求，在村域范围内进行统筹。

（3）优化空间布局，提升资源使用效率

①主动对接城区西拓和功能的疏解，优化空间要素布局

在空间上形成城区、城郊融合区、田园乡村三个发展分区。城区部分作为城市的拓展区，积极融入城市发展，作为城市空间的有效补充；城郊融合区以五组为核心，联动食用菌产业园、花海、绕盈河景观带，打造农旅休闲空间，作为东丰后花园外溢功能的承载区；田园乡村保留原乡记忆、村屯风貌、农业风光，作为乡愁体验与展示的区域。

②生态优先，强化刚性管控

规划以挖潜低效用地、集约土地利用为手段，引导建设用地高效配置。以严格管控占用基本农田、林地保护范围内的建设空间为原则，优化村庄建设用地布局。

2.三产业融合，培育特色产业体系

（1）构建以三产为主，一二三产融合的特色产业体系

立足花海、生态水系、丘陵林地、农田景观、民间画乡、食用菌产业基础等基础，主动对接县城西拓，承接县城休闲功能外溢，建成集特色农牧、田园农旅、休闲文旅、文创体验于一体的三产融合发展的产业体系。

①特色农牧产业

在现有黄牛散养的基础上，形成规模化、集中化养殖；依托食用菌产业园，不断拓展农业产业新功能，强化二产和三产的联动，延伸产业链条。

②文创体验产业

以农民画民俗展馆为依托，开展文创活动，形成产品标识、产品包装、文创衍生品的设计，提升农民画的产业链，健全农民画培训、创作、展示实践基地。

③休闲文旅

发展融合农民画特色、东北民俗、特色小吃等

为一体的今胜民居创意文化街，将现代产业与画乡特色完美结合的主题商业街。发展高品质滨水住宿、体验型乡野民宿、田园养生度假等多种住宿形式，实现多元化综合发展，充分展示今胜村乡野田园特色。

④田园农旅

整合村域自然资源，打造花海主题乐园、田园骑行线路和滨水游览步道，开发户外体验产品，开展花海观赏、林下游乐园、野餐、露营、露天婚庆、创作写生活动、亲子研学等田园观光农事体验。

（2）构建“一心、一轴、一环”的业态布局

统筹考虑资源分布、业态特征、城村互补关系，明确产业布局，整体上形成“一心、一轴、一环”的产业布局。

①一心

以民俗馆为农旅中心，发挥田园综合服务中心的职能，提供旅游讲解、展示、随手礼展示与销售等，是今胜村休闲旅游的核心。

②一轴

绕盈河滨水景观体验轴——以新城水利公园为起点，串接田园综合服务核心、主题民宿度假区、滨河休闲体验区、乡土田园体验区。

③一环

打造景区化的田园旅游观光环线，以此串联五个村民组、滨水空间、采摘园、富硒木耳产业园、林下乐园、特色民宿，以及特色景观节点，形成连续的观光体验空间。

3.设施共享，分级配建

发挥毗邻县城优势，融入县城15分钟社区生活圈，构建设施分级统筹机制，分级配建。社区层面配套设施由城区供给，如教育、医疗、养老机构等，加速给水、排水等公用设施纳入城市系统，实现设施分级配建。

村庄层面按照《吉林省村庄规划编制技术指南（试行）》，结合今胜村现状、百姓诉求，构建以五组为中心，各村民组配套均衡的服务体系。

五组结合产业发展、民俗展示与传承需求，增设民俗馆、特色商业服务。在其余四组补齐活动场地、绿化空间，改善道路条件，实现设施均质化配建。

4.风貌融合，交融共生

以建设“东丰后花园”为目标，采取景区化的标准进行总体管控。利用近郊村丰富的景观资源，塑造回归自然的田园格局和生态风貌，延承村庄建筑风貌。采取差异化的引导，就近城区部分考虑融入城市化元素。在分区上可分为靠近东丰县城的城市风貌区、中部城村融合的现代乡村风貌区、西侧田园景观风貌区。

（1）城市风貌区

东丰县作为中国农民画乡、中国梅花鹿之乡，城市建设日新

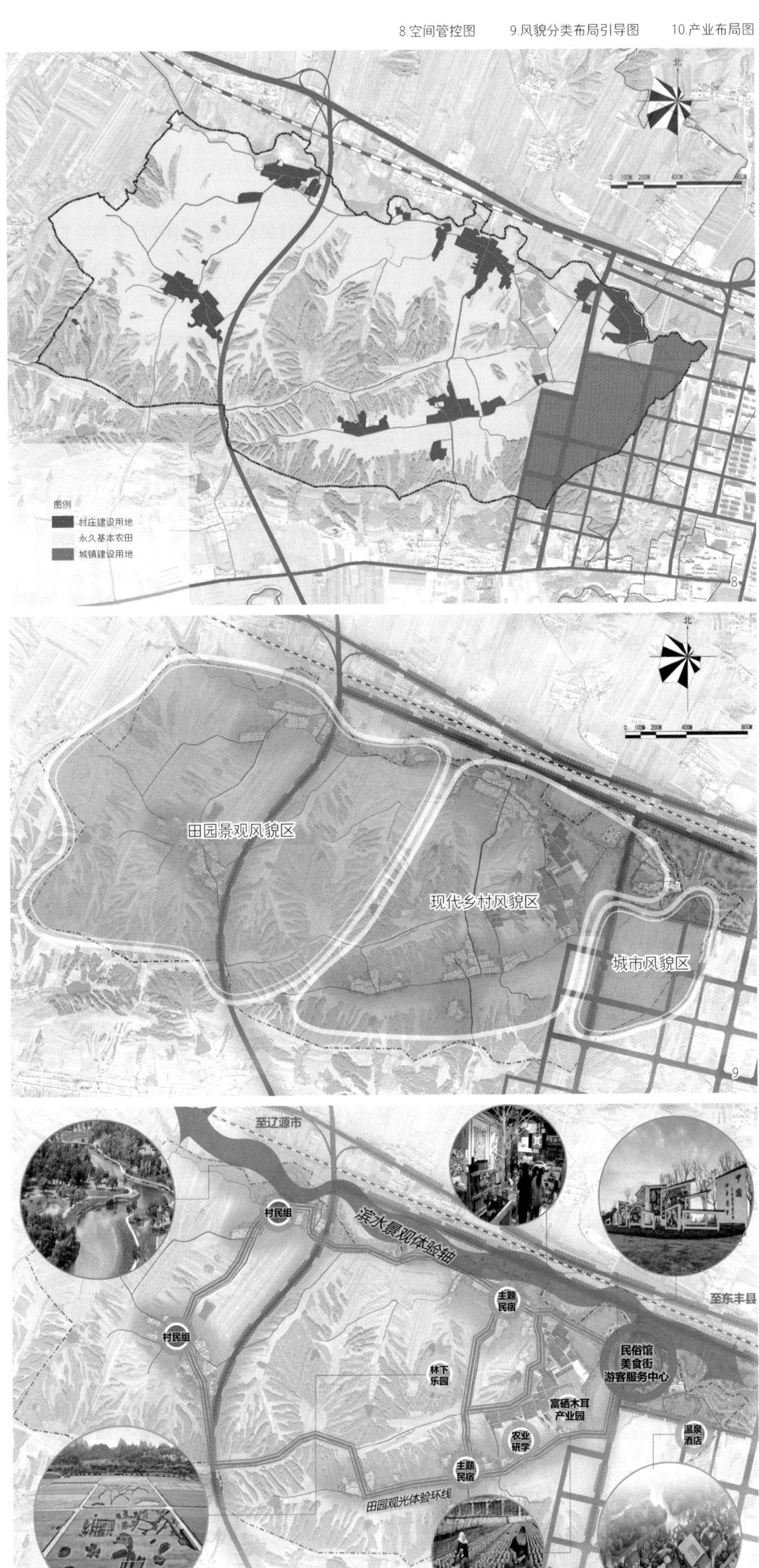

8.空间管控图　9.风貌分类布局引导图　10.产业布局图

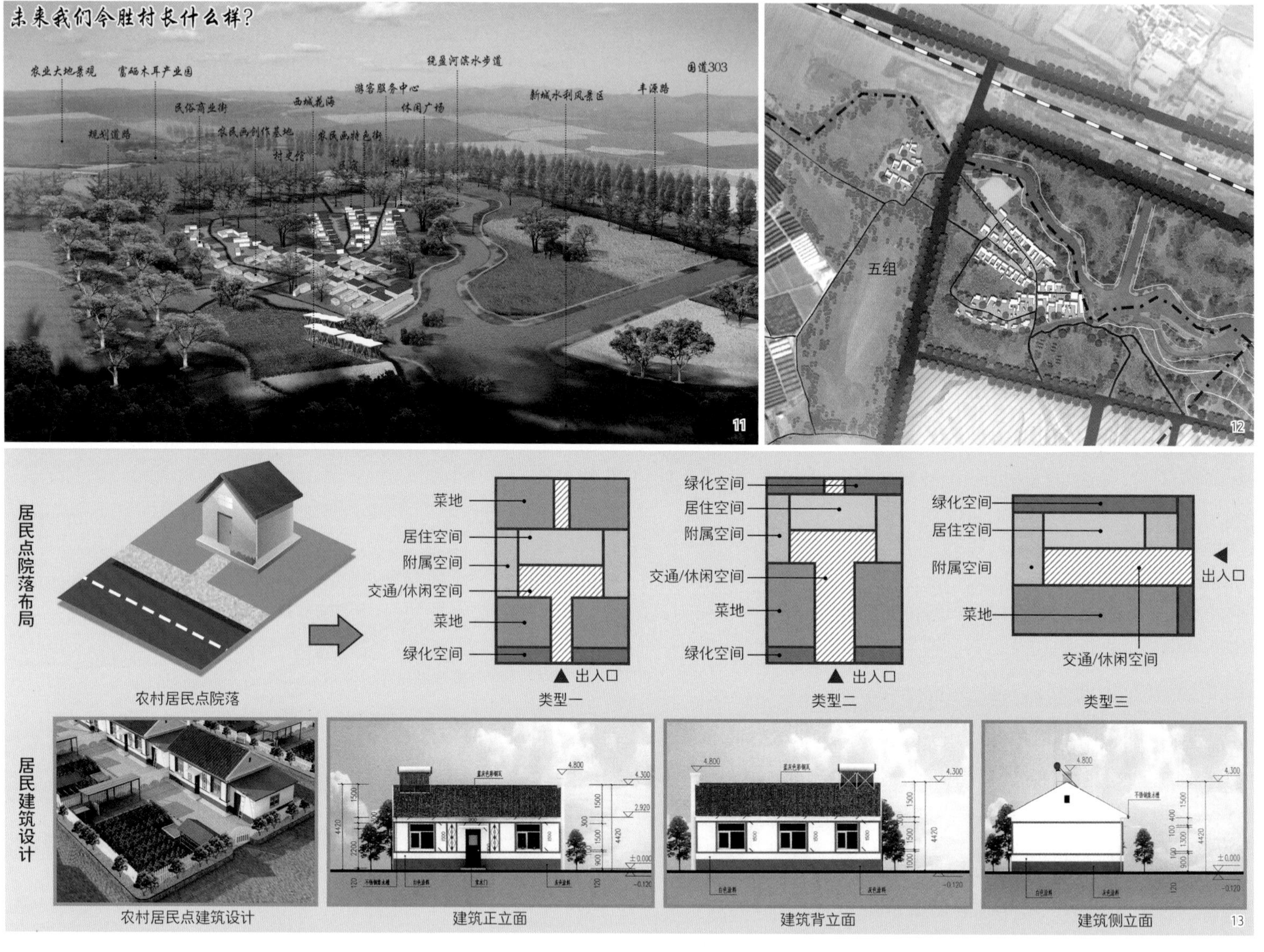

11.中心组平面图　12.中心组效果图　13.院落改造布局图

月异，极具东丰特色的今胜村是城市发展特定阶段的印记。通过梳理城市要素包括通达的路网、温泉酒店度假小镇、绕盈河水利公园、西城花海等，通过对绕盈河水体进行生态治理，构筑城市生态后花园，赏农民画乡之趣、寻皇家鹿苑之韵、展城村共生之貌。

（2）现代乡村风貌区

在不破坏乡村建筑、土地、农田、河流和树木等自然形态与肌理的基础上，对现存的村屯院落进行保护与修缮，对建筑的材料、色彩、高度、造型等进行控制引导，展现农民画画乡村落的原真特色。对于有意向改造为经营性的农宅，尊重当地乡土建筑的地域特色和风貌，以白墙、红砖、木构架为基调，对建筑立面进行改善，提升整体品质；完善建筑内部基本生活设施，重新梳理建筑内部的使用功能。改造后的空间既能满足农户一家人日常舒适、便捷、安全、私密的生活需求，又能满足接待游客需要的居住品质。

（3）田园景观风貌区

整合区域内水、林、田等自然资源，进行生态保护，保留良好的生态景观特征。对区域内坑塘进行生态化治理，保持水体清澈、水质清洁，岸边绿化掩映。对丘陵、大地景观进行开发与利用，打造一批观赏型农田、名优瓜果园、林下乐园、山水风光区等自然景观区，体现田园乡野的生态之美。

5.用途与建设管控，满足多元主体的诉求

村庄规划成果的使用者包含村民、政府（主管部门）、产业主体，成果应体现三方的管理、建设、发展引导的诉求，体现村庄规划的实用性。规划通过用途分区管控与建设管控对后续建设及审批进行管控。

（1）用途分区管控

基于国土空间规划与乡村振兴的双重需求构建乡村空间“基本用途区+特殊叠加区”管控体系（表2），划定基本用途区实现对乡村空间规划管控的弹性引导以及乡村空间粮食安全保障、生态底线保护、发展战略留白等方面的刚性管控内容落实。划定特殊叠加区对区内建设活动与国土资源进行用途弹性指引，对乡村振兴发展需求导向下的土地复合利用予以支持，对具备承载城镇发展功能与乡村生产生活功能的城镇弹性发展区，发改、自然资源、住建、水利、市政园林、交

通、环保、招商等部门共同参与，在开发边界内对建设行为加以规范，为未来城镇弹性发展与城乡融合互动奠定基础。

（2）建设管控

在建设管控上，引入城市建设管控的方式，明确土地用途、规模、退线、容积率、建筑高度、风貌管控等要求，作为村民、市场主体、建设管理部门从事建设及管理的依据。

四、结语

乡村振兴的核心是城乡资源和要素配置， 村庄规划建设就是解决乡村空间资源如何合理有效配置。在今胜村村庄规划编制中，以城村关系构建为出发点，提出城乡资源配置的四点创新思路，实现城村互补协同、融合发展。一是在空间一体化协同上，优化村庄资源在空间上的配置，提升资源配置效率；二是在功能和设施配建上，主动对接县城西拓，承接城市休闲功能外溢，统筹公共服务设施共建共享；三是基于村庄禀赋，挖掘自然、人文、产业优势，留住乡愁记忆，构建三产融合发展的特色产业体系；四是从多规合一出发，编制满足多方主体诉求、刚弹结合的规划建设管控体系。通过四维一体的创新思路为吉林省城郊融合类村庄规划编制提供参考和借鉴。

项目负责人：杨玲

主要参编人员：荣雪、郭秀茹、张川

参考文献

[1]刘洋.乡村振兴战略背景下城郊融合类村庄空间发展策略研究——以北京求贤村为例[D].北京：北京建筑大学，2020.

[2]董煌标，潘宁宁，南金琼. 乡村振兴战略背景下的村庄建设规划编制探索与实践——以浙江省温州市洞头区村庄建设规划为例[C]// 2018中国城市规划年会. 2018.

作者简介

周予康，北京舜土规划顾问有限公司城市设计与更新研究院院长，注册城乡规划师；

杨　玲，北京舜土规划顾问有限公司城市设计与更新研究院项目经理。

14.用途分区管控图则　15.建设管控图则

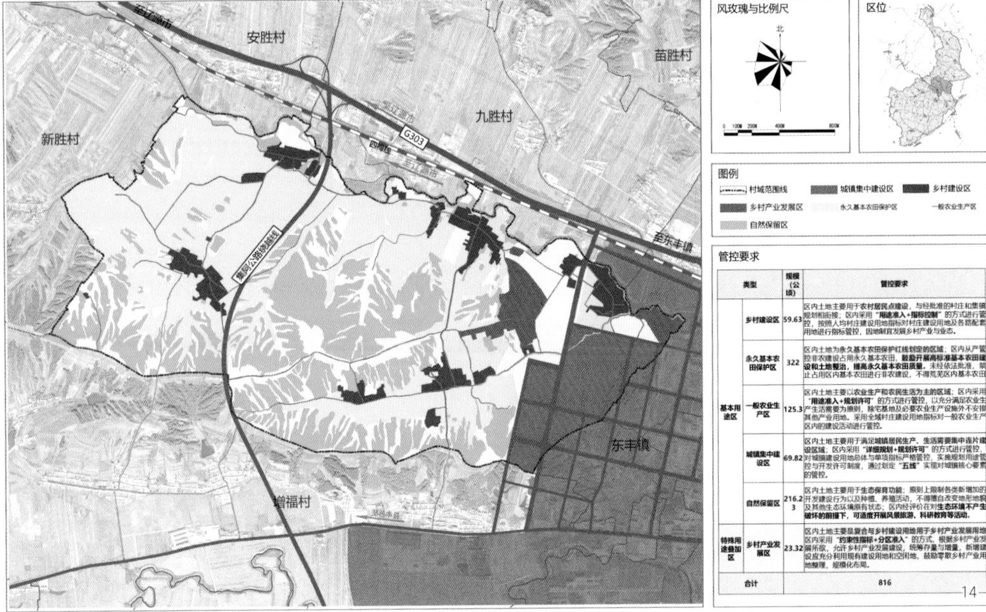

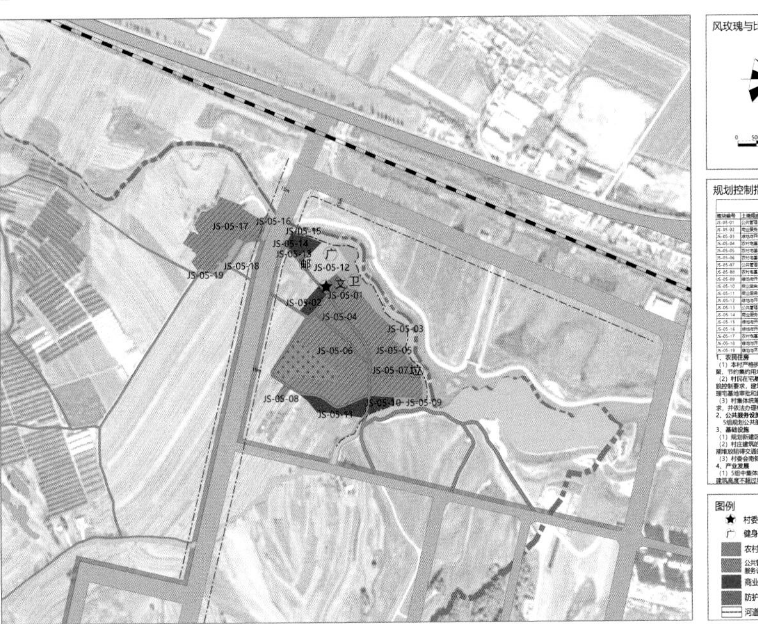

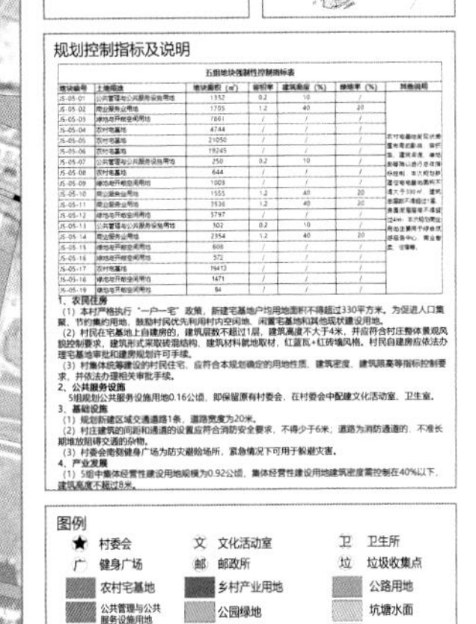

表2　规划分区管控要求

类型		规模（hm^2）	管控要求
基本用途区	乡村建设区	59.63	区内土地主要用于农村居民点建设，与经批准的村庄和集镇规划相衔接；区内采用“用途准入+指标控制”的方式进行管控
	永久基本农田保护区	322	区内土地为永久基本农田保护红线划定的区域；鼓励开展高标准基本农田建设和土地整治，提高永久基本农田质量。未经依法批准，禁止占用区内基本农田进行非农建设，不得荒芜区内基本农田
	一般农业生产区	125.3	区内土地主要以农业生产为主的区域；区内采用“用途准入+规划许可”的方式进行管控，以充分满足农业生产生活需要为原则，除必要农业生产设施外不安排其他产业用地
	城镇集中建设区	69.82	区内土地主要用于满足城镇居民生产、生活需要集中连片建设区域；区内采用“详细规划+规划许可”的方式进行管控
	自然保留区	216.23	区内土地主要用于生态保育功能；原则上限制各类新增加的开发建设行为以及种植、养殖活动，不得擅自改变地形地貌及其他生态环境原有状态；区内经评价不破坏生态环境的前提下，可适度开展风景旅游、科研教育等活动
特殊叠加区	乡村产业发展区	23.32	区内土地主要是复合与乡村建设用地用于乡村产业发展用地；区内采用“约束性指标+分区准入”的方式，根据乡村产业发展需求，允许乡村产业发展建设，统筹存量与增量，新增建设应充分利用现有建设用地和空闲地，鼓励零散乡村产业用地整理，规模化布局
总计		816.3	—

文旅导向的吉林省特色保护类村庄规划编制要点
——以临江市珍珠门村为例

Key Points of Cultural Tourism Oriented Planning of Characteristic Protected Villages in Jilin Province
—A Case Study of Zhenzhumen Village, Linjiang City

刘丹丽
Liu Danli

[摘　要]　特色保护类村庄是落实乡村振兴和特色保护双重要求的核心阵地，村庄特色资源的保护与利用是该类型村庄规划的关注重点。本文首先对特色保护类村庄作了新时代背景下的理论解读，阐释了特色保护类村庄的概念与内涵、特色保护要素分类以及乡村文旅与村庄规划的双向互促关系。同时，结合吉林省村庄规划实践和文献综述，重点提炼了吉林省特色保护类村庄普遍存在的四大核心问题。最后，以吉林省临江市花山镇珍珠门村为实证案例，从资源保护、综合交通、产业设计、建设引导、公服配置和公众参与等层面，对吉林省村庄规划的编制要点进行了详细阐述，以期为吉林省乃至全国其他文旅导向的特色保护类村庄规划提供借鉴。

[关键词]　文化旅游；村庄规划；特色保护类村庄；编制要点

[Abstract]　Characteristic protected villages are the core position to implement the dual requirements of rural revitalization and characteristic protection. The protection and utilization of characteristic village resources is the focus of this type of village planning. This article first makes a theoretical interpretation of characteristic protected villages under the background of the new era, explaining the concept and connotation of characteristic protected villages, the classification of characteristic protection elements, and the relevance of rural cultural tourism and village planning. In addition, combined with the village planning practice and literature review in Jilin Province, this article focuses on refining the four core issues that are common in characteristic protected villages in Jilin Province. Finally, based on the case of Zhenzhumen Village, Huashan Town, Linjiang City, Jilin Province, this article elaborates on the key points of the village planning in terms of resource protection, comprehensive transportation, industrial design, construction guidance, public service allocation, and public participation. It is expected to provide a reference for other cultural tourism-oriented Characteristic protection village planning in Jilin Province and even the whole country.

[Keywords]　cultural tourism; village planning; characteristic protected villages; compilation points
[文章编号]　2024-94-P-106

一、引言

作为我国优秀文化和资源特色的乡村载体，特色保护类村庄规划正受到越来越多的重视与关注。2018年，中共中央、国务院印发《乡村振兴战略规划（2018—2022年）》，提出特色保护类村庄应“合理利用村庄特色资源，发展乡村旅游和特色产业，形成特色资源保护与村庄发展的良性互促机制”。2019年，中央农办等五部门印发《关于统筹推进村庄规划工作的意见》，提出“引导公共设施优先向集聚提升类、特色保护类、城郊融合类村庄配套”。2021年，吉林省自然资源厅发布《吉林省村庄规划编制技术指南（试行）》，提出特色保护类村庄应“单独编制村庄规划，规划内容应融合历史文化名村、传统村落、旅游规划等专项规划，提出特色资源保护利用和建设管控要求”。

相对于其他类型，特色保护类村庄规划重点侧重于“保护”，在乡村振兴战略实施的背景下，如何通过科学合理编制村庄规划，有序保护和延续乡村特色资源，激活村庄发展活力实现在保护中发展、推进乡村振兴成为新时代的新课题[1]。现有研究中，已有学者从省域层面进行规划探索与实践，提出江苏省[1]、安徽省[2-3]等地的特色保护类村庄规划编制要点；部分学者结合实证案例从风貌塑造[4]、公共空间优化[5]、空间发展策略[6]和产业规划设计[7-8]等视角提出特色保护类村庄的规划应对。

基于对特色保护类村庄的概念与内涵、特色保护要素以及乡村文旅与村庄规划关系的理论解读，本文高度总结了吉林省特色保护类村庄的突出问题，并以吉林省特色保护类典型村庄——临江市花山镇珍珠门村为实证案例，系统梳理了文旅导向的吉林省特色保护类村庄规划编制要点，以期为后续吉林省特色保护类村庄规划编制提供参考和借鉴。

二、特色保护类村庄相关解读

1.概念与内涵

根据国家乡村振兴战略规划，特色保护类村庄是拥有自然、历史、民族、文化特色和兼具保护价值的村落，是依托现有资源彰显地域特色的重要载体，泛指文化底蕴深厚、历史悠久、自然风貌独特的村庄，主要涉及了特色景观旅游名村、历史文化名村等[4]。在乡村振兴战略引领下，特色保护类村庄可以解构为“特色”“保护”和“村庄”三个关键词，具有三大内涵特性，即地域独特性、特色延续性、价值影响性[6]。相较于其他村庄，特色保护类村庄往往被赋予更多的文化价值、美学价值、经济和社会价值。

2.特色保护要素分类

基于对特色保护类试点村庄的特色保护要素梳理和学者的分类研究[6, 9-11]，本文将特色保护类村庄的特色保护要素分为物质特色要素和非物质特色要素（表1）。其中，物质特色要素具有实体形态，是村庄地域特色的空间资源载体，包括由山、水、林、田、湖、草等组成的自然载体和由历史古迹、传统风貌、特色建筑等构成的文化载体等。非物质特色要素则主要彰显村庄的独特文化内涵，包含了村庄历史影响、民俗文化、民族文化、现代节庆等无形资源，是乡村文化气质和旅游吸引的核心体现。

3.乡村文旅与村庄规划的关系

随着乡村振兴战略的推进，乡村文旅逐渐成为乡村经济的核心增长点之一。根据《2020年中国乡村旅游发展现状及旅游用户分析报告》[12]，2020年中国旅游用户最近一年或半年到城郊或省内乡村旅游的比例达七成，五成以上旅游用户一年多次到乡村旅游，18.12%的旅游用户1月多次到乡村旅游。由相关研究[13-14]可知，村庄规划与乡村文旅具有双向互促的关系。村庄规划可以促进乡村文旅的吸引力，而乡村文旅的发展也为村庄规划的实施提供了保障。因此，针对具有发展乡村文旅条件的特色保护类村庄，以文旅融合为抓手，以产业发展为核心，通过村庄规划促进乡村发展要素、结构与功能的综合转型，可望成为推进该类村庄特色资源保护与乡村振兴的重要途径。

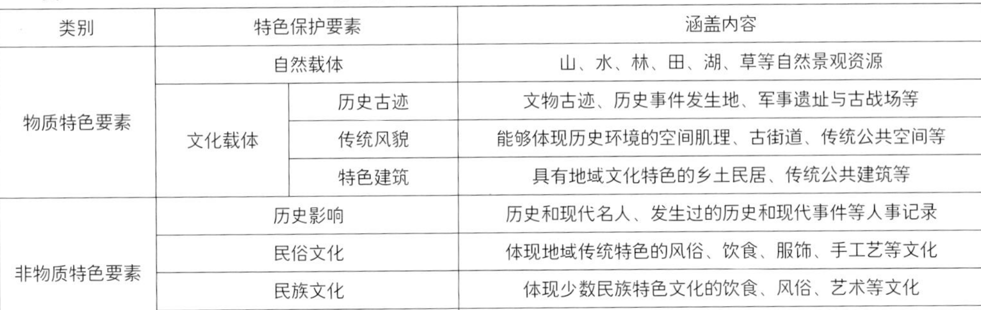

表1　特色保护类村庄特色保护要素分类

类别	特色保护要素		涵盖内容
物质特色要素	自然载体		山、水、林、田、湖、草等自然景观资源
	文化载体	历史古迹	文物古迹、历史事件发生地、军事遗址与古战场等
		传统风貌	能够体现历史环境的空间肌理、古街道、传统公共空间等
		特色建筑	具有地域文化特色的乡土民居、传统公共建筑等
非物质特色要素	历史影响		历史和现代名人、发生过的历史和现代事件等人事记录
	民俗文化		体现地域传统特色的风俗、饮食、服饰、手工艺等文化
	民族文化		体现少数民族特色文化的饮食、风俗、艺术等文化
	现代节庆		定期和不定期的旅游节、文化节、体育节和商贸农事节

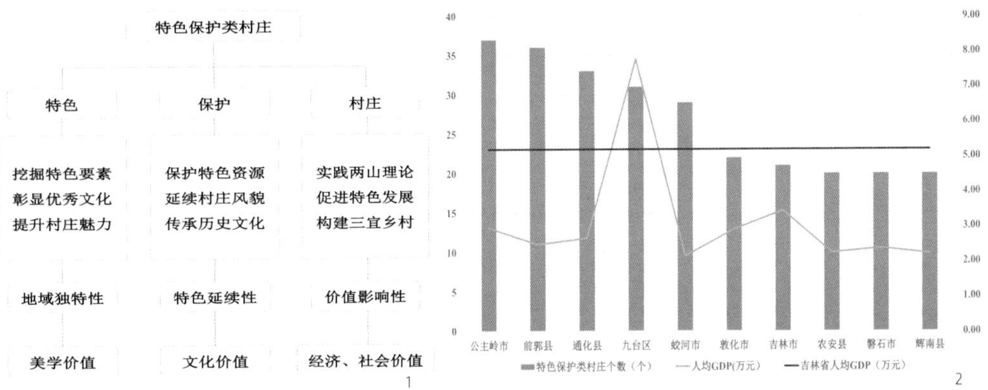

1.特色保护类村庄的价值内涵（来源：参考文献[6]）

2.2019年吉林省特色保护类村庄集中城市（区、县）Top10及其人均GDP（万元）

三、吉林省特色保护类村庄核心问题

伴随着城乡融合与城镇化的快速发展，特色保护类村庄在空间环境、产业发展、文化传承、村民生活习惯等方面都有所变化，相关问题也逐渐显现。本文通过吉林省村庄规划试点实践和最新相关文献的梳理，对吉林省特色保护类村庄存在的主要问题进行归纳总结。

1.人口外流严重，特色资源保护主体缺失

乡村特色资源保护与传承的主体是村民，随着大量青壮年逐渐外出进入城市寻求更丰富的工作与生活环境，村庄常住人口大幅度减少，人口老龄化和空心化趋势与日俱增。以笔者现场调研的珍珠门村为例，2021年珍珠门村60岁以上老年人占比48%，人口净流出比例为37%，整体地广人稀，空心化现象较为严重，村域劳动力转移占比近50%。人口外流趋势下，村庄特色资源的保护延续难以为继，故而出现闲置的历史建筑濒临坍塌、村民常年生活的民居街巷因缺乏维护而质量风貌不佳等情况。此外，由于老一辈村民的认知局限，再加上吉林省乡村资源保护机制的缺失，村民对于特色资源保护的参与度较低，往往缺乏保护传统风貌和民居的意识，更没有形成利用传统资源价值发展产业经济的认识。

2.乡村经济薄弱，产业发展模式相对单一

吉林省多数特色保护类村庄经济发展相对滞后，村民自主创收项目缺乏，乡村产业形式单一，科技利用意识相对落后，一二三产业融合程度较低，难以建立高效的村庄产业体系和培育村庄新业态。选取吉林省特色保护类村庄个数最多的前10个城市（区、县），分析各个城市的人均GDP，并与吉林省人均水平进行对比。除九台区外，其余特色保护类村庄集中的城市人均GDP多处于2万~3万元间，远低于2019年吉林省人均GDP（5.19万元）。由于特色保护类村庄通常依赖于相关政府部门的关注与财政投入，而薄弱的经济基础往往会限制地方政府对农村产业扶持、公共事务、基础设施建设及乡村保护的投入[15]，成为制约特色保护类村庄发展的核心问题。

3.规划管理失控，传统风貌特色逐渐消失

吉林省特色保护类村庄往往具有独特的地域风貌特征，但由于规划管理的缺失，多数村庄当下的建设往往忽视了对自身历史文化特色的挖掘，出现新民居建设无序，形式、体量、色彩等都与传统民居相冲突的问题，严重影响村落整体风貌的协调性，导致乡村建设风貌的割裂与原有山水格局的破坏；还有一些村庄直接照搬城市建设和产业发展的方式，忽略自身的资源条件，刻意打造向城市趋同的现代化场所，出现“千村一面”“千篇一律”等特征，缺乏了乡土感和地域特色，造成村庄原有的空间肌理和传统经济方式受损，严重影响了村庄的传统风貌特色。

4.设施配套不足，村民生活品质难以保障

吉林省特色保护类村庄通常地处偏远，基础设施和公共服务设施配套不足，导致村民生产、生活条件相对简陋，农村居住环境令人担忧。以吉林省特色保护类村庄规划试点为例（表2），村庄普遍存在污水收集及处理设施缺失、水源地保护不佳、垃圾清运不及时、通信质量有待提升等基础设施问题。此外，在公共服务设施方面，村民对于文化休闲设施、旅游服务设施和养老设施的需求较为强烈，而这些设施的缺失直接影响到村民的生活质量，也限制了村庄文旅产业的进一步发展。

四、文旅导向的珍珠门村村庄规划编制要点

1.珍珠门村概述

珍珠门村地处吉林东南部山区，国道G222沿线，东距临江市区17km，西距白山市区25km。村域面积40km²，含珍珠站前屯、松岭屯、八里沟子屯、三棚湖屯、四棚湖屯5个自然村。2019年村内户籍人口492户、1071人，常住人口310户、680人。农业以自给自足为主，旅游相对突出，其中松岭雪村被评为国家级传统村落、中国最美休闲乡村、省级美丽乡村、省特色旅游名镇名村。全村共有民宿73家（集中在松岭屯），年旅游接待人次约5万人，村庄旅游相关服务业总产值约300万元/年。

作为特色保护类村庄，珍珠门村在长白山旅游资源开发利用以来，以文旅结合的方式带动乡村发展取得了长足的进步，但粗放的资源利用方式、不完善的乡村发展模式，导致了近年乡村文旅经济的“滞涨”，也出现了经济弱、老龄化、缺品牌、交通差等吉林省特色保护类村庄常见问题，具有较为典型的村庄规划研究价值。

2.珍珠门村村庄规划编制要点

（1）资源保护方面，坚持保用并举，创新价值转化

深入挖掘乡村资源特色，加强重点要素保护前

3-6.珍珠门村风貌不协调因素：彩钢瓦、塑料大棚实景照片

7.珍珠门村村域综合交通系统规划图

8.珍珠门村公共服务体系规划图

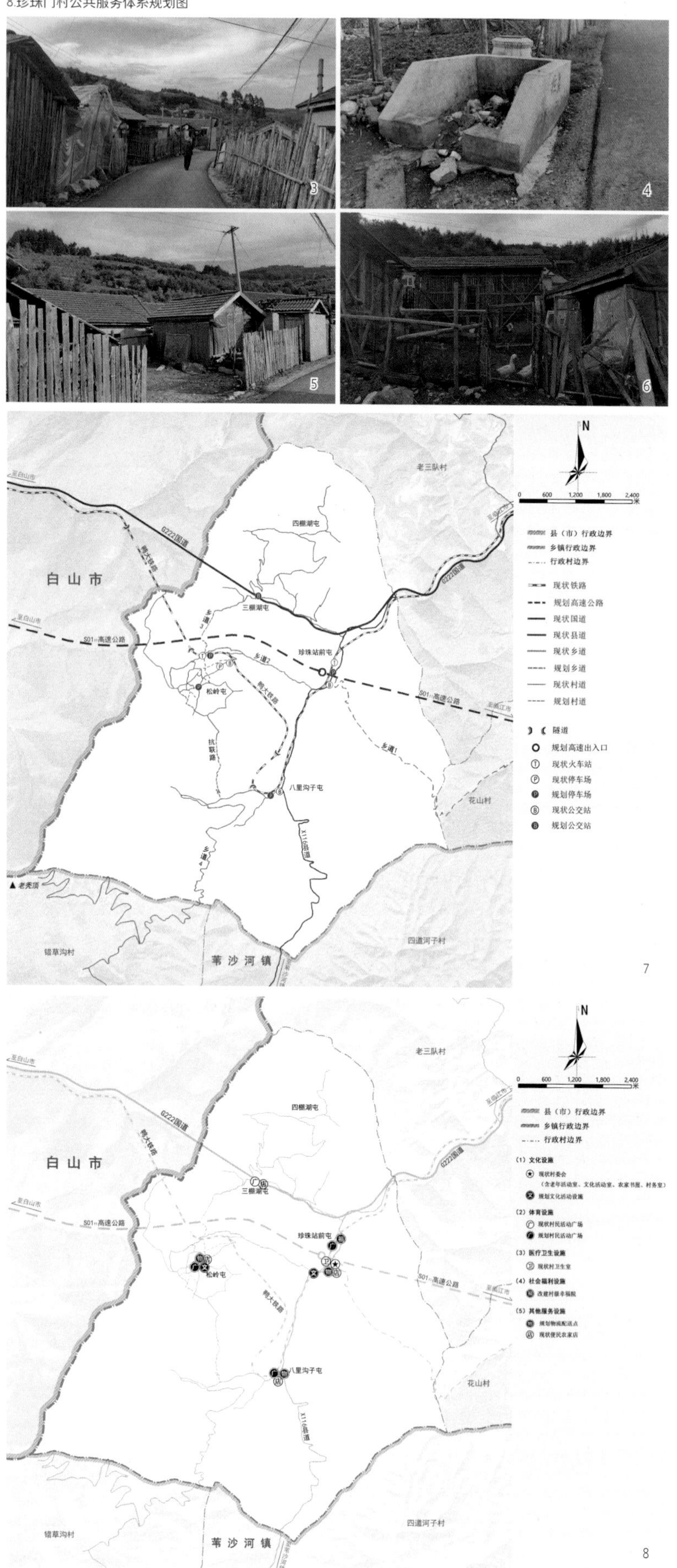

提下，实现从资源到资产的价值转化。在珍珠门村村庄规划中，系统梳理了珍珠门村的特色保护要素，并按不同要素类型制定相应保护措施（表3）。规划引导实现特色资源保护与利用的统一：一方面，严格落实各级政府依法划定或确认以及调查发现的历史文化保护范围，以应保尽保、保用并举为原则，划定珍珠门村历史文化保护线，制定风貌建设正负面管控清单和自然风貌保护村民公约；另一方面，充分发挥历史文化资源的文化展示和文化传承价值，积极拓宽文化旅游市场，重点开发红色文化旅游体验和关东民俗体验，实现文化产业和文化传承协同发展。此外，引导成立珍珠门村传统村落保护工作小组，强化保护管理机制，保障规章制度和保护措施的落实，并加强乡村特色文化的宣传工作，提升“松岭雪村”文化旅游知名度。

（2）综合交通方面，推动区域协同，谋求外联内畅

规划升级内外道路体系，构建“快进慢游”综合交通网络，推动村庄与周边优势旅游资源的互联互通。一方面，衔接上位规划中S0111高速的建设，规划在珍珠门村设置高速出入口，以链接长白山、鸭绿江两大IP，强化珍珠门村与周边旅游资源的游线联动、交通联系；另一方面，升级内部道路交通体系，规划新建3条乡道，升级2条乡道和多条村道，完善乡村公共交通体系和特色旅游交通体系。全面推进公交站点建设，规划2035年乡村公交覆盖率达到90%以上，班次达到6次/日。重点打通抗联路旅游体验线路，串联核心旅游村屯，升级松岭屯内部村道，增强出行便利度和安全性。此外，配套4处旅游巴士停车场，提升村域旅游接待能力。

（3）产业设计方面，促进农旅融合，丰富文旅业态

规划强调延伸乡村农业产业链，促进旅游与传统农业、林业的融合互促，植入生态观光、乡村休闲、健康养生、亲子研学等业态，打造多元驱动的乡村经济体系。在“严保慎用”基础上，合理开发利用农业旅游资源、林业资源和土地资源，充分尊重农业产业功能，开发农业文旅休闲、农业配套商业、林下休闲体验等项目，打造整体服务品质较高的农文林旅一体化乡村。此外，培育“珍珠草莓”为代表的特色农产品品牌，提升农产品附加值，同步引导开发农产品加工、特色文创等体验项目，拓展村民增收形式，促进农旅融合。

（4）建设引导方面，提振传统风貌，彰显乡村特色

规划从特色风貌格局、公共环境绿化美化和乡村建筑风貌3个方面提出建设引导要求，以彰显珍珠门村文旅资源特色，提升乡村景观风貌。在特色风貌格局方面，规划提出遵循多样性、本土化、经济性的原则，营造山水相依、林田交织、淳朴整洁的村庄特色风貌，构建与自然环境相融合的村庄景观格局。在公共环境绿化美化方面，规划对会客门户、景观节点、村民活动广场、宅旁空地和道路绿化等公共环境都提出了具体的设计要求，强调与传统村落的协调性。在乡村建筑风貌方面，规划提出宅基地建设三原则——“整体协调、就地取材、经济实用”，鼓励就地取材、变废为宝，注重珍珠门村地域建筑特色的传承与展示。

（5）公服配置方面，强调主客共享，打造“三宜”乡村

规划响应村民休闲和养老诉求，复合利用村域存量空间，规划村域公共服务设施用地面积2.34hm^2，人均指标达到33.4m^2/人。从村民角度看，重点规划新增文化活动室和村民活动广场，完善其功能空间设施，以村民的文化活动场所为基础，复合旅游商业服务等功能；从游客角度看，推进雪村游客服务中心建设，规划提升珍珠站前艺术基地、红色抗联路，规划新建草莓庄园、户外滑雪场、丛林越野基地等旅游设施，在创造更多就业岗位的同时，丰富游客的乡村休闲体验。通过有效利用存量公共服务设施用地与未确权的

三调宅基地，完善村庄公共服务配套，打造宜居、宜业、宜游的现代化新农村。

（6）公众参与方面，加强诉求调研，培育主体意识

坚持开门编规划，扎实推进珍珠门村特色资源梳理工作，广泛了解不同类型村民对本轮村庄规划和村庄文旅发展的主要诉求，引导村民培育特色资源保护和利用开发意识，建立起全流程、多渠道的公众参与机制。项目组调研团队开展2次驻村调研（2021年6月29日—7月2日，7月12日—7月18日），在为期12天的驻村过程中，采取系列举措深化村庄各主体间的参与互动过程，如深度访谈各类型村民代表（能人、老人、年轻人、普通农户），组织各村民小队队长现场座谈并共同绘制“规划图”，入户调研保证每个自然村有5户以上深度访谈等等。此外，在形成初步成果后，开展市、县、村三级村庄规划意见征询会，通过充分交流、达成各相关主体对于村庄规划的一致共识，不断完善村庄规划成果。

五、结语

吉林省特色保护类村庄普遍存在人口外流、经济薄弱、管理失控、设施缺失等问题，这也使得珍珠门村村庄规划的实践经验对于吉林省其他同类村庄具有一定的借鉴意义。临江市珍珠门村的核心资源是“绿水青山”，其发展路径是以资源保护为前提，通过生态文旅等资源挖潜，推进珍珠门村的特色保护与乡村振兴。通过对村域特色资源的科学保护与合理利用，结合乡村文旅的发展契机，特色保护类村庄规划中应在资源保护、综合交通、产业设计、建设引导、公服配置和公众参与等维度融入文旅导向，以产业升级转型为途径，为“特色保护”提供经济保障，让沉睡的乡村资源得以复苏，让羸弱的乡村产业得以振兴。通过村庄规划的编制与实施，实现村民们收益形式更加多元，村庄青年吸引力逐步加强，推动特色保护类村庄变为更具活力的文旅之村、更具魅力的人文之乡、更可持续的生态之地。

表2　吉林省特色保护类村庄设施配套主要问题

村庄名称	基础设施主要问题	公共服务设施主要问题
镇赉县乌兰昭村	雨水：村内无雨水边沟； 通信：移动通信信号全覆盖，部分地区信号弱； 环卫：庭院内部环境卫生较差； 道路交通：无公共交通站点和设施，无集中社会停车场	缺少蒙古族文化休闲设施、养老设施
吉林市东胜村	污水：暂未进行农村旱厕改造，污水以散排为主，农村地表径流污染问题突出； 通信：多家通信公司线路缺乏统一规划，存在重复建设、线路杂乱、影响景观等问题； 雨水：仅县、村两条公路设有雨水边沟，边沟内有少量淤积	缺少老年活动室、老年人日间照料中心、健身广场和公交站点
图们市亭岩村	供热设施：自行取暖，以火炕为主，木材散装煤为主要燃料； 环卫：村庄内无公共厕所	缺失旅游服务设施、养老设施、文化休闲设施
抚松县南天门村	污水：村庄无污水收集及处理设施； 排水：村庄排水系统不完善，暴雨洪水产生时，易形成洼地积水、内涝； 供水：新水源井水量充足但水质不达标； 通信：联通、电信电话在村内无信号	缺乏旅游服务设施
临江市珍珠门村	供水：水源地保护措施不够，输送水管道错综复杂且年久失修，易造成饮用水浪费与二次污染； 环卫：公厕数少质低，卫生条件不达标；露天垃圾收集点影响风貌；旅游旺季垃圾量清运不及时； 交通：村屯之间缺乏公共交通，联系不畅；炮楼、抗联路等有保护价值的文化遗存均位于村屯外，道路路况糟糕，通达性差	缺失旅游服务设施、养老设施、文化休闲设施

表3　珍珠门村村庄特色保护要素及保护措施

类别	特色保护要素		珍珠门村特色保护要素	保护措施
物质特色要素	自然载体		山水自然景观格局（农田绕村、山林环田）	制定自然风貌保护村民公约
	文化载体	历史古迹	抗联密营、松岭碉堡、老部落、伪满给水站、鸭大铁路、抗联路	划定珍珠门村历史文化保护线，引导推进珍珠门村历史文化遗存的普查、保护定级工作
		传统风貌	松岭传统村落的空间格局、街巷风貌	风貌建设正负面管控清单
		特色建筑	传统夯土民居建筑、老爷庙、铁匠铺、泉眼	禁止对现状造成破坏的行为，立牌保护
非物质特色要素	历史影响		抗日红色文化	发展红色文化旅游
	民俗文化		传统技艺类：民居建造（夯土房）、打铁技艺、盘炕技艺、冰灯制作、剪纸、粘火勺制作； 游艺与杂技类：牛拉爬犁； 民俗类：关东民俗“生个孩子吊起来”、关东方言	结合村庄文旅发展，鼓励传承人将传统技艺市场化经营；引导开发一批民俗节庆活动

参考文献

[1]张晓蕾,张宝,陈燕杰,等.江苏省特色保护类村庄规划与保护建议——基于典型村的调研[J].中国国土资源经济, 2020, 33(10): 44-48.

[2]邵万,贾尚宏,金乃玲,等.安徽省特色保护类村庄规划探索与实践——以合肥市庐江县长冲村为例[J].城市建筑, 2021, 18(6): 15-19.

[3]朱唐兵, 唐玲, 李心明, 等. 国土空间规划背景下的特色保护类村庄规划研究——以芜湖县陶辛镇胡湾村村庄规划为例[J].安徽建筑, 2021, 28(5): 11-12.

[4]傅国庆. 义乌市特色保护类村庄风貌塑造策略研究[D].杭州：浙江大学 ,2019.

[5]冯玲玲.文化韧性视角下特色保护类村庄公共空间优化策略研究[J]. 城市住宅, 2021, 28(5): 76-78.

[6]高溪.乡村振兴战略背景下特色保护类村庄空间发展策略研究——以北京市巴园子村为例[D].北京：北京建筑大学, 2020.

[7]罗丽婷,林爱文.乡村振兴背景下特色保护类村庄产业规划设计研究——以荆门市东宝区易畈村为例[J].特区经济,2021(02):107-110.

[8]张晓燕, 周军, 王华兴, 等. 特色保护类村落旅游业助推文化振兴的困局与实现路径——基于兴山昭君村的观察[J].三峡大学学报(人文社会科学版), 2019, 41(5): 35-39.

[9]刘名瑞, 江涛, 刘磊, 等. 全要素指引下的广州市村庄风貌管控体系与规划设计策略研究[J].小城镇建设, 2021,39(07):94-103.

[10]后文君. 基于资源禀赋与活力提升的传统村镇保护更新方法研究[D]. 南京：东南大学, 2019.

[11]童本勤, 施旭栋. 城乡统筹进程中村庄特色的传承与塑造研究——以南京浦口乌江镇五一村为例[J]. 现代城市研究, 2013(10): 89-93.

[12]2020年中国乡村旅游发展现状及旅游用户分析报告[R]. 艾媒咨询, 2020.

[13]郁瑞. 基于乡村旅游视角下关中地区村庄规划研究[D].西安：长安大学, 2016.

[14]陶涛. 以乡村旅游为导向的村庄规划策略研究[D].杭州：浙江大学, 2014.

[15]刘彬, 易海, 易纯. 乡村振兴视角下特色保护型乡村规划与发展思考——以湖南省为例[J].城市建筑, 2020, 17(7): 31-34.

作者简介

刘丹丽，上海同济城市规划设计研究院有限公司规划五所规划师。

从全面小康到共同富裕：吉林省兴边富民类型村庄规划路径探索
——以珲春市敬信镇四道泡村为例

From an All-round Well-off to Common Prosperity: Exploration of Planning Paths for Prosperous Border-rich Villages in Jilin Province
—Take Sidaopao Village, Jingxin Town, Hunchun City as an Example

何晓妍 王成彬 苏 畅 李倩玉 王 悦
He Xiaoyan Wang Chengbin Su Chang Li Qianyu Wang Yue

[摘 要] 边境地区乡村规划是新时期乡村规划的重点难点。在我国全面建成小康社会之后，如何实现边境农村地区的共同富裕，是进行兴边富民类型村庄规划的重要指引，本次村庄规划从破解边境地区农村人口流失严重、产业发展滞后和基础设施匮乏等难题入手，结合村庄自身资源禀赋，从基础设施保障、资金支持、产业提升、人口集聚等方面，制定"抵边、联边、强边"多方面策略，实现兴边富民的规划愿景，探索新时期吉林省兴边富民类型村庄规划路径。

[关键词] 兴边富民；共同富裕；理念创新；资源整合；产业发展

[Abstract] Rural planning in border areas is the key and difficult point of rural planning in the new era. After China has built a well-off society in an all-around way, how to achieve common prosperity in border rural areas is an important guide for the planning of border villages. This village planning starts with solving the problems of serious population loss, lagging industrial development and lack of infrastructure in border areas, and combining the village's resource endowment, from the aspects of infrastructure guarantee, financial support, industrial upgrading, population gathering, etc. Formulate various strategies of "reaching, connecting and strengthening the border", realize the planning vision of prospering the border and enriching the people, and explore the planning path of prospering the border and enriching the people type villages in Jilin Province in the new era.

[Keywords] promoting prosperity of the border and enriching the people; common prosperity; idea innovation; resource integration; industry development

[文章编号] 2024-94-P-110

一、引言

建党百年之际，我国取得了辉煌的成就，人均GDP达到72447元，按照IMF人均1万美元的标准，中国已步入发达国家行列。但也应看到未来发展路上的困难，2020年5月原国务院总理李克强在第十三届全国人大三次会议答记者问中提到，中国有6亿人每月收入1000元，这6亿人大部分生活在乡村。2021年8月17日，习近平总书记召开中央财经委员会第十次会议，会议强调"要促进农民农村共同富裕，巩固拓展脱贫攻坚成果，全面推进乡村振兴，加强农村基础设施和公共服务体系建设，改善农村人居环境"。实现乡村产业兴旺、生态宜居、乡风文明、治理有效、生活富裕，是新时期国家经济工作的重中之重，也是实现国内大循环的重要支撑。在全面建成小康社会的基础上，边境农村地区复杂多变的经济社会发展环境，成为新时期我国"共同富裕"目标实现的重点发展对象。

二、责任

兴边富民类村庄除具有普遍意义上的村庄职能以外，还承担了戍边卫国、对外贸易等职能，同时也是展示国家形象的重要窗口。因此实现兴边富民类村庄振兴历来是国家乡村振兴工作重点。吉林省是一个多民族边疆省份，有朝鲜、满、蒙古、回、锡伯等55个少数民族，少数民族人口218.57万人，占全省总人口的7.96%，边境人口中朝鲜族占比较高。[1]吉林省边境线总长1438.7km，与朝鲜以图们江、鸭绿江为界，与俄罗斯陆路接壤，国境线稳定。省内有40个边境乡镇，3km内边境村155个，确定为兴边富民类村庄99个，其余56个划入城乡融合、特色保护及集聚提升类。总体而言，吉林省边境地区是全国重要的少数民族聚居区、生态保护区、资源储备区和国家安全区，在全省全国发展大局中具有极为重要的战略地位。自1999年，由国家民委联合国家发展改革委、财政部等部门倡议发起"兴边富民行动"，作为全国多民族边疆省份的吉林省高度重视边境农村的社会稳定和经济发展，出台多项规划推进兴边富民发展。2012年5月，吉林省人民政府办公厅印发《吉林省兴边富民行动规划（2011—2015年）》，2017年12月，印发《吉林省"十三五"兴边富民行动规划》，从基础设施建设、民生事业发展、特色产业发展、对外开放交流等方面对乡村规划进行指引，不断加快边境地区发展，探索新模式、提出新思路、寻求新办法。

四道泡村隶属于珲春市敬信镇，地处吉林省与俄罗斯哈桑区交界处，位于敬信镇东北部、防川风景名胜区北部，距离珲春市区约40km、敬信镇区约8km、圈河口岸约11km，东邻六道泡村，南连九沙坪村，西接金塘村，北抵俄罗斯克拉斯基诺，是吉林省东部边境村庄。本文在"共同富裕"的目标指引下，以四道泡村为例，探索吉林省兴边富民类型村庄新时期的规划路径，期望构建可复制、可推广的"理念创新—方式升级—产业引导"规划路径框架，形成对吉林省乃至东北区域边界地区具有示范意义的发展内容。

三、特点与问题

1.现状概况

（1）人口和经济

2020年底，户籍人口270人，其中朝鲜族169人。常住人口56人，其中34人为朝鲜族，外来人口10余人。

2020年，第一产业产值480万元，第二产业产值10万元，村集体收入52.9万元。第一产业以种植养殖为主，种植以水稻、玉米、黄豆等传统农作物为主；养殖以牛、渔业为主，2019年投放鱼苗3万斤。第二产业缺乏，仅有一处调味品生产企业且产值较低。

（2）村庄建设

现有住宅大部分是砖瓦结构，村民房屋相对较为集中，房屋建设年代久，等级低，闲置房屋约有20座。公共设施、服务设施和环境未能满足人民生活要求；基础设施不完善，道路比较简陋，尚未形成系统。

（3）土地资源

四道泡村土地面积1652.64hm^2。其中，农用地面积346.79hm^2，占总土地面积的20.98%，包括耕地346.60hm^2、农业设施建设用地0.19hm^2；生态用地1275.47hm^2，占总土地面积77.18%，包括林地1060.98hm^2、陆地水域96.68hm^2、草地86.59hm^2、湿地31.22hm^2；村庄建设用地30.22hm^2，占总土地面积的1.83%；其他村庄土地0.16hm^2，占总土地面积的0.01%。

（4）公共服务设施

四道泡村内设村委会（卫生室、幸福院、农家书屋、特色民俗活动点、物流配送点）、健身广场、小商店等各1处，满足基本生活需求。村内设有垃圾分类收集点，可以满足村民日常投放。

（5）道路和市政设施

四道泡村主要有一条通村道路，村域内总长约12.4km，宽度约4.5m，水泥路面，沿线有一处公交及校车站点。其他道路为砂石路，村域内总长约23.2km，宽度约2~5m。

现有2处供水水源，饮水安全问题基本可以解决。雨水、生活污水排水管道维护不到位，排水不便。电力电信线路采用架空的敷设方式，布置杂乱，存在安全隐患。供暖以火炕为主，以燃煤、秸秆为燃料。现状照明设施匮乏，不能满足居民日常生活需要。

2.存在问题

缺乏活力。人口数量少，户籍人口仅270人。常住人口仅56人且比重低，外来人口仅10余人，不能有效聚集人气。人口老龄化严重。常住人口平均年龄63岁，60岁以下4人。产业结构单一。以种植养殖为主，现状仅有一家企业且规模较小，不能有效吸纳就业。

四、规划路径

1.理念创新：共同富裕与重点突破

规划理念是乡村规划过程的重要思想指导，以往的乡村规划理念多倾向于功利性村庄发展，对于国家的重大需求和乡村的民生福祉关注减少。因此，在新时期“共同富裕”的目标指引下，应重点关注民生福祉、推进生态宜居、发展乡风文明、实现生活富裕。

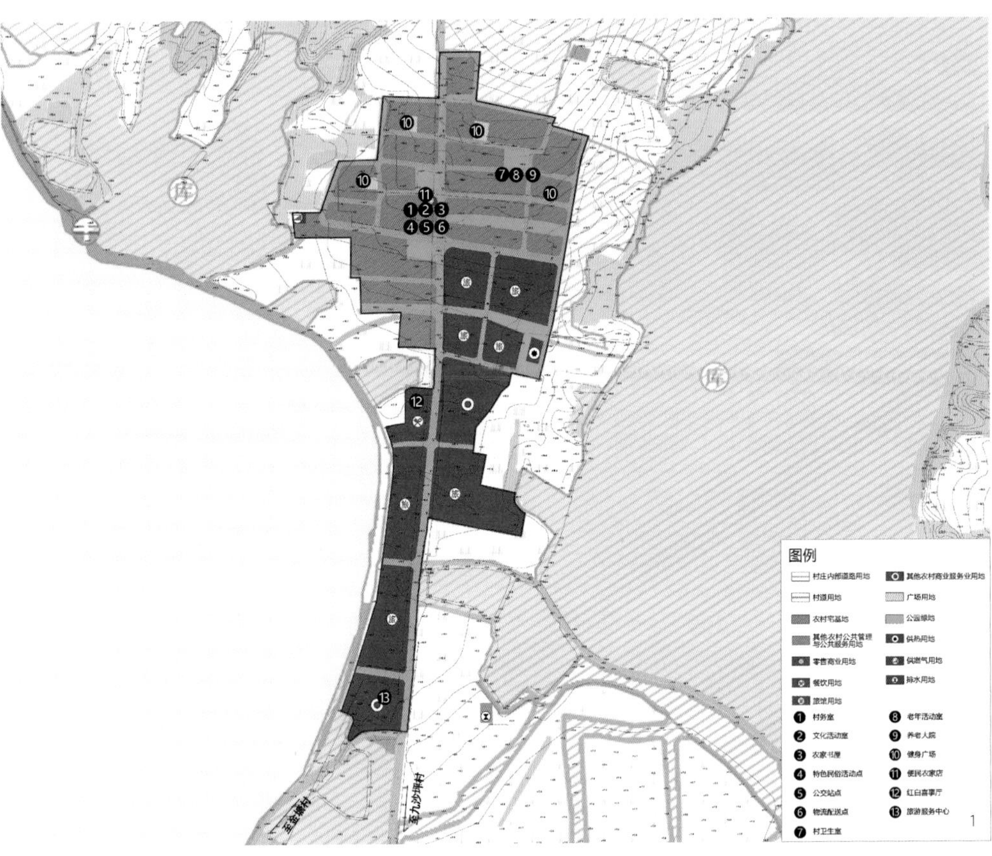

1.村庄公共服务设施规划图

（1）时刻关注民生福祉，落脚共同富裕

兴边富农类的村庄规划是体现民族团结、社会稳定、稳边固边的重要一环，核心规划编制思路是要在现有的资源基础上，发挥自身特色，吸引民工返乡、外地人来边境居住，促进地区经济社会快速发展，人民生活水平提高，为“富民、兴边、强国、睦邻”作出重要贡献，落脚边境农村地区共同富裕。依据四道泡村基础设施建设与公共服务内容，应时刻关注民生福祉，努力实现边境“有人守”、边境“有活干”、边境“有钱花”的目的。

一方面，推进基础设施建设，有力保障边境安全。统筹考虑“十四五”期间区域重大基础设施建设项目，在“水电路讯网、科教文卫保”等方面，充分考虑边境村庄与周边区域在交通、能源、水利、通信等基础设施的互联互通，教育、卫生、文化等基本公共服务的均衡发展。

另一方面，尊重边境传统风俗，打造品质公共服务。规划尊重当地民俗风俗，如朝鲜族、满族等民族风情，围绕村屯空闲地打造公共活动空间，在其周边划定景观与绿地用地边界、乡村公共管理与公共服务用地边界、乡村道路与交通设施用地边界，设置健身广场、特色民俗活动点、文化室、停车场等设施，为边民提供休闲交流场所，方便边民举办红白喜事和节庆聚餐，打造品质公共服务。

（2）建设生态人居环境，实现重点突破

让边境村庄“环境好、有特色、留住人”，是边境村庄规划理念的重要创新，也是乡村振兴中“生态宜居”的重要方针引导。四道泡村近几年劳动力流失严重，在一定程度上限制了村庄的发展。但四道泡村为朝鲜族村，朝鲜族人口占比60%以上，在人居环境上具有鲜明特色的朝鲜族文化，而且生态资源丰富，自然景色优美。因此，将朝鲜族的文化元素与基因融入到村庄风貌与空间营造中，有针对性地进行管控，不仅可以提升文化认同感，还可以建设具有生态性的人居环境，实现“引人留人”的重点突破。

在规划总体定位上，我们尊重四道泡村原有山、水、林、田、宅的天然格局，协调村庄与周边环境的土地关系。依据“保护山水格局，延续乡土景观”的整体提升原则，以原生态的自然资源为景观本底，保留林地、湿地及田地等景观，点缀人为的村庄景观节点，塑造以“大地景观、大农业、大生态为自然景观基底，以村庄聚落为核心”的村庄整体景观风貌。总体形成“一轴、四区、多节点”的景观风貌结构。

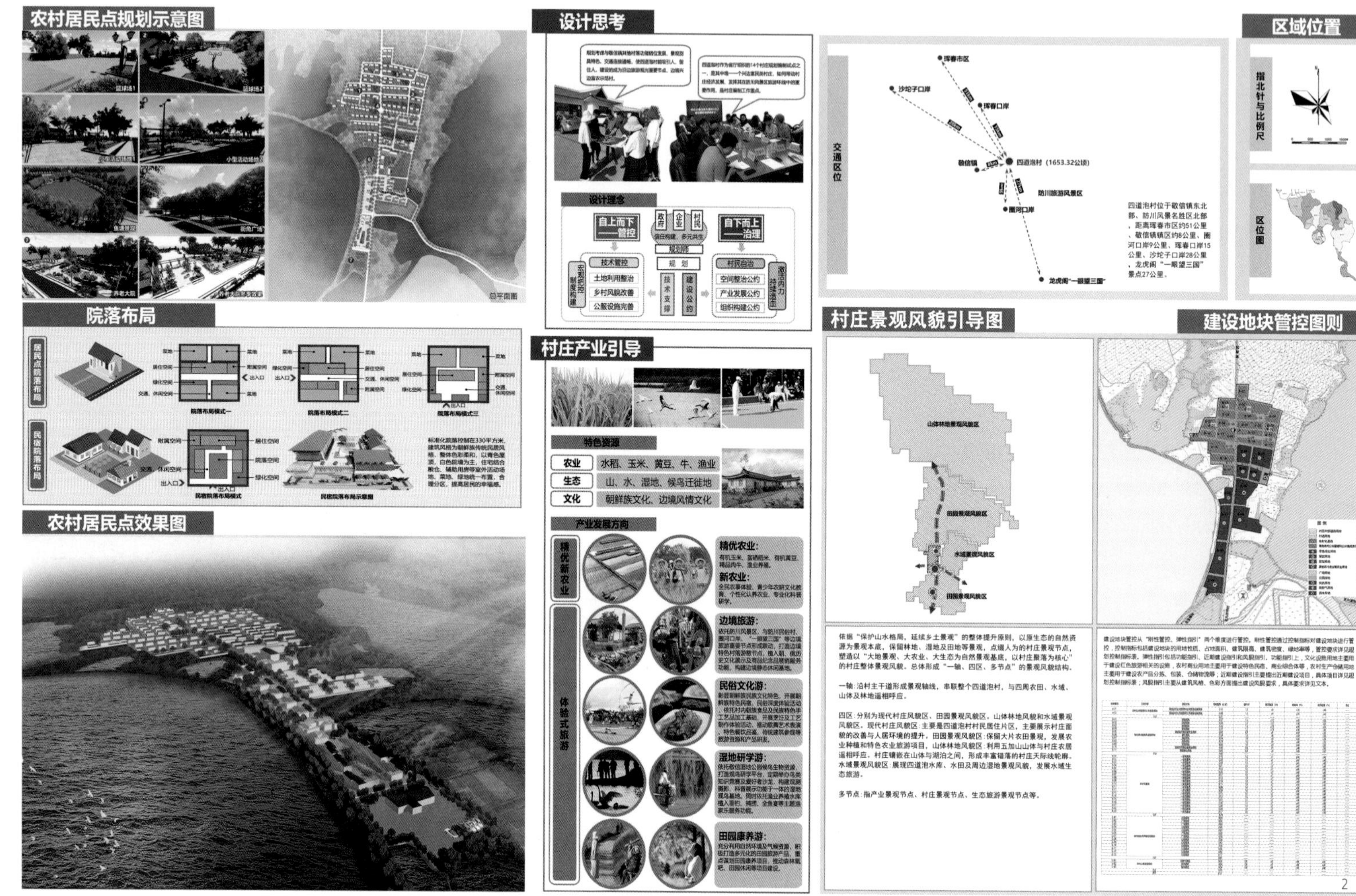

2.规划公示图

一轴：沿村主干道形成景观轴线，串联整个四道泡村，与四周农田、水域、山体及林地遥相呼应。

四区：分别为现代村庄风貌区、田园景观风貌区、山体林地风貌和水域景观风貌区。现代村庄风貌区：主要位于四道泡村村民居住片区，展示村庄面貌的改善与人居环境的提升。田园景观风貌区：保留大片农田景观，发展农业种植和特色农业旅游项目。山体林地风貌区：利用五加山山体与村庄农居遥相呼应，村庄镶嵌在山体与湖泊之间，形成丰富错落的村庄天际线轮廓。水域景观风貌区：展现四道泡水库、水田及周边湿地景观风貌，发展水域生态旅游。

多节点：指产业景观节点、村庄景观节点、生态旅游景观节点等。

2.方式升级：资源整合与政策保障

推进资源整合与政策保障，是构成边境地区农村经济社会发展的重要方式，通过资源和政策的有效供给，推进四道泡村各方面发展的方式升级。

（1）以生态优质为先导，推进资源开发与保护相结合

“绿水青山就是金山银山”，是习近平总书记“两山论”的核心观点。四道泡村山水林田湖草湿资源丰富，自然条件较好，民族文化丰富，属东北内陆地区少有的具备海洋性特点的温带大陆性季风气候。在此基础上，形成了独具特色的农业资源、生态资源、文化资源。因此，在传统“不开发、只保护”或者“只开发、不保护”的生态与资源开发协调方式上，我们针对边境地区的实际情况，以生态保育为先导，实现开发方式的升级，推进资源开发与保护相结合。

在生态环境方面，坚持保护优先、安全至上。根据上位国土空间规划确定的生态保护、耕地保护、村庄用地规模等管控要求，落实生态保护红线、永久基本农田，科学划定水域蓝线、村庄建设用地边界线。在此基础上，形成空间结构合理优化，坚持传承自然、划分职能。传承四道泡村自然地理格局及区域职能分工，秉承青山为屏、耕野为幕、碧水合抱、�墅其中的规划理念，规划打造“北山映中院、绕水润南田”的空间结构。北部区域主要以森林保育功能为主，未来保留五加山原有风貌；中部区域主要以旅游功能为主，未来将打造区域旅游服务、餐饮体验、特色商业街、养老度假等旅游设施；南部区域主要以农业功能为主，未来将引入认养农业、农耕文化体验、科普研学、观鸟台等设施。

在资源挖掘方面，坚持特色为主、全面发展。四道泡村农业资源丰富，种植业以水稻、玉米、黄豆等传统农作物为主，养殖业以牛、渔业为主。但依据其优质的森林资源，规划向林下经济发展，推动林下榛蘑、林下禽畜产业发展，打造边境农产品品牌。四道泡村生态资源丰富，地处防川风景名胜区内，背靠海拔512m的五加山，夏季平均气温比吉林省内陆平原腹地地区低约2℃，空气清新、凉爽宜人。村内拥有宝贵的湿地资源，是候鸟迁徙地。与此同时，四道泡村文化资源丰富，朝鲜族人口占比较高，民族文化氛围浓厚，且紧邻中朝俄三国交界，边境文化和乡村文化原真性较强。依据此，规划继续壮大旅游产业，进行边境文化、朝鲜族文化、乡村文化的融合，实现多样旅游资源开发。

（2）以村庄富裕为目标，推进政策创新与落地相结合

实现边境地区乡村“产业兴”“人口旺”，政策的创新性和落地性是重要的指标之一。以往四道泡村的政策实行较为老套，并没有最大化推进人才、资金、产业引进，因此，在发展方式上，我们需要进一步实现政策升级，推进政策创新与落地相结合，扩大边境政策的“引流”作用。

在创业鼓励政策上，引导返乡农民工，入乡大中专毕业生、退役军人、科技人员，以及在乡能人创业创新。对首次创业、正常经营1年以上的返乡入乡创业人员，给予一次性创业补贴；降低边民创业创新门槛，对边民自主创业实行“零成本”注册，引导鼓励符合条件的边民申请创业担保贷款；针对符合村庄规划发展方向且投资达到一定规模的产业项目，采取“定期补助、逐年退坡”的原则进行税收支持。

在人口补贴政策上，吸引村外人员进村、驻村，在现行边民补贴政策基础上进一步提高补贴标准，扩大补贴范围，针对连续在村内居住15天以上并达到一定人均消费数额的村外居民，按边民补贴金额同标准按周发放补贴。

在土地及金融支持政策上，推动土地性质转变，鼓励宅基地有偿退出转为经营性用地；推动土地经营模式转变，支持集体土地入市；健全农村金融服务体系，完善农村产权抵质押信贷管理机制，拓宽农村产权抵质押物范围，探索和推广农村动产质押、应收账款质押，农机具抵押、活体畜禽抵押，以及农业设施、碳汇出让收益等抵质押融资模式，健全抵押担保机制和配套制度。

3.产业引导：精优新农业与体验式旅游

“乡村产业兴旺”是乡村振兴的关键内容和重要途径，也是推进边境地区乡村发展转型升级的重要内容，依据四道泡村现状，重点实现优势产业引导，推进精优新农业与体验式旅游。

（1）依托农业资源基础，做大一二产业文章

精优新农业体现在“精优”与“新”之上，这就要求在边境地区原有农业基础上，进一步实现科技支撑，助力村庄“提质一产、增加二产、推进三产”，实现一二三产业融合，延长产业链、提升附加值。因此，充分依托四道泡村农业资源基础，丰富农业内涵。

一方面，基于传统农业升级发展精优农业。升级传统农业，筑牢农业产能基础，发展有机玉米、富硒稻米、有机黄豆等特色产品种植基地和精品肉牛、渔业养殖基地及农产品出口基地，逐步形成“一村一品、一乡一业”发展模式。引导地方建设一批各具特色的农产品加工园。例如利用东北独特的资源优势，壮大黑木耳、蘑菇、坚果等的生产、加工和集散，形成品质化、特色化的地方品牌产品，通过延长产业链，打通农产品“最后一公里”，将土特产发展成为特色产业。

另一方面，基于传统农业升级发展新农业。基于基础农业探索融合发展“农业+定制”“农业+认养”“农业+科普”等新农业模式，推动农业向高附加值转型升级。引导开展农业深度体验服务，充分依托农业资源，重点发展全民农事体验、青少年农耕文化教育、个性化认养农业、专业化科普研学等农业运营新模式。与此同时，借助边境地区紧邻他国的独特地域优势，发挥我国生产技术、加工技术及服务技术的优势，为相邻国家提供产品代加工服务。通过“公司+基地+合作社+农户”的生产模式，积极发展自属基地和合作基地，从生产基地、加工厂、产品研发、检测中心、冷链仓储等多方面打开国际市场。

（2）对接旅游市场需求，充分植入文化要素

边境地区是文化、资源特色鲜明、种类丰富的重要地区，发展边境旅游是实现产业兴旺的重要内容。依据四道泡村独具特色的文化和旅游品牌，规划连通五加山、敬信湿地、防川民俗村、圈河古墓、口岸、“一眼望三国”等重要旅游节点，构建全域“连山、临水、环田、游湖、通村、抵边”的慢行系统，设置特色驿站、旅居营地、综合服务中心三级旅游服务体系。

优化边境乡村旅游区域整体布局。在旅游发达地区，推动旅游产品和市场相对成熟的区域、交通干线和A级景区周边的地区深化开展边境乡村旅游，支持具备条件的地区打造边境乡村旅游目的地，促进边境乡村旅游规模化、集群化发展。在旅游欠发达地区，依托农业、林业、避暑、冰雪等优势，重点推进避暑旅游、冰雪旅游、森林旅游、康养旅游、民俗旅游等，探索开展边境乡村旅游、边境跨境交流，打造边境乡村旅游新高地。

推动边境乡村旅游区域深化延展。加快交通干道、重点旅游景区到边境乡村旅游地的道路交通建设，提升边境乡村旅游的可进入性。鼓励有条件的旅游城市与游客相对聚集的边境乡村旅游区间开通乡村旅游公交专线、乡村旅游直通车，方便城市居民和游客到边境乡村旅游消费。完善边境农村公路网络布局，提高农村公路等级标准，鼓励因地制宜发展旅游步道、登山步道、自行车道等慢行系统。引导自驾车房车营地、交通驿站建设向特色村镇、风景廊道等重要节点延伸布点，定期发布边境乡村旅游自驾游精品线路产品。

培育构建边境乡村旅游品牌体系。树立乡村旅游品牌意识，提升品牌形象，增强边境乡村旅游品牌的影响力和竞争力。鼓励各地整合边境乡村旅游优质资源，推出一批特色鲜明、优势突出的边境乡村旅游品牌，构建全方位、多层次的边境乡村旅游品牌体系。鼓励具备条件的地区集群发展边境乡村旅游，积极打造有影响力的边境乡村旅游目的地。支持资源禀赋好、基础设施完善、公共服务体系健全的边境乡村旅游点申报创建A级景区、旅游度假区、特色小镇等品牌。

项目负责人：苏畅

主要参编人员：何晓妍、王悦、李倩玉

参考文献

[1]朴松烈.聚力打造繁荣和谐稳定边疆 吉林省实施兴边富民行动记略[J].中国民族,2020(8):41-43.

作者简介

何晓妍，长春市规划编制研究中心（长春市城乡规划设计研究院）助理工程师；

王成彬，长春市规划编制研究中心（长春市城乡规划设计研究院）工程师；

苏　畅，长春市规划编制研究中心（长春市城乡规划设计研究院）工程师；

李倩玉，长春市规划编制研究中心（长春市城乡规划设计研究院）工程师；

王　悦，长春市规划编制研究中心（长春市城乡规划设计研究院）助理工程师。

吉林省西部湿地草原地域村庄规划特色研究

——以通榆县向海乡复兴村为例

Study on the Characteristics of Village Planning in Wetland Grassland Region of Western Jilin Province

—Take Fuxing Village, Xianghai Township, Tongyu County as an Example

王永明 徐浩洋
Wang Yongming Xu Haoyang

[摘 要] 本文探索了基于吉林省西部地域空间典型特征的村庄规划编制内容体系，以通榆县向海乡复兴村为例，在粮食安全、生态保护、产业发展、资源利用、风貌协调等方面做出空间安排，以期为后续吉林省西部地区或草原湿地型村庄规划的编制提供借鉴。

[关键词] 吉林省西部；草原湿地；村庄规划

[Abstract] This paper explores the content system of village planning based on the typical characteristics of regional space in the west of Jilin Province. Taking Fuxing Village, Xianghai Township, Tongyu County, as an example, this paper makes spatial arrangements in terms of food security, ecological protection, industrial development, resource utilization, style coordination, etc., with a view to providing a reference for the subsequent planning of villages in the west of Jilin Province or grassland wetlands.

[Keywords] the west of Jilin Province; grassland and wetland; village planning

[文章编号] 2024-94-P-114

一、吉林省西部草原湿地特征及村庄规划重点方向

1.吉林省西部湿地草原典型特征

吉林省西部以草原湿地为主要大地景观，有三个典型特征：一是田园特色风光旖旎，依托湿地水系和林网，乡村、农田、湿地、林地交错分布，是人们向往的世外田园；二是水量充沛，地势平坦，适宜发展大田耕作，畜牧业具有较好资源基础，但但由于湿地浸泡，土地盐碱化现象突出，影响农业耕种；三是生态敏感性强，湿地系统和盐碱地生态较为敏感，应对外界扰动的韧性不足。吉林省西部是典型的农旅、农牧、农居交错地域。

2.湿地草原地域村庄规划重点方向

针对以上三大特征，该类地域空间的村庄规划应该着重考虑以下四个方面：一是保护与发展的关系，如盐碱地农业耕种与生态保护的关系、水资源利用与湿地保护等；二是村庄建设与大地景观风貌协调，使房田林水路空间布局有序，蓝绿本底与村庄色彩和谐，构建一幅美丽的山水人居画卷；三是构建与资源优势相适应的乡村振兴路径，如基于大田耕作模式的智慧农业、规模农业，基于湿地景观的乡村旅游业，基于草场资源的畜牧业等；四是针对旱改水、盐碱地治理、闲置宅基地整理等的全域土地综合整治。下面以吉林省西部的通榆县向海乡复兴村为例进一步讨论。

二、通榆县向海乡复兴村现状问题与定位

1.现状情况

复兴村位于通榆县城至向海国家级自然保护区的必经之路上，距乡政府30km，下辖4个自然屯。2020年全村户籍人口1025人，常住人口821人，60岁以上老人占常住人口的23%。村域国土空间呈“七田二林半草半荒地”特征，“林田交错、大田大林”风貌明显。种植业主要以玉米、花生为主，兼种高粱、绿豆等杂粮杂豆；庭院经济以花生种植为主；畜牧养殖以牛、羊养殖为主，由1个大型标准化养殖场引领、2家合作社带动。农村电商逐步兴起，第一书记代言“四粒红”花生取得成效，乡村旅游处于萌芽阶段。

2.问题诉求

村庄国土空间保护与发展存在四个问题：一是区域联动弱，包括向海对复兴村的带动作用尚不明显和复兴村对周边村庄发展带动力不足；二是优势资源尚未发展出效益，一渠分两边的林田交错田园风光和红山文化底蕴等资源尚未形成强而有力的品牌效应；三是产业融合度低，农业种植、畜牧养殖目前多为自产自销，多停留在产业结构末端，尚未形成带动示范作用，一二三产融合任重道远；四是部分村庄风貌有待加强，如种子站、黄渔泡村容村貌相对落后。

村民诉求主要集中在高标准农田建设、盐碱地改良、数字乡村建设、设施及村容村貌提升、肉牛及其他农产品产业建设、依托向海湿地形成的乡村旅游发展等方面。

3.定位目标

按照村庄分类，复兴村属于集聚提升类村庄。充分发挥复兴村在产业兴旺、智慧管理等方面的集聚示范带动作用，打造数字复兴智美乡村·美丽田园休闲驿站，建成省级一二三产融合示范村。综合确定复兴村的村庄定位为现代农牧示范村、电商农旅样板村、绿色生态宜居村、数字治理智慧村。

现代农牧示范村，即结合数字乡村建设发展智慧农业，主要体现在农业生产智能化，依靠农业技术系

统和数据信息进行生产管理；电商农旅样本村，即通过电商平台推介特色农产品、文创产品、认养农业等，把复兴品牌推向全省，将向海及向海品牌推向全国；绿色生态宜居村，即推进高标准农田建设、旱改水项目提升耕地的数量和质量，深入实施农村人居环境综合整治；数字治理智慧村，即通过信用建设数字化和便民服务智慧化，建立数据信用平台、脱贫智能服务系统，以提高服务效能，做好网格化管理和精细化服务。

三、基于吉林省西部草原湿地特色的复兴村村庄规划内容

1.针对旱改水、盐碱地治理、闲置宅基地整理等实施自然资源保护和全域土地整治

坚持山水林田湖草沙系统修复和综合治理，加强对村庄全域国土空间的综合整治，为乡村振兴发挥基础支撑作用。

盐碱地治理与高标准农田建设。针对北洼子和西大沟开展补改结合（旱改水）土地整治项目，实现新增耕地约40hm^2，旱改水约20hm^2。针对黄牛产业园的南侧，后复兴北侧耕地开展高标准农田建设，提高耕地质量和土地产出率，范围9.5km^2。

全村水域保护与治理。重点保护幸福渠水质及防洪安全，注重日常巡查幸福渠防洪设施情况，确认其是否受损；在保证农田的农业灌溉及洪水、雨水排放功能前提下，利用植被对河流两侧进行景观美化。结合数字乡村建设，明确责任主体，探索渠长制。

林地资源保护与修复。落实林地保有量指标要求，重点围绕向海路、幸福渠等区域，实施有计划、有步骤地推进植树造林，同时发展林下经济，结合森林生态旅游发展科普教育、休闲观光等。

盘活村庄存量土地。加大农村闲置土地盘活力度，将村庄内闲置农房盘活利用，鼓励集体经济组织以自营、出租、入股、联营等方式，将盘活的闲置土地用于发展乡村民宿、健康养老、乡村旅游和农产品初加工等产业融合发展项目，切实提高农村土地的综合使用效益。

2.塑造与吉林省西部地区资源优势相适应的乡村振兴路径

乡村振兴的关键是产业，产业兴旺，农民收入才能稳定增长。编制村庄规划要结合村域特点和市场需求，因地制宜发展好传统产业，突出优势发展好特色产业，努力构建培育起新兴产业，带动农民致富增收，以产业振兴助推乡村振兴。

发展传统产业“助力”乡村振兴。从过去脱贫攻坚支柱产业到现在乡村振兴的支柱产业，农牧业成了复兴村产业发展的基础。复兴村提出依托现有草原红牛养殖，大豆、玉米等传统种植，提高土地流转率，依靠农业技术系统和数据信息打造高标准农田；通过合作社和农技推广，提高亩均生产效益；推进肉牛养殖规模化经营，产生品牌效应，推动农村向乡村振兴阔步前行。

打造特色产业“引领”乡村振兴。复兴村充分利用紧邻向海国家级自然保护区、黄榆景区、兴隆水库等的优越条件，结合乡村年俗文化、北方饮食文化、剪纸、树雕等民俗基础，结合农村电商和自媒体的“聚焦效应”，发展特色产业，使农民有增收、产业有增效，各类特色产业成了引领乡村振兴的好路径。

培育新兴产业“赋能”乡村振兴。通过围绕一二三产融合发展，构建农村产业体系，从农产品种植到加工，再到销售与定制服务，产业链有所延伸、价

色彩指引：

	主体建筑	屋顶
基本色调		
点缀色调		

主次关系	建筑部位	色彩样品	材料
主色	墙面		贴面/砖
	屋顶		瓦
点缀色	院墙		贴面/涂料
	窗棂		涂料

建筑指引：

院落指引：

1

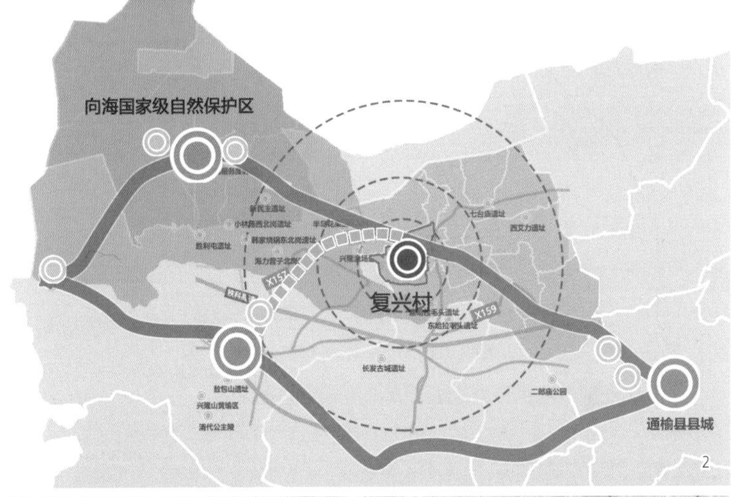

2

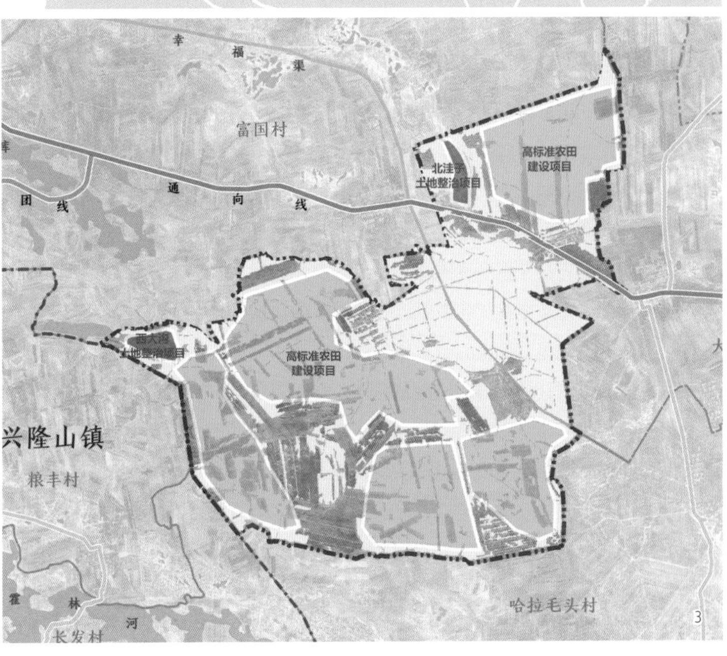

3

1.村庄风貌建设指引图　2.复兴村区域位置与周边关系图　3.村域盐碱地治理和高标准农田建设示意图

值链得到健全，同时以新模式、新技术、新业态方式发展帮助农村产业互促互补。农产品产地初加工、农村电子商务、农村文化旅游等新兴产业，在农村落地生根，为乡村经济发展注入新活力，在帮助农村打赢脱贫攻坚战，推进乡村振兴等方面有着极其重要的现实意义。

3.构建协调的林、水、村、湿大地景观风貌

幸福渠滨水环境。利用好幸福渠，增加水陆接触面积，拓展一部分滨水公共活动空间，满足人们亲水、爱水、休闲、娱乐等日常需要，提升村民生活幸福感。

自然生态风貌。对林地进行补植，提升林地质量，因地制宜选择树种，改善林木生长环境，促进森林正向演替，发挥林地生态效益。形成林田交错、大林大田的风貌特征。设置休憩平台与景观小品，增加趣味性，满足人们日常游憩的需求。

农田景观风貌。景观农田以迷宫或不同颜色作物间种的形式设计东北特色农田画，普通农田间可摆放东北风格浓厚的稻草人或景观小品。种植玉米、高粱等以可种植方式达成观赏性的作物，种植芍药、油菜花、金银花、海棠等本身具有观赏性的作物。既保证了经济性又兼顾了美观。

村落建筑风貌。对复兴村村落建筑整体进行风貌提质改造，统一屋顶、墙面、院墙的风格色彩材质，以棕、砖红、白、青灰结合，增加色彩的层次，亮色和暗色相搭配。选取砖、石、瓦等材料体现当地特色，同时兼顾防火要求，采用阻燃材料建造房屋。

4.优化村庄治理，促进规划实施

乡村振兴离不开农村基层党组织的引领，建立更加有效、充满活力的乡村治理新机制，结合数字乡村建设，将规划成果运用到乡村治理和项目实施的各个阶段和环节。

党建治理高地：建立基层党建治理新高地，更好地发挥基层党组织战斗堡垒和党员先锋模范作用。发挥吉林省首批"光荣在党50年"纪念章所在地的区位优势，提升党建宣传力度。

乐美乡村建设：推进村务治理信息化、乡村治理透明化、乡村经济公开化、信用建设数字化、便民服务智慧化。建立智能服务系统，加强民情沟通，提高服务效能，便民服务效能不断提升。

项目推进管理：梳理规划期项目列表，划定时间表和路线图，推进项目监管力度，明确责任到个人，将项目进展实时更新，实现共同监督。

村规民约设定：村规民约是维护村庄社会秩序、公共道德、村风民俗并提升村庄治理水平和村庄文化的重要措施。

四、小结

本文以复兴村为例，围绕"实用性"村庄规划要求，探索了基于吉林省西部地域空间典型特征的村庄规划编制内容体系，在粮食安全、生态保护、产业发展、资源利用、风貌协调等方面做出了空间安排，能够为后续吉林省西部地区或草原湿地型村庄规划的编制提供借鉴。

作者简介

王永明，通榆县自然资源局国土空间规划科负责人，正高级工程师；

徐浩洋，吉林省地理信息院，工程师。

乡村振兴战略背景下贫困村规划编制探索

——图们市长安镇河东村为例

Exploring the Planning of Poor Villages in the Context of Rural Revitalization Strategy —The Case of Hedong Village in Chang'an Town, Tumen City

邬 丽 郭 建
Wu Li Guo Jian

[摘 要] 全面建设社会主义现代化国家，最艰巨最繁重的任务仍然在农村。坚持农业农村优先发展，坚持城乡融合发展，畅通城乡要素流动。加快建设农业强国，扎实推动乡村产业、人才、文化、生态、组织振兴。本文总结了贫困村发展的一般特征，探索基于贫困村乡村振兴的村庄规划解决方案与路径，期待为新时代乡村振兴提供与脱贫攻坚紧密衔接的技术支持，并以吉林省典型贫困村图们市长安镇河东村为例，基于产业振兴的"造血"脱贫、环境整治的"环境"改善和基于设施补齐的"生活"提升三个重点方面，建立贫困村乡村振兴规划解决路径。

[关键词] 贫困村；乡村振兴；规划路径

[Abstract] The most arduous and heavy task of building a modern socialist country remains in the rural areas. Adhere to the priority development of agriculture and rural areas, adhere to the integrated development of urban and rural areas, and smooth the flow of urban and rural elements. It accelerates the building of a strong agricultural country and solidly promotes the revitalization of rural industries, talents, culture, ecology and organization. This paper summarizes the general characteristics of poor village development, explores the village planning solutions and paths based on the rural revitalization of poor villages, and expects to provide technical support for rural revitalization in the new era that is closely connected with poverty eradication. Taking a typical poor village in Tumen City of Chang'an Town, Hedong Village, Jilin Province, as an example, the paper establishes three paths of poverty alleviation based on industrial revitalization, environmental improvement based on environmental remediation, and life improvement based on facility replenishment. The three paths of rural revitalization planning for poor villages are industrial revitalization for poverty alleviation, environmental improvement for environment improvement, and life improvement for facilities improvement.

[Keywords] rural revitalization; villages; planning preparation

[文章编号] 2024-94-P-117

从党的十六届五中全会提出"生产发展、生活富裕、乡风文明、村容村貌整洁、管理民主"的"建设社会主义新农村"战略，到党的十九大提出"乡村振兴"战略，以"产业兴旺、生态宜居、乡风文明、治理有效、生活富裕"为特点的中国农村发展建设要求逐步深化，相关旗帜的内涵也更加全面深刻。党的二十大提出：全面建设社会主义现代化国家，最艰巨最繁重的任务仍然在农村。坚持农业农村优先发展，坚持城乡融合发展，畅通城乡要素流动。加快建设农业强国，扎实推动乡村产业、人才、文化、生态、组织振兴。我们的五大振兴引领乡村，其目标已经从"脱贫"走向了"农业强国"，粮食安全成为乡村振兴的关键内容。本文旨在总结贫困村的特征，探索基于贫困村乡村振兴的村庄规划解决方案与路径，期待为新时代乡村振兴提供与脱贫攻坚紧密衔接的技术支持。

一、文献综述

2013 年，国务院出台了《建立精准扶贫工作机制实施方案》，国内学者对于贫困村的关注逐渐增加。截至目前，国内对于贫困村的研究主要集中于"精准扶贫""贫困原因及对策""空间分布特征"等方面。唐羽薇对贫困村的类型进行了综述，分为制度供给不足型、区域发展障碍型、可行能力不足型、先天缺乏型、族群型五种类型。

我国贫困问题集中在农村，贫困村庄规划建设要求的变化和发展在一定程度上反映了扶贫工作的进展。邓若璇归纳总结了我国村庄规划发展历程分为四个阶段：村庄自发阶段、社会主义新农村建设阶段、美丽乡村建设阶段和乡村振兴阶段。乡村振兴阶段（2017—2019年）：2017年，党的十九大报告首次提出实施乡村振兴战略，王景新、支晓娟从农村地域空间综合价值的角度提出乡村振兴重在协调综合价值，即：生产、生活、生态空间的科学规划与布局，空间的经济价值、生态环境价值、生活（社会、文化）价值的协调等。我国贫困村的村庄规划内容由美丽乡村建设转变为生产、生态、生活、管理等系统要素协调发展的模式，贫困村村庄规划也随之进入乡村振兴战略实施时期。

现有研究大多集中在宏观层面，且针对贫困村庄本身的研究较少。综合现有文献，贫困村的特点主要包括：交通条件落后，出行不便；经济结构单一，造成收入偏低；村庄环境偏差，生活品质不高；村庄各项设施缺乏；村民素质偏低等。

二、规划路径

结合贫困村的特征，实用性的村庄规划应重点从以下四个方面发力解决贫困问题。

规划发展农村特色产业。发展特色产业是乡村产业兴旺、生活富裕的重要支撑。特色产业是农村各项事业发展的基础，是影响居民收入、人口流动和土地利用的核心因素。农村产业发展不是简单照搬城市产业发展模式或承接城市产业转移，而是以农业发展为重点，从一二三产业融合入手，延伸产业链，提高产业附加值。同时，要注重培育产业特色，走"一村一品"之路。

指导乡农村人居环境建设。人居环境建设是实现乡村生态宜居的重要手段。乡村人居环境的建设内涵不仅限于以环卫改造为代表的传统自然环境建设，还包括以乡村乡土文化振兴为导向的人文环境塑造。这就要求规划必须从整体空间布局、产业体系建设、公共设施建设、公共空间建设等方面贯彻生态宜居理念，营造生产空间集约高效、生活空间适度、生态空间优美的人居环境。

补齐各项设施短板。设施缺乏是贫困村的共性特征，包括市政基础设施和公共服务设施建设，如路面不平整未硬化、边沟等排水设施不足、垃圾处理系统不完善、卫生文化体育设施等不充足、缺乏户外开敞活动空间等，这些设施的缺乏直接影响村民的生活品质和村庄的环境质量。村庄规划可以识别设施短板，并在空间上做好谋划，指导设施的建设。

1.区位图　　2.项目现状图　　3.一三产业融合示意图

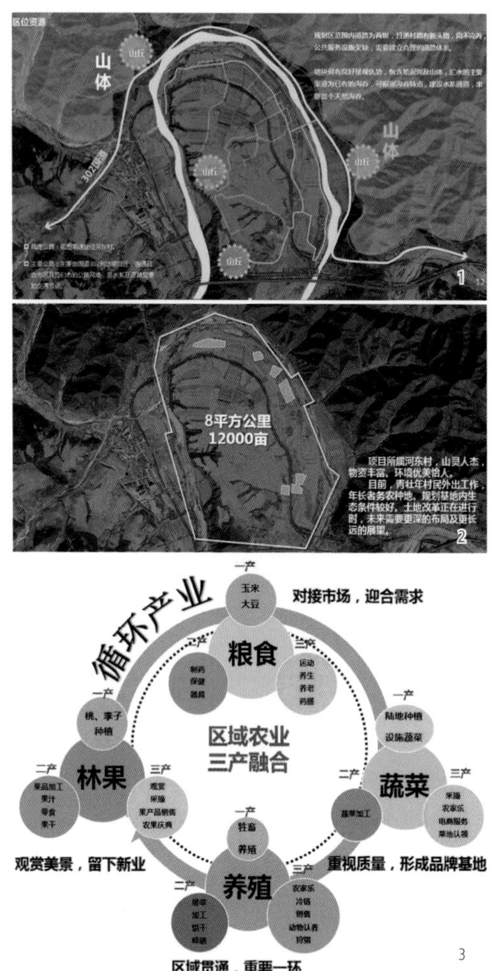

表1　河东村整治项目库

项目类型	项目名称	投资总规模及项目进展情况
基础设施建设	残疾人服务中心	由图们市残联实施，在长安镇河东村新建一座残疾人活动中心，添置相关配套设施，建筑面积271.10m²，2019年9月开工，2019年12月竣工
	贫困村冬季取暖项目	在河东村安装28块光伏板及配套逆变器、并网箱等设施。项目建成后年均发电量约0.81万kW · h
	居家养老大院建设项目	包保单位市机关事务服务中心协调民政部门投资35万元，建设一座160m²的居家养老大院，2019年7月开工，2019年9月竣工
	电灌、渠道农田水利建设项目	该项目总投资870万
	河东村400hm²高标准农田改造项目	图们市国土资源局申请吉林省国土资源厅投资900万元，建设完成
	布尔哈通河河东段护堤工程	省国土厅与省水利厅协调，帮助河东村争取了布尔哈通河河东段护堤工程，此工程总长3650m，总投资2300万
	河东村饮水安全提升工程	市国土局积极与水利部门协调投资130万元
	村级活动室升级改造	市国土局积极协调施工单位队对河东村原有老旧活动室进行升级改造，包括购买电锅炉解决取暖问题等
	河东村卫生室升级改造工程	河东村卫生室完成了升级改造，配齐1名村医，为村民看病就医提供了方便
	河东村有机蔬菜大棚扶贫项目	该项目2016年由国土局通过菜田基金项目向省国土厅申请，建设规模为4.8409hm²，总投资705.82万元，省级下达新菜地建设基金600万元，地方配套105.82万元
	长安镇河东村养猪场建设项目	总投资380万元
	聚心种植专业合作社	注册资金500万元
	图们市兴旺姐妹养殖场	占地面积20000m²，建筑面积7800m²，固定资产800万元，注册资金500万元

协同参与乡村治理过程。规划参与治理是实现乡村治理有效和乡风文明的重要途径之一。村庄规划作为经济、社会、文化、生态等政策的地理空间表达，本身具有强烈的公共政策属性，可以视作一项重要的治理工具和综合性治理纲领。同时，一例成功的村庄规划离不开政府、公众、企业等多元主体的参与，其编制过程本身即是一项重要的乡村治理实践。因此，村庄规划是乡村治理的重要组成部分，理应积极参与到乡村治理过程中。

三、规划探索——河东村实践

1.河东村基本情况

河东村2016年列为省级贫困村，由省自然资源厅包保，市级由市自然资源局、市政府办、市机关事务服务中心联合包保。河东村位于长安镇镇区以东4km处，距图们市19km。全村面积12.83km²，现有耕地面积380hm²，含水田41hm²，林地481.7hm²。全村共有5个自然屯、6个村民小组。目前，全村在册总户数282户，人口698人，常住人口141户258人，建档立卡脱贫户79户109人，全部达到“两不愁三保障”，农民主要收入以种植粮食作物为主，辅以传统畜牧业，人均年收入为12000元。

2.河东村贫困特点

基础设施配套差，河东村缺少公共活动场地供村民开展文化活动，且农耕用车和私家车随意停放。活动场地的不足导致村民精神生活不丰富，生活质量较低。

村庄发展动力不足，目前常住人口较少，劳动力缺失，村庄活力匮乏。常住村民整体受教育程度偏低，思想较传统、观念偏落后，并对个人的未来发展未有定位规划，其眼界仍停留在家乡“一亩三分地”的收益上，缺乏现代化、科技化的经济理念，导致村庄缺少内在的发展机制和动力。

3.基于产业振兴的“造血”脱贫

构建田园城市中“生产生活生态三生互促、一三产相互融合、产业文化旅游三位一体”的发展新模式，河东村由内发展对接外部，需要延伸基础产业，促进新兴产业，融合多项产业。同时，加入循环理念，实现三产循环发展。

（1）农业现代化

规划布局有机蔬菜大棚扶贫项目、土地托管项目和养猪场建设项目。

有机蔬菜大棚扶贫项目。该项目建设规模为4.8hm²，总投资705万元，2017年底竣工，种植有机蔬菜、蓝莓等，年产值预计150万元，平均每栋收益6万~7万元。该项目目前雇佣河东本村的劳动力，平均每月雇用15人，日工资130元，每年上交村集体收入16万元。

河东村土地托管项目。由村党支部书记等7名党员带头，积极发动群众参与，整合了村里的大型农机和生产要素，成立了聚心农机合作社，为村民提供“耕、种、收、销”一条龙服务。村里无力耕种者将土地委托给合作社，在不改变农民的土地承包权、收益权和国家惠农政策享有权的前提下，实现了农业规模化、集约化、机械化生产。目前，河东村有70农户，其中有29户贫困户，46人，将土地交给聚心农机合作社进行托管，托管土地面积达到200hm²。贫困户通过土地托管服务，年收入在原来基础上增长了300%。同时，土地托管也有效解放了农村劳动力，农户既增加租赁收入，还可以在村里的合作社或市里打工，实现了合作社和农户互利双赢。

养猪场建设项目。在河东村五组建设8000m²养猪场项目总投资380万元。河东村将通过发展养殖业，提高村民收入，进一步壮大集体经济的同时帮助村民脱贫致富。

（2）一、三产业融合的乡村旅游

增加农民收入是2015年中央一号文件的一个新亮点，必须推进农村一、二、三产业融合发展。在村庄规划编制的过程中，从村庄的实际情况出发，全方面听取村民的意愿，河东村由内发展对接外部，需要延伸基础产业，促进新兴产业，融合多项产业。同时，加入循环理念，实现三产循环发展。但是在发展初期，仅仅依靠规划编制的章程是不够的，政府也要提供相应的帮扶政策，充分调动村民的积极性，从根本上提升村民能力，从而提升村民的经济实力。河东村地处于长白山等大型景区200km范围内，可快速到达各景区，并且位于延边州东西道路G302边上，是“长白山—防川”旅游线上的必经之处。目前延吉有36个国家乡村旅游扶贫重点村，其中30个AAA级以上，主要以长白山游客为客源，以乡村民俗为主要内容，项目区可借鉴这些村庄（如红旗村，2014年接待量25万人）。

针对河东村，要实现产业提升，一是要融合少数民族及中式主题文化创意内容，突出旅游品牌，为游客提供旅游配套产品。美食、手工艺、歌舞等构成河东村乡村文化，可深度挖掘包装。产业提升的同时，发展旅游、开发乡村主题活动，培育更为丰厚的乡村文化。为了吸引城市居民前来度假，可以利用空房，改造民居，发展水上乐园；本土手工艺较少，只有编织，但图们市拥有的手工艺较多，可融合进村，更好地服务村庄建设。另外，传统民俗活动也可融入乡村，如跳板、磨米、核雕。附近大部分村落都有独特的乡村美食，如冷面、温泉蛋、松饼。并且里面有几户朝鲜族，朝鲜族文化底蕴独特，能歌善舞，可丰富村庄的重要待客活动，如象帽舞、伽倻琴、手鼓舞表演。

二是农业现代化、科技化，农产品绿色有机化、高端化。旅游带动一产，实现三产融合联动发展。建立农业示范中心，现代农业高效生产，全部实现数字化、自动化、机械化。设置观光通道，展示现代农业的标准化设备和自动化生产过程。示范推广工厂化育苗、高效种植、机械化采收、包装等全自动化生产。建设具有生态农业技术示范地，零碳、循环、纯净的新农庄。发展低碳高效循环农业：融入低碳高效循环农业概念，构造未来农村生产生活新模板。建设苗木蔬果种植基地：以生态循环为理念，与农业养殖连成互动，形成生态肥种基地，构建生态种植示范地。建设农业养殖基地：与苗木蔬果种植基地连成互动，构成种植、养殖循环系统，打造生态型养殖示范基地，其中包含“稻鸭共育”“稻鱼共育”循环模式、“鱼—桑—鸡”模式、“移动大棚生态养鸡”循环模式。

三是建立河东工业园。乡村工业园整合各村级工业资源，实现设施共享、集约化发展。以河东村及周边村落初级农业产品为原料，形成集农产品加工、物流运输于一体的农业科技化平台，将来作为主体的运营内容，融合一产内容，搭建二产平台。

4.基于环境整治的“环境”改善

河东村全年共拆除牛棚、猪圈、危房、仓库40余处，农户室内外卫生差、庭院杂乱问题也得到了解决，村容村貌进一步提升。动员全体村民共同参与环境卫生整治，持续开展星期五“环境整治日”活动，实行门前“三包”责任制，自觉树立建设美好家园意识。积极推动美丽乡村建设，结合千村示范创建活动，驻村工作队、村干部、包保单位大干50天，对村内房屋、道路、庭院、厕所等部位进行了集中整治，拆除废弃老旧危房和泥土房12个、室外厕所15个、猪圈和牛舍16个、更换路灯49个，解决了庭院杂乱、美化亮化缺失等问题，明显改善村生产生活条件，为打造乡村振兴千村示范村奠定坚实基础。2021年10月20日，河东村作为长安镇唯一推荐乡村，以优异成绩顺利通过延边州千村示范考核。

5.基于设施补齐的“生活”提升

（1）塑造优美的村庄风貌

根据乡村景观特点及发展特征，进行总体分区布局，形成五大功能板块，规划形成“一路、一带、五片、三核”。其中，一路：依托河东村入口、大桥及轴线延伸，形成村庄景观文化大道，提升乡村文化展示感；一带：依托布尔哈通河，打造滨河景观及体验空间，塑造活力水系；五片：依托山、水、林、田、文五大要素，构成不同主题活力空间；三核：一路贯穿村落，塑造核心节点，以文化、农科、运动为主题，形成活动聚落。依托各大功能板块，形成村庄核心引擎，带动村庄发展。借助引擎能量外溢，建设不同类别业态，并形成村庄核心竞争力，主要体现科技和休闲主题。

（2）完善乡村基础设施

完善乡村污水管理、乡村环卫系统；提升公共共享设施，依据村庄村民活动要求，按照标准建设基础设施及公共服务设施，根据旅游游客量预算，增加设施数量加强乡村文化设施；加强乡村文化设施。用乡土要素，融合本土地域特色，建设融入教育、活动、交流的培训中心，让农民能够参与村庄发展，也相应提升农民素质。

2021年河东村新建排水沟452m及涵洞5座，投资50万元；新建村民广场约1200m^2，包含绿化，长廊等，新建柏油路1km，新建景观路灯100个，投资216万元；新建防洪渠道1条，全长523m，新建过路涵洞1座，投资180万元；村内破损路面白改黑改造1250m，投资58万元；村民院落新建栅栏3000m，投资46万元（表1）。

四、结语

在乡村振兴战略的背景下，新时代乡村振兴工作要求与脱贫攻坚工作紧密衔接，巩固拓展脱贫攻坚成果，本文选取了吉林省典型的贫困村庄——图们市长安镇河东村作为规划实践样板，探讨规划路径如何贫困性村庄在产业发展薄弱、基础设施不齐、人居环境不佳的情况下，通过发展主导特色产业、完善基础设施、改善人居环境等路径，提高村民生活质量、幸福指数，从而摆脱贫困。

参考文献

[1]赵旭东,孙笑非.中国乡村文化的再生产——基于一种文化转型观念的再思考[J].南京农业大学学报,2017,17 (1):119-127.

[2]周珂,顾晶.村民自治下的传统村庄规划管理——以曹家村灾后重建为例[J].城市规划学刊, 2017 (2) :87-95.

[3]刘金海.乡村治理模式的发展与创新[J].中国农村观察，2016(6) :67-74+97.

[4]罗庆,李小建.国外农村贫困地理研究进展[J].经济地理，2014, 34(6): 1-8.

[5]杨国涛,王广金.中国农村贫困的测度与模拟: 1995—2003[J].中国人口.资源与环境，2005, 15(6): 30-34.

[6]刘彦随,周扬,刘继来.中国农村贫困化地域分异特征及其精准扶贫策略[J].中国科学院院刊，2016(3): 269 -278.

[7]李玉恒,王艳飞,刘彦随.我国扶贫开发中社会资本作用机理及效应[J].中国科学院院刊，2016(3): 302 - 308.

[8]杨国涛,王广金.中国农村贫困的测度与模拟:1995—2003[J].中国人口.资源与环境，2005, 15(6): 112- 116.

[9]邓若璇.乡村振兴战略下南宁市近郊区旅游型村庄规划设计研究—以乐洲村为例[D] .南宁：广西大学,2018.

[10]王景新,支晓娟.中国乡村振兴及其地域空间重构——特色小镇 与美丽乡村同建振兴乡村的案例、经验及未来[J]南京农业大学学报(社会科学版),2018,18(02):17-26+157-158.

作者简介

邬　丽，吉林省不动产登记管理中心科员；

郭　建，吉林省不动产登记管理中心高级工程师。

面向产业兴旺的吉林省安图县龙林村“校政合作”乡村建设规划模式探索

Exploration of the Rural Construction Planning Model of "School-Administrative Cooperation" in Longlin Village, Antu County, Jilin Province Facing the Prosperous Industry

赵宏宇 张海娜 郑 丹 许 宁
Zhao Hongyu Zhang Haina Zheng Dan Xu Ning

[摘 要] 党的十九大报告将产业兴旺作为乡村振兴工作的五大要求之首。吉林省作为我国东北地区农业大省，乡村产业振兴普遍存在农业发展受限于地域条件，乡村产业发展存在内生动力不足、缺乏知识、人才支撑薄弱等典型问题。吉林省乡村振兴局选出“千村示范”工程示范村安图县龙林村作为试点村，与吉林建筑大学开展“校政合作”乡村建设规划模式探索，首先对吉林省乡村产业振兴当下存在的问题进行解读，然后通过梳理乡村产业振兴的现有模式，结合“校政合作”模式的优势与特点，以龙林村为例进行“校政合作”乡村建设规划模式实践，尝试通过提高乡村知名度，提升发展潜力、政府产业带动，提供初始资金、发挥高校智库优势，进行知识助力解决典型问题，达成东北乡村产业兴旺要求。首先结合高校大学生建造节、大学生创新创业项目、艺术写生实习，以文化赋能激活村庄公共空间，并结合民宿、院墙改造，改善村庄人居环境，提升域内外知名度与向往度。随后借用政、校、村三元维度的产业发展机遇，通过政-村联动廉政宣传教育研学基地、校-村联动写生实践游学基地打造，带动旅游、研学等新兴产业发展，为产业兴旺提供稳定资金及客源。最后发挥高校智库优势，进行知识助力，包括从农业产业升级、新兴产业塑造方面提供产业发展策略，以及在空间上通过乡村规划助力产业振兴，实现乡村产业兴旺。

[关键词] 产业兴旺；“校政合作”模式探索；乡村建设规划；安图县龙林村

[Abstract] In the report of the 19th National Congress of the Communist Party of China, industrial prosperity is regarded as the first of the five requirements for rural revitalization. Jilin Province, as a major agricultural province in Northeast China, has typical problems in rural industrial revitalization, such as limited agricultural development by regional conditions, insufficient endogenous motivation, lack of knowledge and weak talent support. The Rural Revitalization Bureau of Jilin Province selected Longlin Village, Antu County, a demonstration village of "Thousand Villages Demonstration" project, as a pilot village to explore the rural construction planning mode of "school-government cooperation" with Jilin Jianzhu University. Firstly, the existing problems in the rural industry revitalization in Jilin Province were interpreted, and then the existing modes of rural industry revitalization were sorted out, and the advantages and characteristics of the "school-government cooperation" mode were combined to practice the rural construction planning mode of "school-government cooperation" with Longlin Village as an example via improving rural popularity, promote development potential, being driven by government industry, providing initial funds, giving full play to the advantages of think tanks in colleges and universities, and helping solve typical problems with knowledge to meet the requirements of rural industry prosperity in Northeast China. First of all, combining the college students' construction festival, college students' innovation and entrepreneurship projects, and artistic sketching practice, the village public space is activated by cultural empowerment, and combined with the renovation of homestays and courtyard walls, the living environment of villages is improved, and the popularity and yearning within and outside the region are enhanced. Then, by taking advantage of the three-dimensional industrial development opportunities of government, school and village, the government-village linkage anti-corruption publicity and education research base and the school-village linkage sketch practice study base were built to promote the development of emerging industries such as tourism and research, and provide stable funds and customers for industrial prosperity. Finally, give full play to the advantages of think tanks in colleges and universities, and provide knowledge assistance, including providing industrial development strategies from the aspects of agricultural industry upgrading and emerging industries shaping, and spatially assisting industrial revitalization through rural planning to realize the prosperity of rural industries.

[Keywords] prosperous industry; exploration of "school-government cooperation" model; rural construction planning; Longlin Village, Antu County
[文章编号] 2024-94-P-120

实施乡村振兴战略是党的十九大做出的重大决策部署，是从根本上解决“三农”问题的重大举措。产业兴旺是乡村振兴的重要基础，是解决农村一切问题的前提。乡村产业根植于县域，以农业农村资源为依托，以农民为主体，以农村一二三产业融合发展为路径，地域特色鲜明、创新创业活跃、业态类型丰富、利益联结紧密，是提升农业、繁荣农村、富裕农民的产业[1]。乡村产业兴旺可以为乡村振兴提供良好的生活保障和可靠的收入来源，为乡村振兴汇聚人才和人力资源，保障乡村可持续发展[2-3]。党的十九届五中全会提出实施乡村建设行动，2021年中央一号文件提出，编制村庄规划工作要立足现有基础，保留乡村特色风貌，不搞大拆大建。吉林省作为农业大省，高度重视乡村振兴工作，颁布了《吉林省开展乡村振兴“百村引领、千村示范” 工程实施方案》《吉林省开展乡村振兴战略试验区创建工作方案》《吉林省乡村振兴战略8个专项规划》等文件，同时进行了大量实践探索。本文以2021年吉林省乡村振兴局选出的“千村示范”工程示范村安图县龙林村作为试点村，与吉林建筑大学开展“校政合作”，探索面向产业兴旺的“校政合作”乡村建设规划模式，助力乡村产业兴旺，实现乡村振兴。

一、吉林省乡村产业振兴当下问题

1.农业发展受限于地域条件

东北地区平原辽阔，耕地面积较大，农业生产潜力较大，是我国重要的粮食主产区和全国商品粮生产基地，粮食产量占全国的1/4，商品量占全国的1/4，调出量占全国的1/3[4]。

但是，东北地区冬季时间长，气温低，年均气温由北至南为－5~10.6℃，因冬季严寒漫长导致农作物生长周期长，种植制度为一年一熟，相比于我国南方地区一年两熟到三熟，东北地区粮食产量受限于气候，农业发展受限[5]，导致农民的农业收入较少。

2.乡村产业发展内生动力不足

东北地区普遍存在人口数量少且人口流失严重、乡村发展缺乏资金、知识匮乏、缺少智力支持等问题，自身缺乏造血能力，乡村产业振兴内生动力不足。

（1）人口少且人口流失严重

东北地区普遍存在人才和人口外流问题，尤其是乡村地区问题更为突出，严重制约乡村经济发展。乡村人口流失严重，人口文化水平普遍较低，缺乏人才。乡村人口外流是一个普遍问题。以吉林省为例，人口普查数据显示，吉林省2017—2019年人口持续减少，2019年人口减少13.33万，2020年人口比10年前减少1101万。且从年龄结构方面分析，农村青壮年人口大量外流，老年人、妇女、儿童留守家中[6-7]，因适龄劳动人口外流，乡村人口老龄化问题加剧，又导致乡村农业人口收入较低，人口加剧外流，形成恶性循环。

（2）乡村发展缺乏初始资金

相比于我国经济发达地区，东北地区乡村振兴起点低，人口流失与资金短缺是当下制约东北乡村地区经济发展最大的问题，乡村地区一直是东北地区经济发展的最大短板[8]。乡村地方财政收入不足为其发展提供资金支持，因缺乏初始资金，较难吸引企业资本，单纯依靠政府给钱给物的“输血式”方式是不可持续的。

3.缺少知识，人才支撑薄弱

人才大量外流影响东北经济发展，尤其制约乡村发

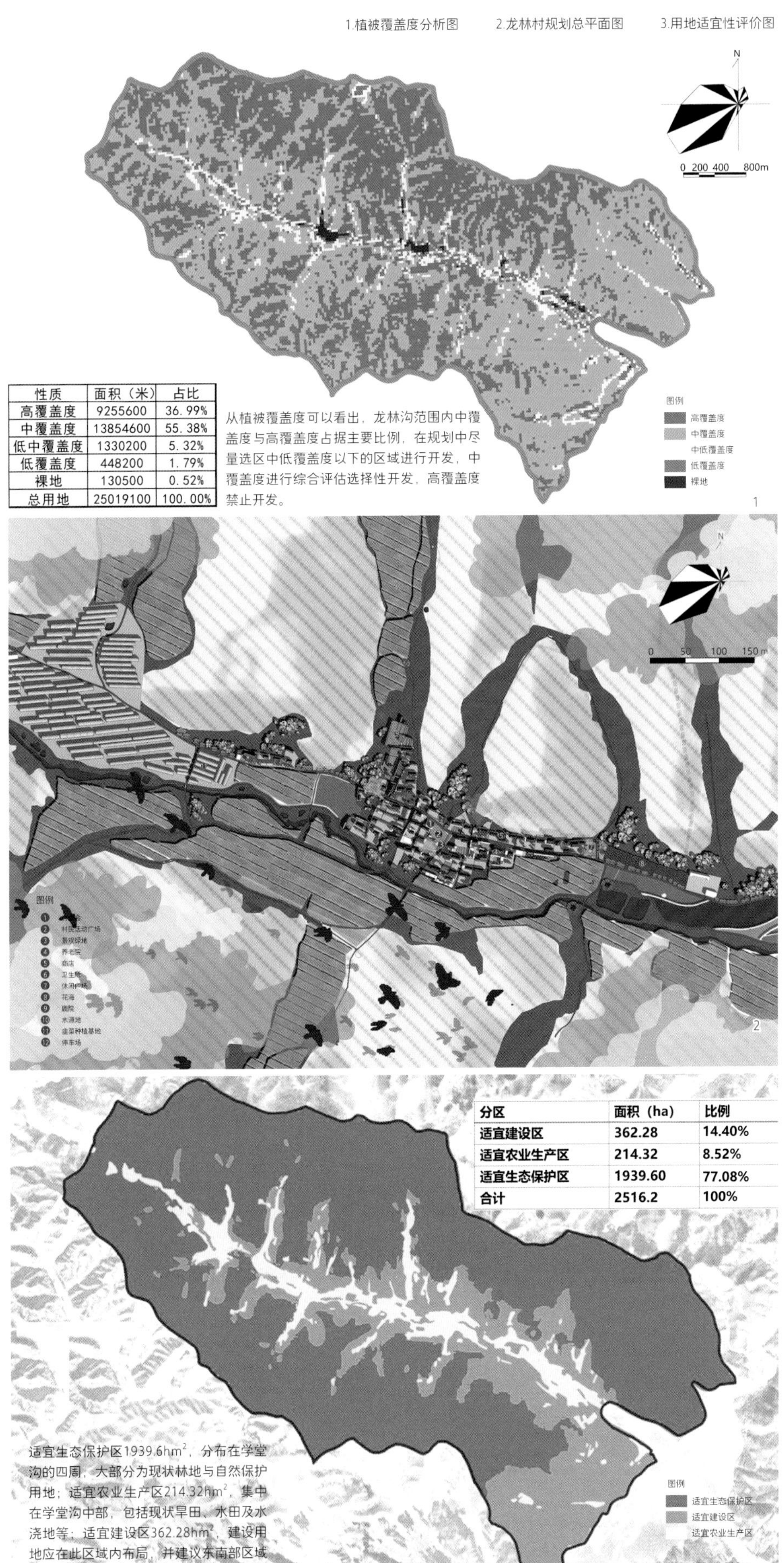

性质	面积（米）	占比
高覆盖度	9255600	36.99%
中覆盖度	13854600	55.38%
低中覆盖度	1330200	5.32%
低覆盖度	448200	1.79%
裸地	130500	0.52%
总用地	25019100	100.00%

从植被覆盖度可以看出，龙林沟范围内中覆盖度与高覆盖度占据主要比例，在规划中尽量选区中低覆盖度以下的区域进行开发，中覆盖度进行综合评估选择性开发，高覆盖度禁止开发。

分区	面积（ha）	比例
适宜建设区	362.28	14.40%
适宜农业生产区	214.32	8.52%
适宜生态保护区	1939.60	77.08%
合计	2516.2	100%

适宜生态保护区1939.6hm²，分布在学堂沟的四周，大部分为现状林地与自然保护用地；适宜农业生产区214.32hm²，集中在学堂沟中部，包括现状旱田、水田及水浇地等；适宜建设区362.28hm²，建设用地应在此区域内布局，并建议东南部区域作为弹性发展区使用。

1.植被覆盖度分析图　2.龙林村规划总平面图　3.用地适宜性评价图

4.用地适宜性评价图

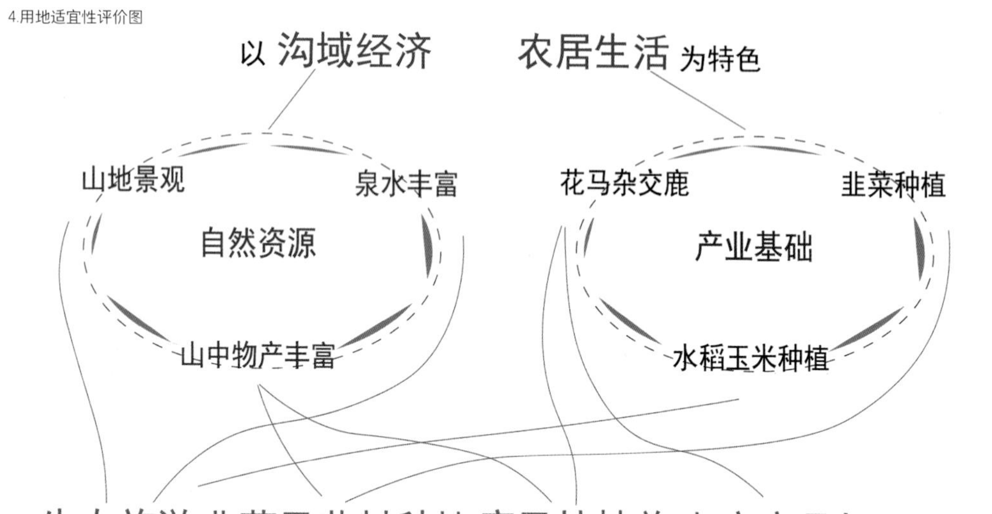

4

表1 龙林村现有产业发展情况表

产业类型	类别	存在问题	发展潜力	村民期望
第一产业（种植业）	韭菜大棚	种植规模不成体系，销路问题，冻害影响	现有一定规模，品种独特，具备一定品牌特色	发展“棚膜经济”，强化品牌效应
	水稻种植	产量较低	政府特供，不对外销售	稳定产量
	黑木耳大棚	附加值较低，销路、环境污染问题	大棚有一定规模	提高附加值，打开产品销路
	蔬菜种植	大棚质量较差，销路问题	有一定规模	适当扩大规模，提高质量
	药材、大豆	零散种植，不成规模，未形成产业	有一定的种植基础	规模种植
	玉米	作为养殖业鹿的饲料	产量稳定因价格上升呈扩大趋势	扩大种植规模
	松茸蘑菇	较为零散	依托国家公益林作为林下经济产物	规模种植
第一产业（养殖业）	梅花鹿养殖	产品销售渠道单一，缺乏产品策划	现有一定规模	拓宽销路，形成产业链
	林蛙	环境问题	有一定承包规模	合理选取养殖地点
第三产业	采摘	浪费、垃圾处理问题	未形成产业	打造采摘基地
	民宿产业	未形成产业	廉政教育基地，满足学员“住与游”需求	打造特色民宿
	电子商业	未形成规模	龙林村电商服务站	用于农产品销售

展。乡村因人才支撑薄弱，影响乡村产业振兴。因缺少先进知识理念，农民以生产农业初级产品为主，缺少产业升级以及塑造新兴产业的意识。人才是一个地区发展的重要动力，留住人，留住人才是未来东北乡村振兴的关键所在。2019年由原国务院总理李克强挂帅的振兴东北地区的会议上强调人才对于东北振兴的重要性。在人才政策方面相比于广东省较早建立了高层次人才政策体系，形成“引人—用人—留人”的良性循环，吉林省在人才政策、软环境建设方面起步较晚，加上长期以来的“先天环境”和“后天政策”差距陷入了“吸引力不足—人才不足—人才流失”的恶性循环。乡村地区的问题更甚，且外部经济环境较差，是乡村产业振兴中的短板[9]。

二、“校政合作”模式特色与吉林省乡村产业振兴路径选择

1.“校政合作”模式优势与实践探索梳理

“校政合作”指高校在互利双赢的前提下与各级政府在人才培养、科学研究、成果转化、政策研究和决策咨询等方面开展协作联动[10]。“校政合作”模式多用于人才培养、合作办学、实习基地建设等方面[11-13]，本文针对目前乡村人口少、产业基础薄弱、资金缺乏的问题，结合“校政合作”模式可以在产业基础薄弱的乡村充分发挥吸引人口、产业带动的优势来面向乡村产业兴旺进行规划模式探索。“校政合作”模式是在传统产学研、政产学研以及由此派生出来的“校地共建”模式上发展而来。国外“校政合作”开展得较早，现在发展已经比较成熟。国内高校与政府合作的起点是培养人才，但目前双方合作的深度广度还有待加强[14]。利用“校政合作”模式在乡村振兴战略上进行了大量探索。比如，阳江开放大学和阳西县政府携手建立乡村振兴培训学院，作为校政合作平台进一步集聚学校服务乡村振兴战略的办学优势、技能优势、专业优势和人才优势，为乡村振兴献力，献计，献策，献智；河南机电职业学院与乡村政府签署合作协议，立足双方资源优势，找准合作契合点，在乡村旅游、产业创新、文化教育等领域开展合作，打造乡村振兴理论教育基地、乡村创新人才培养基地、乡村产业教育实践基地，为火龙镇乃至全市乡村振兴提供源源不断的人才和智力支持；北京师范大学与中山市三乡镇人民政府签署共建乡村振兴科研创新及产学研合作基地框架协议，建立实践基地；在大堰乡乡村发展中，通过“校政合作”模式举办乡村运动会、开展“文化下乡”活动，宣传乡村“精准扶贫”政策，开办专题讲座、专业培训，提高村民文化素质。

2.选择校政合作模式的必要性

乡村产业振兴受限于人口流失、资金短缺，“校政合作”模式可通过发挥双方优势针对上述问题采取策略，实现乡村产业振兴。现有模式大多依赖人口、资金进行乡村产业振兴。比如现有乡村产业振兴模式中包括村集体带动、村集体+社会模式、外部资金带动等开发模式；河北、山西等18个省份开展田园综合体建设试点，形成了田园综合体模式[15]；欧阳胜通过武陵山片区农村一二三产业融合发展的案例分析，总结出农旅一体化带动型、纵向一体化延伸型、基层党组织引领型和电商平台助推型四种典型的融合模式[16]；梁立华提出产业链延伸型、产业集群型、功能扩展型和循环经济型四种基本产业融合发展模

式[17]；芦千文等总结出农业产业链延伸型、农业农村功能拓展型、种养业重组主导的循环经济型、三次产业集聚集群发展型四种农村产业融合的基本模式[18]。上述模式对乡村原有产业、经济基础依赖性较强，对于产业基础薄弱、缺乏发展资金的乡村地区适用性较差。“校政合作”模式是高校、政府深度合作，互利共赢实现乡村产业振兴。高校通过建立艺术写生基地、举办活动与比赛等提升乡村的知名度，吸引人口，提高乡村产业发展潜力；政府通过产业带动，如建立教育培训基地等为乡村带来系列免费产业；“校政合作”模式中利用高校智库来为乡村产业发展提供知识、智慧的支持。

3.“校政合作”模式中高校智库的利用

高校智库发挥自身知识与智慧优势，为乡村产业振兴提供指导。在“校政合作”模式中借用高校智库为乡村产业振兴提供知识与智慧支撑。高校智库在社会、决策和学术影响力层面上，向政府提供政策建议。依靠政策鼓励，吸引社会人才，通过开展主题教育和技术培训，提高乡村人口的个人技能[19]。还可以通过项目培育促进乡村产业振兴，凭借智库参与项目建设作用机制，为产业振兴贡献主体力量。挖掘乡村的土地资源、资本、劳动力和发展特色等，作为发展条件参与到项目建设中。在社会影响力方面，高校智库通过社会资源的引流，匹配市场产业和贫困地区资源特征，发展特色产业项目[20]。在决策和学术影响力方面，高校智库通过先进的理论与乡村知识，借鉴其他乡村的经验智慧，促进乡村发展特色产业，降低产业发展风险[21]。

三、吉林省安图县龙林村“校政合作”乡村建设规划模式实践

研究以龙林村为例，龙林村所在的安图县位于吉林省东部延边朝鲜族自治州，被誉为“长白山下第一县”，是吉林省“长白山大型天然矿泉水基地”、吉林省生态建设试点县、国家生态示范区。吉林省乡村振兴局选出“千村示范”工程示范村安图县龙林村作为试点村，与吉林建筑大学开展“校政合作”乡村建设规划模式探索。因为龙林村自身有一定特色且存在吉林省乡村的典型问题，选取龙林村研究对象，使研究结果更具推广性与普适性。

1.问题研判

吉林省乡村振兴局和吉林建筑大学通过深入乡村调研、与村民访谈、召开乡村振兴会议等发现乡村

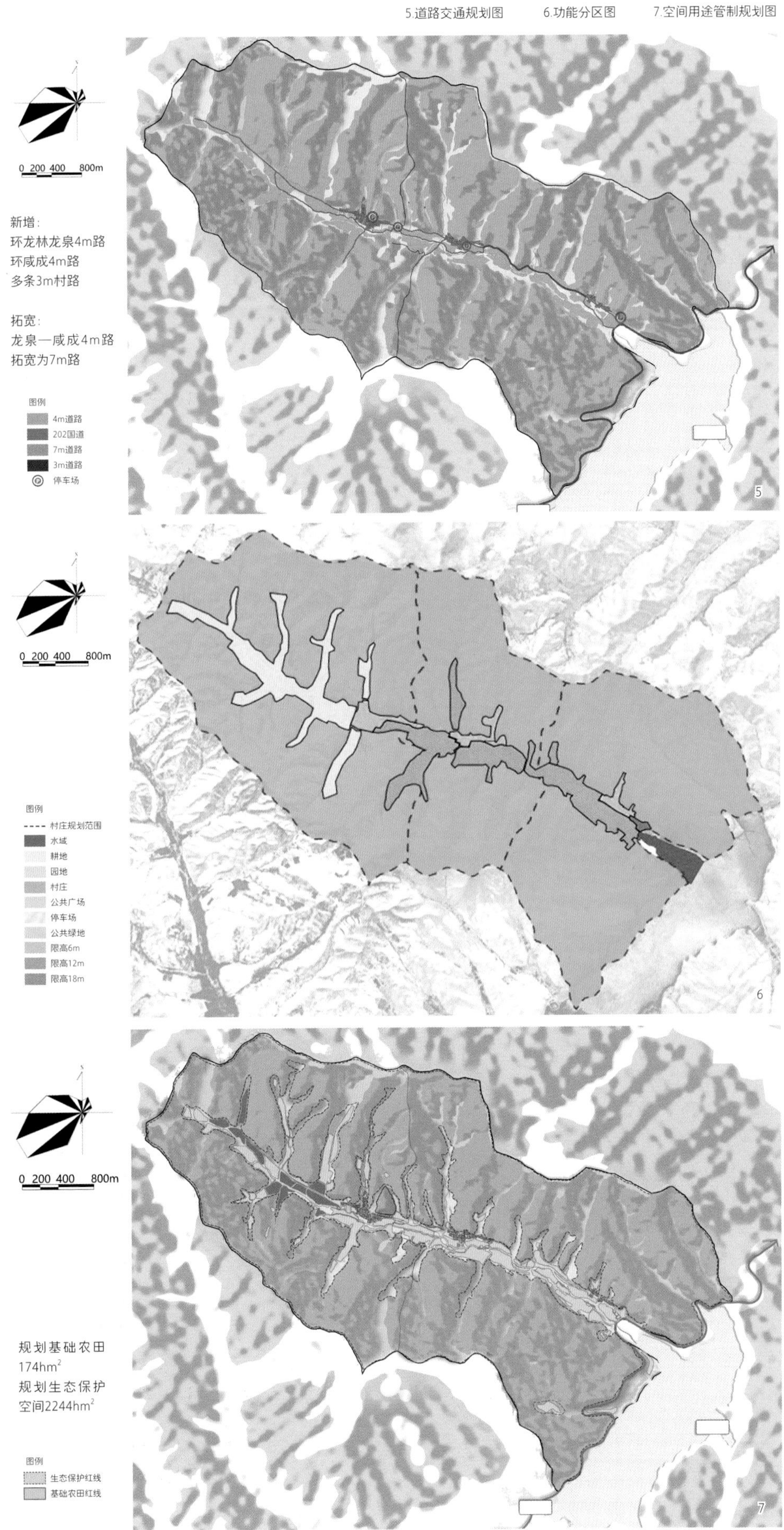

5.道路交通规划图 6.功能分区图 7.空间用途管制规划图

8.空间结构图

9.景观空间规划图

10.建筑高度控制图

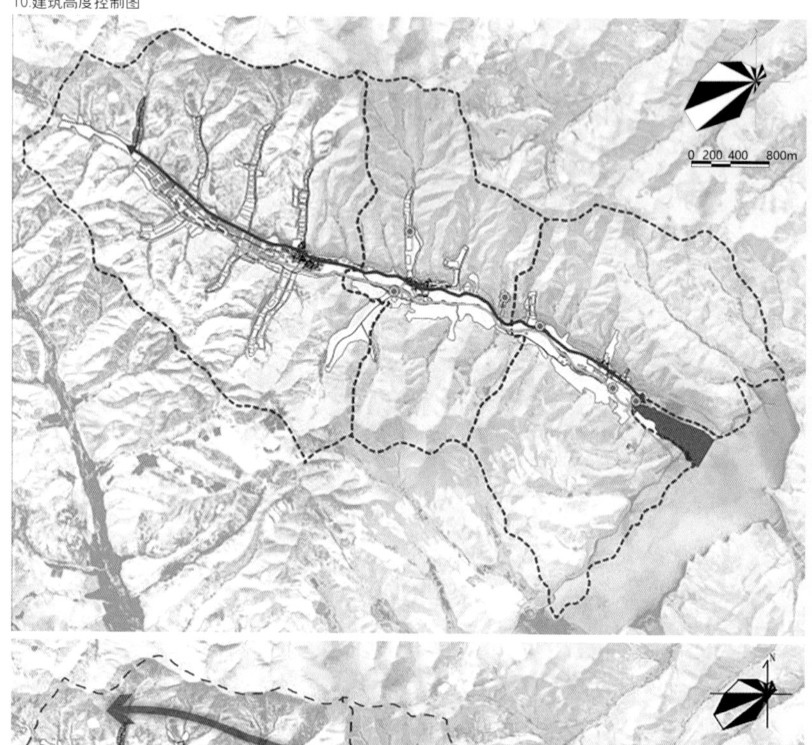

8

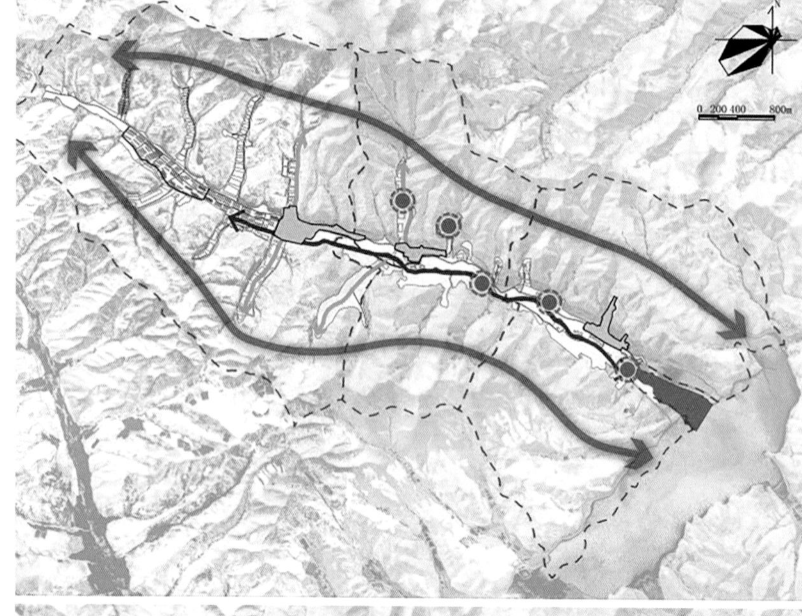

9

10

产业发展目前面临的问题主要是乡村人口稀少、缺乏劳动力；资金缺乏、产业基础薄弱；村庄发展缺乏规划。

（1）乡村人口稀少，缺乏劳动力

龙林村人口稀少，人口外流严重，缺乏劳动力，且人口老龄化问题严重，总体文化程度较低。现有户籍人口227人，常住人口136人，占总人口比重60%。户籍人口与常住人口差距大，因当地经济欠发达，大量劳动力进城务工，人口外流严重，年轻劳动力较少，且缺乏人才，乡村人口中年龄60岁以上的人口比重最大。

（2）资金缺乏，产业基础薄弱

龙林村村民收入较低，经济落后。目前龙林村主要经济来源是农业，龙林村所在安图县年平均气温为3.6℃，受冬季严寒漫长的气候影响，农作物种植制度为一年一熟，农业发展受到限制，导致乡村财政收入较少，外部投资环境差。龙林村现有产业基础薄弱，发展情况见表1。

（3）村庄发展缺乏规划

龙林村的产业发展及空间布局缺乏系统规划。龙林村产业存在产品销售方式单一、没有形成品牌、产业缺乏发展动力等问题。在空间规划方面存在空间布局零散、资源缺乏整合、环境质量较差等问题。乡村现有路网系统性较差，乡村内部道路杂乱不成体系，路旁建筑围墙不整齐，院落功能分区不明确，空间杂乱缺乏管理。村域内公共服务设施、公共活动休闲场所有待完善，现有基础设施建设需进一步提升。

2.解决策略

（1）提高乡村知名度，提升发展潜力

吉林建筑大学将龙林村作为艺术写生、实习基地；举办建造节、大学生创新创业比赛等活动；为龙林村做乡村规划整治乡村环境，改善村容村貌，从而提升龙林村的知名度，吸引人口，提升乡村发展潜力。

龙林村空气质量好，植被覆盖率高，河流贯穿整个村庄，有良好的自然景观，作为吉林建筑大学的艺术写生、实习基地，借助高校平台的宣传，提高知名度。借由2021年由吉林省土木建筑学会主办、吉林建筑大学等承办的吉林省建构设计大赛，在龙林村现场搭建木构模型，美化乡村环境，并通过对村中民宿、院墙的改造，改善村庄人居环境，提升乡村在域内外知名度与向往度。在乡村环境政治方面，结合人居环境改善政策及乡村规划改善村容村貌，打造良好的人居环境，提升乡村发展潜力。

（2）政府产业带动，提供初始资金

安图县政府通过打造政-村联动廉政宣传教育研学基地，带来系列产业，为龙林村产业发展提供初始资金，从而带动乡村产业发展。借用政、校、村三元维度的产业发展机遇，借助乡村交通设施建设规划，衔接乡村外部交通，强化与周边景区、景点等旅游资源的联系，带动旅游、研学等新兴产业发展，为产业兴旺提供稳定资金及客源。

（3）发挥高校智库优势，进行知识助力

①发挥高校智库优势，提供产业发展策略

升级农业产业，在耕地与林地资源限制情况下，通过“棚膜经济”“林下经济”带动高附加值农产品种植业发展和养殖业链条延伸提升土地的亩产经济效益。发展特色农业，延伸农业价值链，推动种养加融合，提升产业化、品牌化水平，推动产业融合发展，形成“一村一品”的发展格局。将农业种植景观化、创意化、趣味化，丰富农业节庆活动，吸引游客。塑造新兴产业，发展体验式民宿，集居住、亲子活动、农耕活动、餐饮、娱乐休闲于一体。充分挖掘龙林村的文化资源，如学堂沟的由来和作为龙林村支柱产业的韭菜产业来历，挖掘文化资源发展新的业态。

②为乡村做规划，从空间上助力产业振兴

通过对龙林村的现状基础综合评判，确定龙林村的发展定位。结合龙林村区域环境，在规划中对周围两个联系密切的村落进行统筹考虑。对乡村进行适宜性评价，明确乡村的适宜生态保护区、适宜建设区、适宜农业生产区。龙林村与外界的交通联系较弱，为充分利用外部的区域优势，优化村内道路交通，在空间结构与功能分区的规划中设计了韭菜种植基地、鹿园、花海，为产业发展提供空间支持，并对空间用途进行管制规划。此外，还通过景观空间规划、建筑高度控制，改善乡村环境，营造合理的乡村空间，提升乡村知名度。

四、结语

“校政合作”乡村建设规划模式是在明确产业振兴是实施乡村振兴战略的重点任务的基础上，面向乡村产业兴旺进行乡村建设规划的模式探索。通过解读吉林省乡村产业振兴当下存在的问题并梳理乡村产业振兴的现有模式，选取“校政合作”模式，以龙林村为例进行模式探索实践，尝试通过提高龙林村知名度，提升发展潜力；通过政府产业带动，提供初始资金；通过发挥高校智库优势实现产业兴旺，期望为解决吉林省乃至东北地区乡村存在的典型问题提供模式探索，为实现乡村振兴中的产业兴旺提供实践经验。

参考文献

[1]国务院.国务院关于促进乡村产业振兴的指导意见[EB/OL].(2019-06-28) [2021-02-15].http://www.gov.cn/zhengce/content/2019-06/28/content_5404170.htm.

[2]郭永田.产业兴旺是乡村振兴的基础[J].农村工作通讯,2018(1):34.

[3]傅光明,付博文.乡村振兴离不开产业兴旺[N].经济日报,2017-11-01(009).

[4]韩长赋.加强东北黑土地保护 推进农业绿色发展[N].人民日报,2018-02-05(007).

[5]蒲罗曼.气候与耕地变化背景下东北地区粮食生产潜力研究[D].长春：吉林大学,2020.

[6]卢万合,蔡文香,那伟,等.吉林省产粮大县乡村产业振兴的困境与对策分析[J].中国农机化学报,2020,41(4):200-206.

[7]陈鑫强,沈颂东,吕红.东北地区“三农”关系重构与“乡村振兴战略”路径选择[J].延边大学学报(社会科学版),2019,52(2):108-115+143.

[8]唐洪涛.东北地区农村经济发展问题分析[J].环渤海经济瞭望,2019(08):73.

[9]张天舒.从人口发展看地方经济——《中国东北地区人口发展研究》评介[J].人口与经济,2020(3):142-144.

[10]刘金存.“卓越计划”模式下的“校政合作”机制探讨[J].扬州大学学报(高教研究版), 2010, 14(6): 27-29+73.

[11]刘金存.共商共决、联动协同:“政校合作”运行机制创新探索[J].江苏高教,2013(1):66-67.

[12]王明春,黎梦琼.保山学院校政合作模式研究[J].黑龙江科学,2020,11(11):82-83.

[13]郭修平,王静文,刘帅.高职院校参与“乡村振兴”研学实践教育基地建设分析——基于吉林省“全面振兴、全方位振兴”发展视角[J].职业技术教育,2021,42(14):6-10.

[14]郑风景.休闲体育专业服务于地方的校政合作人才培养模式研究——以郑州商学院为例[J].当代体育科技,2019,9(19):169-170.

[15]张会曦,梁普兴,李湘妮,李强,李颖仪.田园综合体发展模式探析[J].现代农业科技, 2018(23): 241+243.

[16]欧阳胜.贫困地区农村一二三产业融合发展模式研究——基于武陵山片区的案例分析[J].贵州社会科学,2017(10):156-161.DOI:10.13713/j.cnki.cssci.2017.10.024.

[17]梁立华.农村地区第一、二、三产业融合的动力机制、发展模式及实施策略[J].改革与战略,2016,32(8):74-77.DOI:10.16331/j.cnki.issn1002-736x.2016.08.016.

[18]芦千文,姜长云.关于推进农村一二三产业融合发展的分析与思考——基于对湖北省宜昌市的调查[J].江淮论坛,2016(1):12-16+58.DOI:10.16064/j.cnki.cn34-1003/g0.2016.01.002.

[19]任秀,余玉语,伍国勇.高校智库助推精准扶贫的作用机制与模式研究——基于贵州大学“黔灵智库”服务织金县五星村的实践[J].教育文化论坛,2020,12(1):62-69.

[20]张亚孟.我国新型高校智库建设的现实困境与路径探析[J].宁波教育学院学报,2015,17(5):19-21.DOI:10.13970/j.cnki.nbjyxyxb.2015.05.007.

[21]任秀,余玉语,伍国勇.高校智库助推精准扶贫的作用机制与模式研究——基于贵州大学“黔灵智库”服务织金县五星村的实践[J].教育文化论坛,2020,12(1):62-69.

作者简介

赵宏宇，吉林建筑大学建筑与规划学院院长、教授，寒地城市空间绩效可视化与决策支持平台副主任；

张海娜，吉林建筑大学建筑与规划学院硕士研究生；

郑　丹，吉林建筑大学建筑与规划学院硕士研究生；

许　宁，吉林建筑大学建筑与规划学院硕士研究生。

同济风采
Tongji Style
获奖案例
Awarded Projects

同济院与上海市建工、Savills联合体在“前湾沪浙合作创新区规划方案国际竞赛”中荣获优选

The Consortium of Shanghai Tongji Urban Planning & Design Institute Co., Ltd., Shanghai Construction Group and Savills Won the First Prize in the "International Competition for Planning Scheme of Qianwan Shanghai-Zhejiang Cooperation and Innovation Zone"

[联合体单位] 上海同济城市规划设计研究院有限公司、上海市建工设计研究总院有限公司、第一太平戴维斯（Savills）物业顾问（上海）有限公司
[总设计师] 吴志强
[项目负责人] 王新哲
[主要编制人员] 高崎、江浩波、章琴、周宇、唐进、刘磊、张乔、马春庆、甘惟、吴怨、俞晶、吕钊、胡刚钰、李延召、顾亚兴、高接文、曾繁萌、王楠、张鸣明、许海旭、贺人可、汤亳、杜昊忻、陈伟、温智宇、沈欣然、谢立、窦晨曦
[项目地点] 浙江宁波前湾新区
[项目规模] 约100km^2
[城市设计范围] 约13.23km^2

2022年8月，在前湾沪浙合作创新区规划方案国际竞赛中，由吴志强院士领衔，上海同济城市规划设计研究院有限公司、上海市建工设计研究总院有限公司、第一太平戴维斯（Savills）物业顾问（上海）有限公司联合体所提交的方案荣获优选。

前湾创新城依托在慈余地区的“中心”区位和枢纽地位，链接历史与未来，联动浙江与上海，带动创新与发展，打造未来宁波北部发展极。

一、方案构思过程

以吴志强院士为技术领衔，全程协同规划、建筑、交通等多团队深入交流，构建以智能诊断补强为基础的规划框架，推进方案从概念落实到空间设计。

二、理水营城——百川竖琴，积曲成章

方案以水为主线，水脉带动了历史文明与人类聚居的迭代发展，海岸线的演变历程讲述了慈溪由低级文明到高级文明、由简单聚落到复合城市、由地方发展到国际联动的演进。

延续地域坎水肌理历史特征，叠合生态与功能，以“坎”为弦，构建“双竖琴”骨架，“弦”“律”联动，实现基地与慈溪、杭州湾新区的站产城一体化联动。

水弦南接慈溪老城，北联杭州湾，形成了“井”字水网框架，中部依托现状Y形水系形成中央绿芯，东西向串联重要功能区。

三、头部创新——创新开源，产业荟萃

高铁枢纽成为城市发展动力源，形成“服务—研发—智造”圈层，协同以产业更新和新兴产业为主导的“产业新音”，辐射区域产业发展，驱动“0~1”“1~10”“10~100”的产业链全阶段升级。

三塘横江和四灶江交汇处形成重要形象门户——海创港，将成为世界海洋经济组织与论坛新基址。围绕港口第一圈层进行重点形象塑造，设置高点标志性建筑，构建功能垂直复合的产业创研基地。

海创港南侧沿水系落位创智坞，引入中意设计创意城，布局设计师工作室、媒体发布中心、红点设计中心、产品展示平台等创意及展示功能，提高现有制造业的附加值，构筑产品设计高地，打响“设计中国”。

四、智慧支撑——智慧引领，基础夯城

搭建智能、精准、弹性的实施框架与支撑体系：基于智能推演谋划“产业与城市服务先行、更新与社区建设联动、低密与创新空间后置”的分期实施建设方案；结合片区“平原水网”特征，构建水动力模型，保障水网建设可实施，引导片区海绵城市体系建设；动态跟踪实施过程“碳平衡”，精细化指导地块细化设计。

特此鸣谢慈溪市自然资源和规划局的指导和组织。
感谢宁波国际投资咨询有限公司的招标组织工作。

1.创智坞鸟瞰图
2.海创港功能布局图
3.海创港平面图

1
8:00 技术平台
技术创新
17:00 孵化平台
创业孵化
16:30 综合文体
运动茶歇
15:30 科学沙龙
共享办公
14:00 共享论坛
创新科技会
7:30 滨水
晨跑
18:30 创意平台
餐会交流
9:30 共享实验
实验研讨
11:30 商业中心
餐饮娱乐
19:30 休闲港湾
滨水音乐会
12:30 艺术娱乐中心
科技艺术展
2
城市北环线
永安东路
胜陆高架
3

匠心推动社区更新，专家服务社会治理——杨浦区社区规划师年度总结会暨社区规划师沙龙在我院召开

2024年1月23日下午，杨浦区社区规划师2023年度总结会暨社区规划师沙龙在我院举行。同济大学超大城市精细化治理（国际）研究院院长、同济大学原常务副校长伍江教授，杨浦区住房保障和房屋管理局党组书记、局长戴弘女士，杨浦区规划和自然资源局副局长成元一女士，上海同济城市规划设计研究院有限公司党委书记刘颂教授，同济大学建筑与城市规划学院院长王兰教授，上海同济城市规划设计研究院有限公司院长张尚武教授，杨浦区12个街道的24位社区规划师出席了本次沙龙活动。

沙龙回顾总结六年来，杨浦社区规划师从2018年全市首创，到逐步发展壮大的一系列过程。分享在社区更新、社区营造、学术研究和教育培养等多方面的不断探索和工作成绩。随后，各位领导、嘉宾和专家进行了沙龙会谈，对进一步深入社区更新工作与合作、下一阶段社区规划师工作计划与目标、社区规划师未来工作展望等议题进行了深入探讨和交流。

伍江教授表示，当前国家经济和城市发展到了高质量发展阶段，进入社会治理精细化实质创新阶段，规划师制度的建立是时代大势所趋，同济专家团队的奉献与影响不仅限于杨浦区，可在更大区域发挥更大的作用。学科发展也要适应社会新的发展需求，社区规划师在社区建设与社区城市规划的实践，也将为学科发展探索一套新的机制与理论，从研究—实践—研究，最终又返回到课堂。学科发展及人才培养也将大有用武之地。未来，社区也需要大量的专业力量作为各方沟通的桥梁，为基层的社区政府、社区单元与居民、相关企业等提供专业技术服务，平衡政府、企业与居民之间的关系。

戴弘书记讲话强调，杨浦社区规划师下沉社区，扎根社区，为杨浦城区的面貌蝶变与居民生活品质提升作出了重大的贡献。区房管局一直在通过渐进式的更新，以项目实施的联合方式统筹并全力推进全区高水平的美丽家园、美丽街区和微更新等工作，社区规划师将有更多平台参与到城市更新工作，希望社区规划师们作为核心技术力量支撑，不断推动项目化集成与片区改造，推动街道区域的整体更新规划和最终整体化的呈现。

成元一副局长表示，杨浦区社区规划师制度是杨浦落实人民城市理念的最生动实践，感谢社区规划师六年来对杨浦区社区工作的全身心投入和贡献。并祝贺社区规划师团队在上海市15分钟社区生活圈优秀案例的评选中取得优异成绩，团队参与的项目在全市118个奖项中共计斩获12个奖项。期待社区规划师在后续社区更新事务中更好地发挥专业优势与指导作用，在社区更新设计竞赛、党建联建、社区治理等领域进一步探索实践，不断推动社区更新工作做深做实。

刘颂书记回顾六年来杨浦区社区规划工作，表示各位社区规划师作出了非常重要的贡献，并对社区规划师下一步工作提出指导建议：希望留下一些物质上的成果，包括展览、书籍等；也希望社区规划师团队能辐射、服务与介入到更广泛的领域，比如策划、运营、开发建设等全阶段、全方位领域。

王兰院长重点强调，近年来，同济大学几十位规划、建筑、景观领域的专家，在杨浦、浦东、静安、徐汇、虹口等全市多个区担当起“社区规划师”。社区规划师的实践将产学研紧密结合，充分发挥了学院教师传帮带的作用，促进了人才培养和学科新发展。同济大学建筑与城市规划学院将继续支持社区规划师的工作与实践，助力杨浦人民城市新实践。

张尚武院长在沙龙总结中对下一阶段工作进行了部署。强调开展升级版的社区更新工作，在新时代的大背景下，结合杨浦的自身特点，将专业化服务与社区发展需求更好地结合，在文化挖掘、党建引领、社区多规合一、规建治一体化等各个领域深耕前行。为更好地促进社区规划相关工作，规划院将设立院级支撑平台。社区规划师团队未来将聚焦年度论坛、研究总结、实践记录等方面成果的总结梳理。希望社区规划师工作成为杨浦区的一大特色与亮点，是践行人民城市重要理念的具体体现。

会上，王一、黄怡、梁洁、孙彤宇、徐磊青、阎树鑫、匡晓明、董楠楠、姚栋、李晴、李继军、王红军、冯高尚、刘刊等社区规划师做现场发言，刘悦来、陈泳、陈强、赵蔚等派代表发言。大家围绕社区更新与实践、社区营造与实施、社区治理与协作、学科发展与展望等话题展开了热烈交流，探讨了下一步的社区规划师工作重点，期望在社区规划工作中发挥更大的作用。（图1-2）

“十四五”国家重点计划项目“国土空间优化与系统调控理论与方法”2023年度进展专家咨询会召开

2024年1月22日，“十四五”国家重点研发计划项目“国土空间优化与系统调控理论与方法”2023年度进展专家咨询会采用线上线下相结合的形式召开。

中国工程院院士陈军，中国工程院院士刘加平，中国工程院院士吴志强，全国工程勘察设计大师、中国城市规划设计研究院院长王凯，国际欧亚科学院院士、中科院地理所特聘研究员方创琳，国际欧亚科学院院士、南京大学教授李满春，自然资源部国土空间规划研究中心原副主任张晓玲，以及中国建筑设计研究院有限公司国家住宅工程中心总工程师焦燕8位专家，以及10家单位的课题负责人、科研骨干等60余人参与了本次会议。会议由专家组组长陈军院士主持。

项目兼课题一负责人同济大学张尚武教授对项目及课题一年度进展进行汇报，阐述了“国土空间优化与系统调控理论与方法”项目背景、解决的关键问题、研究目标及总体研究框架，并介绍了国土空间形流要素时空演变规律解析阶段成果。南京大学杜培军教授汇报了课题二年度进展，包括形流要素综合观测网络构建、多源异构数据智能融合处理和地理空间、土地使用、产业布局等典型形流要素的智能解译应用等。中国科学院地理科学与资源研究所李宝林教授汇报了课题三年度进展，初步形成了国土空间多目标智能诊断的技术框架，研发了支撑生态安全格局构建的模型工具。同济大学钮心毅教授汇报了课题四年度进展，包括国土空间多场景综合效能评价框架和多要素综合整治与精准调控技术框架，以及形流多要素的全国地级单元国土空间综合效能评价。中国城市规划设计研究院原总规划师张菁教授汇报了课题五的研究进展，针对重要城市群、生态功能区、粮食主产区、陆海统筹区和典型省级单元基本形成了集成应用示范框架。最后，自然资源部第一海洋研究所高级工程师李彦平针对陆海统筹区这一特殊类型地区的国土空间优化研究进展进行了汇报。

随后，评审专家针对年度研究进展、存在的主要问题以及后续工作安排开展了讨论。专家们认为，本项目按任务书要求达到了年度预定进度目标，取得了可喜的进展，为项目执行周期内顺利完成项目工作奠定了基础。同时，专家们也提出紧扣项目目标加强项目统筹，充实理论基础，聚焦关键问题、研发关键技术，加强应用示范统筹、努力形成可操作、易推广的技术范式等优化建议。

最后，项目负责人张尚武教授作总结发言并提出后续工作计划，项目组将继续围绕“国土空间优化与系统调控理论与方法”展开更深入的研究工作。（图3-4）